Figurationen des Experten

AF151349

Berliner Beiträge

zur Wissenschaftsgeschichte

Herausgegeben von Wolfgang Höppner

Band 7

PETER LANG

Frankfurt am Main · Berlin · Bern · Bruxelles · New York · Oxford · Wien

Eric J. Engstrom
Volker Hess
Ulrike Thoms
(Hrsg.)

Figurationen des Experten

Ambivalenzen der wissenschaftlichen Expertise
im ausgehenden 18. und frühen 19. Jahrhundert

PETER LANG
Europäischer Verlag der Wissenschaften

Bibliografische Information Der Deutschen Bibliothek
Die Deutsche Bibliothek verzeichnet diese Publikation in der
Deutschen Nationalbibliografie; detaillierte bibliografische
Daten sind im Internet über <http://dnb.ddb.de> abrufbar.

Abbildung auf dem Umschlag:
Ansicht des Hauptgebäudes
der Humboldt-Universität zu Berlin (2004).
Privatbesitz.

ISSN 0949-7897
ISBN 3-631-51846-3

© Peter Lang GmbH
Europäischer Verlag der Wissenschaften
Frankfurt am Main 2005
Alle Rechte vorbehalten.

Das Werk einschließlich aller seiner Teile ist urheberrechtlich
geschützt. Jede Verwertung außerhalb der engen Grenzen des
Urheberrechtsgesetzes ist ohne Zustimmung des Verlages
unzulässig und strafbar. Das gilt insbesondere für
Vervielfältigungen, Übersetzungen, Mikroverfilmungen und die
Einspeicherung und Verarbeitung in elektronischen Systemen.

www.peterlang.de

INHALTSVERZEICHNIS

ERIC J. ENGSTROM, VOLKER HESS UND ULRIKE THOMS

Figurationen des Experten: Ambivalenzen der wissenschaftlichen Expertise im ausgehenden 18. und frühen 19. Jahrhundert

In modernen Gesellschaften wird die wissenschaftliche Expertise als Teil eines zwar grundsätzlich universalen, aber nur partikular verfügbaren Wissens verstanden. Sie stellt damit eine Herausforderung für den demokratischen Rechtsstaat dar, und zwar aus zwei prinzipiellen Gründen.[1] Erstens gefährdet jede Form der Expertise den Gleichheitsanspruch demokratisch verfasster Gesellschaften, da die privilegierte Teilhabe an Wissen und Fertigkeiten diese der allgemeinen Öffentlichkeit entzieht. Damit wird nicht nur der Allgemeinheitsanspruch wissenschaftlichen Wissens verletzt, sondern auch das Prinzip der aufgeklärten Entscheidungsfindung und mit ihm die Möglichkeit effektiver demokratischer Kontrollen untergraben. Zweitens stellt die Expertise die Neutralität des Rechtsstaates in Frage, wenn der Staat zur Begründung und Legitimation seines Handelns Expertenmeinungen heranzieht, um demokratische Entscheidungsprozesse abzukürzen oder auszuhebeln. Die Bevorzugung einzelner unter mehreren sich widersprechenden öffentlichen Meinungen greift de facto in den Prozess der öffentlichen Meinungsbildung ein, wobei der Anschein erweckt wird, als werde mit der Expertise einer quasi neutralen Instanz die Entscheidung übereignet. Der Status der Expertise ist folglich in einer fast paradoxen Weise ambivalent, wenn einerseits demokratische Entscheidungsprozesse an Experten überantwortet werden, andererseits aber die wissenschaftliche Grundlage ihrer Expertise als universal und allgemein gültig angesehen wird.

Diese Grundproblematik des meritokratischen Experten steht nicht zufällig im Bezug zur aktuellen Diskussion über das Verhältnis von Civil Society und Public Sphere. Mit der Konjunktur des Habermas'schen Öffentlichkeitsbegriffes in der angloamerikanischen Forschung des letzten Jahrzehnts hat die Frage nach den entscheidenden Faktoren für die Herausbildung der öffentlichen Meinung in modernen Wissensgesellschaften an Aktualität gewonnen.[2] Bisher wurden in der Forschungsdebatte bevorzugt die Strukturen der Öffentlichkeit thematisiert, wie etwa das Zeitungs-, Verlags- oder Zensurwesen. Öffentlichkeit wurde dabei meist verräumlicht gedacht und im Sinne einer öffentlichen ‚Sphäre' als Bühne oder Marktplatz konzeptualisiert, wo neben vielen anderen gesellschaftlichen Gruppierungen

---

1   Turner Stephen: „What is the Problem with Experts." Social Studies of Science 31 (2001), 123-149.

2   Calhoun, Craig (Hrsg.): Habermas and the Public Sphere. Cambridge: MIT Press 1992.

auch Experten auftreten, ihre Stimme erheben, agieren und wieder verstummen.[3] Im Mittelpunkt stand die Frage, wie Experten als solche in der Öffentlichkeit auftreten, welcher Medien sie sich dort bedienen, und welche Positionen sie vertreten.

Neuerdings ist diese räumliche Perspektive auf Öffentlichkeit jedoch in Frage gestellt worden. Es wurde eingewandt, dass die spezifische Eigenart der Öffentlichkeit als kollektive Einheit vernachlässigt werde, wenn sie als eine Arena betrachtet wird, in der soziale Gruppen auftreten und gleich einer Bühne für Spiel und Identitätsstiftung nutzen.[4] Diese Kritik hebt nicht darauf ab, wie soziale Gruppen sich selbst *in* der Öffentlichkeit präsentieren, sondern vielmehr um die Frage, wie soziale Gruppen sich *als* für die Öffentlichkeit sprechend inszenieren und wie sie ihre soziale Partikularität unsichtbar machen. Unter dieser Perspektive stellt sich Öffentlichkeit als Konstrukt bzw. politische Fiktion dar, die die Illusion, dass soziale Gruppen in einer übergeordneten politischen Einheit aufgehoben werden könnten, aufrecht erhält. Es gilt also zu erklären, wie eine solche Fiktion hergestellt und stabilisiert werden konnte.[5] Auf den Expertendiskurs bezogen, wird man folglich fragen müssen, auf welche Weise Experten in der Lage waren, ihrer Expertise den Status eines universalen und allgemeinen Wissens zu geben. Diese Fragestellung schärft den Blick für die performativen Konstruktion von Expertise, denn sie betrachtet die Expertise als aus einer öffentlichen Interaktion von (prospektiven) Experten und ihrer Zuhörerschaften hervorgehend und als das Ergebnis gegenseitiger Zuschreibungen. Es ist also eine (zu pflegende und keineswegs stabile) öffentliche Dynamik, welche eine entscheidende Bedingung der Möglichkeit für die Entstehung der Expertise darstellt.

Mit anderen Worten: Expertise kann man als eine Folge von Zuschreibungen begreifen, die in und durch soziale Interaktion *in publice* hergestellt und geformt wurden,

---

3   Vgl. z.B. Eley, Geoff: „Nations, Publics, and Political Cultures: Placing Habermas in the Nineteenth Century." In: Calhoun, Craig (Hrsg.): .Habermas and the Public Sphere. Cambridge: MIT Press 1992. Jürgen Kocka hat neuerdings diese „bereichslogische" Perspektive auf die Zivilgesellschaft um eine „handlungslogische" ergänzt, die bestimmte Modi sozialer Interaktion berücksichtigt. Vgl. seinen Vortrag auf dem Workshop „Zivilgesellschaft: Historisch-sozialwissenschaftliche Perspektiven," Wissenschaftszentrum Berlin, 6.-7. Dezember 2002.

4   Mah, Harold: „Phantasies of the Public Sphere: Rethinking the Habermas of Historians." Journal of Modern History 72 (2000): 153-82.

5   Vgl. ebenda, 168: „Analysis of the public sphere should begin [...] with a recognition that its location is strictly in the political imaginary. The public sphere is a fiction which, because it can appear real, exerts real political force. The enabling condition of a successfully staged public sphere is the ability of certain groups to make their social or group particularity invisible so that they can then appear as abstract individuals and hence universal."

nämlich vom jeweiligen Experten und ihren Zuhörer- und Rezipienten-Kreisen, die die Expertise (d.h. auch Wahrheits- und Validitätsansprüche) an- und aberkennen, beglaubigen, nutzen oder in Frage stellen können.[6] Ein solcher Zuhörerkreis konnte sich aus ganz unterschiedlichen Gruppen rekrutieren und sowohl im engeren Fachkreise, in der Ministerialbürokratie, in der gebildeten Öffentlichkeit, als auch im breiten Publikum gefunden werden. Es fragt sich deswegen: Wie erwarben solche Experten im Wechselspiel mit einer – bereits vorhandenen oder erst zu rekrutierenden – Zuhörerschaft einen Status als Experten? Mit welchen performativen Strategien und Taktiken der Selbstdarstellung gewannen sie ein Publikum? Durch welche Techniken und Praktiken vermittelten sie den Eindruck von Kompetenz und fachlicher Autorität? Und wie vermittelten sie dabei ihrer Zuhörerschaft den Eindruck, die Stimme der Öffentlichkeit zu verkörpern? Gerade die unterschiedlichen Erwartungen der Adressaten und Rezipienten müssen mit in Betracht gezogen werden: Welche Probleme wurden an Experten herangetragen? In welche Foren wurden sie aufgenommen und integriert? Und wie wurde ihre Autorität eingesetzt, vermittelt und instrumentalisiert? Und wie konnte man sich als Zuhörer im Licht der universalen Wahrheit des Experten be- und erscheinen lassen?

Mit dieser Modifikation der Fragestellungen läßt sich die Grundproblematik der Expertise neu verorten. Statt alternativ den Experten (als Akteur ex officio oder ex professo, d.h. in unvermeidlich sozial-partikularer Subjektivität) oder die wissenschaftliche Expertise (als gesellschaftliche oder politische Handlungspraxis) ins Zentrum der historischen Analyse zu stellen, öffnet sich nun der Blick auf die Figurationen, d.h. auf die Interaktionsprozesse und Verflechtungsmuster, die das historische Ensemble für die Genese des Experten bildeten. Deren historische Herausbildung wird damit als dynamischer Prozess greifbar und darstellbar, indem sich die Figur des Experten durch und aus einer (zwar fiktionalen, aber dennoch politisch bzw. gesellschaftlich wirksamen) konstruierten Öffentlichkeit entsteht. Bei dieser historischen Annäherung sind eher die Mechanismen und Ökonomien der rhetorischen, repräsentativen und performativen Praktiken, mit denen sowohl Experten als auch Expertise hergestellt wurden, in den Mittelpunkt zu stellen, weshalb bei der Entstehung des vorliegenden Bandes die Idee eines performativen und interaktionistischen Erklärungsmodells verfolgt wurde.

Zweifellos lassen sich die Figurationen des Experten auch in einem Schnittfeld beschreiben, das traditionelle Felder der Bürgertumsgeschichte, der Politik- und Verwaltungsgeschichte sowie der Wissenschaftsgeschichte kreuzt. Auch die folgenden

---

6 Vgl Turner (2001 (wie Anm.1). Vgl. in diesem Zusammenhang auch der Begriff „jurisdiction" bei Abbott, Andrew: The System of Professions: An Essay on the Division of Expert Labor. Chicago: University of Chicago Press 1988, S. 59-85.

Beiträge nehmen auf dieses Schnittfeld oftmals Bezug. Denn es ist nicht unser Ziel, die gängigen und durchaus bewährten historischen Erklärungsmuster alternativ gegen das von uns favorisierte interaktionistische Modell auszuspielen. Vielmehr soll mit den vorliegenden Beiträgen versucht werden, den Raum für neuere Deutungsmuster auszuloten, um der hybridenartigen Konstruktion gerecht zu werden, der die Herstellung von Expertise auszeichnet. Aus diesem Grund haben die Herausgeber den – gerade für den hier in Betracht genommenen Zeitraum historisch durchaus problematischen – Begriff des Experten in den Vordergrund gerückt, um in expliziter Absetzung von den historiographisch befrachteten Modellierungen des „Gelehrten", „Intellektuellen", „Wissenschaftlers" oder gar „Beamten" jenen terminologischen Raum zu schaffen, den es braucht, um sich an eine Archäologie der Wissensgesellschaft heran zu wagen.

Man sollte Einleitungen zu Tagungsbänden wie diesem nachsehen, wenn sie an den guten Absichten der Herausgeber zumindest programmatisch festzuhalten versuchen. Auch wenn die folgenden Beiträge nur den Möglichkeitsraum einer derartigen Archäologie ausloten, so möchten wir zumindest an dieser Stelle die „langen Linien", mit der sich eine Reihe von Chancen für die Erforschung der heutigen Wissensgesellschaft bieten, kurz skizzieren: Erstens rückt der theoretische Deutungsrahmen einer interaktionistischen performativen Expertise die mannigfaltigen technischen und diskursiven Praktiken in den Fokus der historischen Analyse. Expertise wird bei dieser Modellierung nicht allein durch einen exklusiven Wissensbestand, durch eine funktionale Arbeitsteilung oder durch einen herausgehobenen Sozialstatus generiert und gesichert. Vielmehr werden auch die Handlungsmuster zugänglich, in denen Expertise als Grenzobjekt zwischen verschiedenen sozialen Gruppen und Kulturen gehandelt und herausgebildet wird. Dieser Zugriff würde den hybriden Charakter der modernen Expertise deutlicher werden lassen, mit dem der Experte sich einerseits als Agent staatlicher Herrschaftspraktiken und gesellschaftlicher Durchsetzungsstrategien und andererseits zugleich als Fürsprecher einer neutralen und objektiven Wissenschaft und als Repräsentant eines allgemein verfügbaren Wissensbestandes präsentiert. Solche Praktiken sind eben nicht allein auf einen rhetorischen Kanon zurückzuführen (wie wird eine gegebene Öffentlichkeit überzeugt?), sondern gerade auch auf dem Feld der Darstellung und Vermittlung zu identifizieren, nämlich als jene performativen Taktiken und Strategien, mit denen erst Öffentlichkeit hergestellt (im Sinne der „public relation"), als auch geschaffen (im Sinne einer fiktionalen Projektion) wird. Mit anderen Worten: Diese Praktiken machen nicht halt an bestimmten Fach- oder Disziplingrenzen, sondern sie exemplifizieren die Sozialtechnologien, die in der modernen Wissensgesellschaft implizit vorhanden sind.

Zweitens erlaubt dieser Deutungsrahmen, die Selbstbeschreibung bzw. Selbststilisierung von Experten stärker zu berücksichtigen. Am Beispiel der verschiedenen „Figurationen des Experten" lässt sich die ‚Assemblage' des Experten zwischen Selbstdarstellung und öffentlicher Anerkennung genauer herausarbeiten, womit sich sowohl die entstehenden Deutungsansprüche als auch die ambivalente Rolle des Experten in der modernen Gesellschaft analytisch nachvollziehen lässt. Die historische Beschäftigung mit der „Expertise" würde in dieser Modellierung somit zu einer „Genealogie der Subjektifikation"[7] beitragen, mit der die Herausbildung einer universell und für das öffentliche Gemeinwohl sprechenden Subjekt-Autorität untersucht werden kann. Der nach wie vor offenen Frage der Soziogenese der modernen Expertise wäre somit erst einmal eine diversifizierende Rekonstruktion jener lokalen Umstände und situativen Konstellationen vorzuschalten, in denen sich das „Für-Sprechen" als eine durchsetzungsfähige und autoritative Praxis erwies. Mit Blick auf die verschiedenen Formen kommunikativer, politischer und professioneller Praktiken könnten sich hier also die komplexen Interdependenzen, Rollenambivalenzen und Bedingungsgefüge nachzeichnen lassen, die – fast im Sinne einer bricolage – den modernen Experten konfigurieren.

Drittens wäre mit diesem Deutungsrahmen durchaus an die gegenwärtigen Popularisierungsdebatten anzuschließen, was eine weitere Differenzierung der verschiedenen Expertenkulturen erleichtern würde. Es sind dabei zum einen die durchaus unterschiedlichen Formen der Anerkennung und Validierung von Wissen zu berücksichtigen, in und mit denen sich ein Experte darstellt und auszeichnet: Zum anderen lassen sich verschiedene Konstellationen identifizieren, in denen ein „Für-Sprecher" eine Zuhörerschaft gewinnt bzw. von dieser erkoren wird. Das Spektrum reicht vom Expertentum im kleinen Kreis (Sektenführer, Wunderheiler) über den spezialisierten Fachexperten, der seine Autorität als auch Autorisierung aus einer geschlossenen community erhält, bis hin zur gesellschaftlich allgemein anerkannten Autorität, von dem Experten im Rücken der bürokratischen Verwaltungen, der quasi als Mittelsmann einer adressierten – oder gefürchteten – Öffentlichkeit agiert, ganz zu schweigen. In dieser Modellierung erscheinen Experten nicht als staatliche Hoflieferanten oder wissenschaftliche Fachmänner in der historischen Arena, sondern als Akteure, die sich zwar prinzipiell als Problemsteller oder Problemlöser inszenieren, sich (und ihre Expertise) aber sehr unterschiedlichen Kriterien der Validierung gegenüber gestellt sehen. Dass die „Wahrheit" einer wissenschaftlichen (oder einer anderen esoterischen) Tatsache nicht nur innerhalb einer beschränkten community gilt, sondern einen allgemeinen und verbindlichen („objektiven") Anspruch erheben darf, mag heute selbstverständlich sein, setzt aber einen historischen Prozess der Vermittlung und Verständigung voraus, an dem Experten nicht unerheblich beteiligt waren. Zur Anerkennung, Durchsetzung und Validierung sind auch die verschiede-

---

7 Rose, Nikolas: *Inventing Our Selves: Psychology, Power and Personhood.* Cambridge: Cambridge University Press 1998, S. 23.

nen Strategien zu rechnen, mit denen Widerstände geglättet und Konflikte entschärft werden und die die Legitimität der Expertise sichern.

Die Aufsätze des vorliegenden Bandes gehen auf die gleichnamige Tagung im Herbst 2002 zurück, die sich mit Blick auf das Spannungsfeld von Wissenschaft, Politik und Gesellschaft die Figurationen des Experten zum Thema nahm. Die Absicht der Tagung war dabei weder, den skizzierten Deutungsrahmen systematisch auszuformulieren noch eine umfassende Typologie der möglichen Figurationen zu entwerfen. Vielmehr war Neugier unser Leitmotiv, nämlich der Versuch, einen interdisziplinären Blick hinter die historischen Konstruktionen von Experten zu werfen. Dies spiegeln auch die vorliegenden Aufsätze, die die komplexen Bedingungsgefüge und performativen Strategien der historischen Figurationen zu rekonstruieren suchen. Im Ergebnis zeichnen sich dabei zumindest die ersten Umrisse jener Konstellationen und Assemblagen ab, in denen sich die politische und gesellschaftliche Fiktion einer partei- und subjektlosen Expertise historisch auszuformen begann.

Der Beitrag von **Thomas H. Broman** öffnet gewissermaßen das diskursive Feld. Ausgehend von der paradoxen Konstellation des modernen Experten, der ein das der aufgeklärten Menschheit eigentlich universell zugängliche Wissen privilegiert vermittelt und vertritt, hebt Broman auf die materiale Grundlage des „kritischen Diskurses" ab, in dem sich (mit Habermas) eine aufgeklärte Öffentlichkeit konstituierte. Trotz – oder gerade mit Verweis auf die materialen Kulturen und kommunikativen Praktiken setzt sich der Beitrag bewusst von der Konzeption des Experten als Figuration einer kritischen Öffentlichkeit, als Verkörperung der Aufklärung und Wissenschaften ab. Wenn Publizität nach Broman eine zentrale Figuration im Sinne eines Fürsprechers, Stellvertreters und Repräsentanten einer aufgeklärten Leserschaft darstellt, dann setzt sich die Öffentlichkeit dieser Publizität nicht aus zähl- oder individualisierbaren Lesern zusammen, sondern entsteht als Form einer neuen literarischen Kommunikation. In dieser figuriert die Stimme des Kritikers als stellvertretende Äußerung einer teilhabenden Leserschaft – und in gleicher Weise, wie die Teilhabe an der publizierten Kritik jedem offen steht, transzendiert dessen Stimme die konkrete Zuhörerschaft und stellt sich als allgemeine Einsicht und Vernunft dar. Dass diese Öffentlichkeit keineswegs nur diskursive Praktika, sondern vielmehr ökonomische Grundlagen hat, macht Broman mit dem Verweis auf den medizinischen Anzeigenmarkt als auch dem publizistischen Erfolg der medizinischen Aufklärungsliteratur deutlich, in dem sich gerade die gelehrten Ärzte nicht über ihren professionellen Status, sondern über die antizipierte Vernunft ihrer Leserschaft als Experten qualifizieren.

Nicht die Figuration eines Experten, sondern die Konstruktion von Öffentlichkeit steht im Mittelpunkt des Beitrages von **Susanne Deicher**. Ihre dichte Interpretation der erst nach dem Tode von Wilhelm von Humboldt gedruckten Schrift über die

„Ideen zu einem Versuch, die Grenzen der Wirksamkeit des Staates zu bestimmen" bildet quasi einen Kontrapunkt zu Bromans Beispiel einer publizistisch antizipierten Vernunft. Deicher setzt sich sehr bewusst von der gängigen Lesart ab, die in diesem Schlüsseltext des deutschen Linksliberalismus jene Utopie eines freien Meinungs- und Gedankenaustausches wiederzuerkennen glaubt, der im Sinne Habermas' dem modernen Machtstaat Korrektiv und Widerlager bietet. Wie ihr Beitrag herausarbeitet, hebt Humboldts Versuch vielmehr auf die Grundkonstellation einer idealistischen Selbstvergewisserung ab, nämlich auf jenes reflexive Moment, mit dem sich das vereinzelte Individuum in Form der ästhetischen Erfahrung historischer Relikte als gesellschaftliches Subjekt erfahren und erleben kann. Nicht einem kritischen Diskurs, sondern dem performativen Akt einer künstlerischen Aneignung entspringt quasi die medial vermittelte Urszene einer modernen Öffentlichkeit, in der das vereinzelte Subjekt sich selbst anschaut, seine Stimme hört und sein Wort versteht. Das ästhetisch vergegenständlichte Andere, das medial vermittelte „Du" bildet damit die Grundkonstellation einer unteilbaren Öffentlichkeit – und zugleich den Ursprung und Ansatz jener vielfältigen sozialen Tätigkeiten, deren zunehmende Verflechtung schließlich das Gewebe einer Gesellschaft im idealistischen Sinne formt.

Ob nun dem ästhetischen Moment einer reflexiven Subjektifikation entsprungen oder der kommunikativen Praxis einer publizistischen Ökonomie erwachsen – dass die sich formierende Öffentlichkeit selbst wieder zu einem Feld spezieller Expertise avanciert, macht der Beitrag von **Andrea Hofmeister** deutlich. Sie skizziert am Beispiel Preußens die Entstehung einer Öffentlichkeitspolitik als Teil einer staatlichen Herrschaftsstrategie, wobei sie die Funktionen und Aufgaben beleuchtet, die dem „Öffentlichkeitsexperten" in diesem Prozess zugedacht waren. Dabei stellt sie das Bedingungsgefüge heraus, in der der preußischen Regierung eine entscheidende Rolle zukam, als sie sich für eine Belehrung von oben entschied und damit eine Strategie verfolgte, die den Bedürfnissen und Strukturen der neuen liberal-politischen Kultur nicht (mehr) adäquat war. War die Regierung auf der Suche nach „hörigen Schreibknechten", zeigten sich die politischen Autoren in ihrem Streben nach politischer Macht bis 1815 durchaus kooperativ, verweigerten jedoch im Zuge der politischen Entwicklung nach 1815 ihre Mitarbeit, da sie keinen Raum mehr für ihre Unabhängigkeit sahen. Ohne diese Unabhängigkeit galt aber auch ihre Expertise wenig und verlor an Wert für den Staat. Erst nach 1848, als Spielräume für eine politische Streitkultur entstanden, konnte sich eine wirksame staatliche Öffentlichkeitsarbeit und Pressepolitik entwickeln. Diese Figuration des „Öffentlichkeitsexperten" zwischen staatlicher Intervention, Aufklärungsdiskurs und den Geburtswehen eines deutschen Liberalismus bildet gewissermaßen das Scharnier zu den Feldern kameralistischer Staatsmaximen, obrigkeitlicher Regulationen und gesellschaftlicher Reformbestrebungen. Auf diesen Feldern lassen sich sehr unterschiedliche Figurationen identifizieren, die aber durchaus in das patch-work des modernen Experten eingegangen sind.

In seinem Beitrag über die Entstehung eines Berufsstandes von Bergbauexperten untersucht **Jakob Vogel** die Entwicklung in Sachsen nach dem Siebenjährigen Krieg und ihre Ausstrahlung auf Preußen in der letzten Hälfte des 18. Jahrhunderts. Er analysiert zunächst die unterschiedlichen Strategien zur Rechtfertigung und Konstruktion von Expertise. In einem zweiten Schritt wird in Anlehnung an Pierre Bourdieus Theorie des ‚wissenschaftlichen Feldes' die Konstruktion des Expertenfeldes im europäischen Kontext am Beispiel von Preußen, Österreich, und Frankreich vergleichend untersucht. Im letzten Abschnitt beschreibt Jakob Vogel dann die zunehmende Verengung der Expertise der Bergbaubeamten auf ein naturwissenschaftlich-technisches Expertenwissen im Laufe des 19. Jahrhunderts. Dabei hebt er besonders die Historizität des Expertenbildes hervor, das stets in Verbindung mit und in Konkurrenz zu einer Vielzahl anderer Wissensträger stand. Er zeigt vor allem, wie das Bild des ‚interessenlosen' Expertentums selbst ein Produkt der Geschichte ist, da um 1800 – und im Gegensatz zu heute – die Verquickung von wissenschaftlicher Expertise und wirtschaftlicher Leitungsfunktion keineswegs als Widerspruch betrachtet wurde. Vielmehr galten die wissenschaftlich gebildeten Experten der staatlichen Verwaltung um die Wende vom 18. zum 19. Jahrhundert sogar in besonderer Weise auch in der Wirtschaft als Garanten für den uneigennützigen Gebrauch des Spezialwissens für das „allgemeine Wohl."

Stefan Brakensiek untersucht in seinem Beitrag zum „Feld der Agrarreformen um 1800" die revolutionären Strukturreformen im Agrarbereich und die diskursiven Felder, auf denen sich die Agrarexpertise herausbildete. Am Beispiel einiger Personen von ‚emblematischer' Bedeutung werden die jeweiligen praktischen Tätigkeiten, Argumentationen und kommunikativen Praktiken der zeitspezifischen Figuration des ‚Agrarexperten' analysiert. Er zeichnet einen Weg auf, der von einem Netzwerk gelehrter Kameralisten und ‚inspirierter' Amateure, wie Johann Christian Schubart und Johann Friedrich Mayer, hin zu den Agrarexperten der Reformära, wie Albrecht Daniel Thaer und Johann Nepomuk von Schwerz, führte. Dabei zeigt er vor allem, wie Thaer den Transfer der Ideen Adam Smiths und der englischen Agrarinnovationen nach Deutschland u.a. durch narrative Strategien leistete, die sich sowohl aus einem historisch-genetischen Interpretationsmodell, das die Landwirtschaft der Gegenwart in einem großen Bogen von der Landnahme durch den Menschen her deutete, als auch aus den Prämissen exakt naturwissenschaftlicher Methoden, wie er sie auf seiner Versuchs- und Lehranstalt in Celle umzusetzen versuchte, speisten. Brakensiek stellt ferner fest, dass in den Jahrzehnten nach 1800 der Landwirtschaftsdiskurs von seiner ‚heroischen' in eine bürokratisch-pragmatische Phase trat, so dass der weitere Vollzug der Agrarstrukturreformen völlig in die Hände von

professionalisierten und überwiegend ‚verbeamteten' Agrarexperten gelegt wurde.
Doch der Raum für ‚heroische Expertise' ist dabei nicht verloren gegangen: Vielmehr verlagerte er sich vom Feld agrarstruktureller Reformen auf das Feld der Naturwissenschaften, der Züchtungslehre in Botanik und Tiermedizin, vor allem der
organischen und anorganischen Chemie.

Ulrike Thoms untersucht am Beispiel der gewöhnlich als Musterbeispiel der Expertise
betrachteten Arzneimittelaufsicht im Preußen des frühen 19. Jahrhunderts die
Aushandlungsprozesse, die der Anerkennung von Expertise vorangehen und sie stets und
ständig begleiten. Sie verdeutlicht, dass Apotheker und Pharmazeuten zwar in staatliche
Verwaltungsprozeduren und Versorgungsaufgaben eingebunden waren, doch mit den
Medizinern um die Abgrenzung der Expertisefelder rangen. Die Verhandlungen um
Neuauflagen der Pharmakopöe entwickelten sich zu Auseinandersetzungen zwischen
Medizinern und Pharmazeuten wie Apothekern bzw. zwischen Medizinern und Staat um
die Rolle der Wissenschaftlichkeit für die Expertise wie über die unterschiedliche
Reichweite von Expertise. In diesem Prozess stärkte ihre um 1800 einsetzende
Professionalisierung zwar die Position der Pharmazie, doch blieb ihr Einfluss auf die
Gestalt der Pharmakopöen begrenzt. Sie wurde vielmehr auf einen Platz als technische
Hilfswissenschaft der Medizin verwiesen, auf dem sie sich dann allerdings als eine der
Medizin komplementäre Profession etablieren konnte. Der Einfluss der Medizin
begrenzte die pharmazeutisch-praktische wie bürokratische Brauchbarkeit der Pharma-
kopöe. In diese Lücke stieß eine Vielzahl von offiziell anerkannten Kommentaren, deren
Existenz die Expertise der in der Pharmakopöe-Kommission dominierenden Mediziner
ebenso grundsätzlich in Frage stellte, wie die hohen Verkaufszahlen der zahlreichen
Geheimmittel, die von den medizinischen wie pharmazeutischen Experten unter Bezug
auf ihren Expertstatus wieder und wieder als nutzlos dargestellt worden waren. Thoms
zieht daraus den Schluss, dass Expertise nicht ein für alle Mal gilt, sondern in der
historischen Situation jeweils neu für bestimmte Publika und Problemfelder ausgehan-
delt werden muß, wobei die gegenseitige Anerkennung und Kooperation der verschiedenen Experten deren Position stabilisiert.

Auch **Stefan Haas** untersucht die Interaktion verschiedener Expertengruppen und
zwar am Beispiel des Diskurses über den Scheintod im frühen 19. Jahrhundert,
wobei er die symbolischen und medialen Strategien verfolgt, mit denen diese Experten ihre Entscheidungskompetenzen in jenem undefinierten Zwischenraum zwischen Sterben und Verwesen zu entfalten suchten. Dabei unterscheidet Haas insbesondere zwischen einem „medizinischen Entscheidungs-Experten" und einem „administrativen Implementierungs-Experten". Beiden stellt er den Geistlichen, den
Vertreter der nicht professionalisierten Heilberufe und die dem Verstorbenen im
Alltag verbundenen Verwandten und Nachbarn gegenüber. Innerhalb dieser Assemblage der beteiligten Fachleute und Experten gelang es dem medizinisch-admi-

nistrativen Doppelgespann von Experten, sich im Zuge der Auseinandersetzung um Aufbahrungszeit, Einrichtung von Leichenhäusern, Verlegung von Friedhöfen und Einführung ärztlicher Atteste schließlich durchzusetzen. Bei dieser Verschiebung der Zuschreibungen von Entscheidungskompetenz geht es Haas vorrangig um die Frage, welche ordnungsstiftenden und diskursiven Figurationen definierten den Tod als ein medial kommunizierbares Ereignis. Unter dieser Fragestellung erscheint der Experte als „Virtualität", die erst konstruiert und dann „mehr als eine mediale Strategie denn als intentionales Subjekt eingesetzt wird". Beispiele solcher medialen Strategien findet Haas in der Stiftung einer „Rettungsmedaille", in der Ausarbeitung und Einführung von Formularen (Totenscheine, Tabellen, etc.) und in der Entwicklung bürokratischer Verfahrensstrukturen. Haas verweist vor allem auf die symbiotische Beziehung zwischen administrativen und medizinischen Diskursen hin, in denen die jeweils andere Expertengruppe als „virtuelle Entscheidungsträger" dargestellt wurden und so zur wechselseitigen Stabilisierung von politischer Herrschaft und medizinischem Expertenwesen beitrugen.

In seinem Beitrag „Experten wider Willen. Statistische Projekte und ihre Akteure um 1800" fragt **Karl Hildebrandt** nach der Expertenfunktion statistischer Autoren am Übergang vom 18. zum 19. Jahrhundert. Er stellt das Schlözersche Ideal einer Experten-Republik und die Theorie einer systematischen Akkumulation von multidisziplinärem Expertenwissen seinem Aufsatz voran. Dieses Beispiel kontrastiert er dann mit der französischen Regierungsstatistik um 1800. Im Gegensatz zu den deutschen Verhältnissen stand diese Statistik vollends unter dem Primat der Praxis: Ihre Theorisierung als Methode und Disziplin erfolgte erst aus den Erfahrungen der praktischen Arbeit heraus. Hildebrandt zeigt ferner, wie der entstehende moderne Verwaltungsstaat unmittelbaren Einfluss auf die inhaltlichen wie methodischen Strukturen der jeweiligen statistischen Disziplinen hatte und sich institutionell besonders in der Gründung und Arbeit zentralisierter statistischer Büros seit 1800 äußerte. Diese Bürokratisierung bedingte weithin auch einen Rollenwandel des Statistikers vom literarischen, selbstständigen Autor zum stärker anonymisierten Beamten im Staatsdienst, dessen abgesteckte Funktion ihm durchaus den Rang eines spezialisierten Experten einbringen konnte. Schließlich beschreibt Hildebrandt am Beispiel der politisch-ökonomischen Kartographie und der ‚graphischen Expertise' wie disziplinäre Einflüsse und materielle Grundlagen aus der deskriptiven Statistik, der Geographie, der politischen Ökonomie, der Mathematik und der politischen Arithmetik in völlig neuer Kombination zusammenliefen.

Anna Märkers Beitrag verortet sich im Kontext neuerer Science and Technology Studies (STS), die vor allem funktionalistisch geprägt sind und auf die Konstruktion und Legitimation des Experten in liberal-demokratischen Gesellschaften und ihrer Legitimation durch verschiedene Formen der Öffentlichkeit abheben. Am Fallbeispiel von Count Benjamin von Rumford und seinem Reformmodell für die Münchener Armenpolitik hinterfragt sie diese Sichtweise für einen Zeitraum, in dem eine liberale Öffentlichkeit noch nicht existierte. Sie zeigt, dass das funktionalistische Modell der mechanistisch-experimentellen Naturwissenschaft von Rumford auch auf die Sozialpolitik übertragen und im Kontext der drängenden sozialen Probleme der Zeit anerkannt wurde, obwohl die meisten Akteure mit dem naturwissenschaftlichen Diskurs über mechanistische Konzepte, experimentelle Praxis und naturwissenschaftliche Expertise nicht vertraut waren. Wie die „virtual witnesses" des naturwissenschaftlichen Versuchs werden die Teilnehmer und Beobachter von Rumfords „Wohlfahrtsmaschine" zu Zeugen für ihr Funktionieren. Unter Bezug auf das Goffmansche Inszenierungsmodell zieht die Autorin den Schluss, dass die Anerkennung des Experten, die Stabilisierung seiner Position im lokalen Kontext entscheidend davon abhängt, ob die Selbstinszenierung, das Austarieren von Verbergen und Sichtbarmachen gelingt.

Den Bogen zur Gegenwart schlägt schließlich der Beitrag von **Joachim Westerbarkey** über die „Illusionsexperten", die Techniken des Verbergens durch Zeigen, des Ablenkens durch Hinlenken, Imponieren, Anziehen oder Abschrecken mit Hilfe publizistischer Illusionsmaschinen beherrschen. Damit praktizieren sie letztlich nichts anderes als alltägliche Imagepflege, die sensible Bereiche verschweigt oder überdeckt. Die erzeugten Masken sind sozial akzeptiert; sie müssen, um zu funktionieren, die Illusion des Natürlichen wahren. Daher werden sie hinter den Kulissen, vor der Öffentlichkeit verborgen, erzeugt. Westerbarkey erläutert, dass die Bewahrung gesellschaftlicher Macht entscheidend davon abhängt, wie effektiv es jeweils gelingt, den Blick hinter die Kulissen mit Hilfe von Inszenierungen und Ablenkungsmanövern zu verhindern.

Die Tagung wurde im Rahmen des DFG Projektes „Expertise und Öffentlichkeit: Frühe Versuche an Krankenhauspatienten am Beispiel der Berliner Charité in der ersten Hälfte des 19. Jahrhunderts" veranstaltet. Die Herausgeber danken allen Teilnehmern der Tagung für ihre Beiträge, insbesondere Jakob Tanner, dessen Kommentar unsere Überlegungen beflügelte. Wir sind der Deutschen Forschungsgemeinschaft zu Dank verpflichtet für die Förderung des Forschungsprojektes, dem Institut für Geschichte der Medizin, der Forschungskommission der Charité und der Humboldt-Universität zu Berlin für die Unterstützung bei der Organisation und Durchführung der Tagung.

Berlin, im Mai 2004
Eric J. Engstrom, Volker Hess, Ulrike Thoms

THOMAS BROMAN

Wie bildet man eine Expertensphäre heraus?
Medizinische Kritik und Publizistik am Ende des 18. Jahrhunderts

Wie kann die Beziehung zwischen Experten als sozialen Agenten unter besonderen historischen Umständen und der Öffentlichkeit beschrieben werden? Die Einführung zu diesem Band hat bereits einen Aspekt dieser Relation pointiert zum Ausdruck gebracht. Darin wurde hervorgehoben, dass die anglo-amerikanische Forschung des letzten Jahrzehnts – dem Verständnis von Habermas folgend – Öffentlichkeit vor allem als quasi räumliches Modell in Form einer Arena oder „Bühne" begriffen habe, wie die Herausgeber bemerkten. Nach diesem Modell reduzieren sich die Aktivitäten der Experten in der Öffentlichkeit im Wesentlichen darauf, ihre Stimmen öffentlich zu Gehör zu bringen und ihre Expertise in dieser so genannten Arena zu etablieren. Wie die Herausgeber weiterhin in der Einleitung formulieren, wird bei dieser historiographischen Perspektive kaum die Tatsache bemerkt, dass nicht nur die öffentliche Sphäre Experten konstituiert, sondern Experten umgekehrt auch Öffentlichkeit herstellen, wenn sie sich darum bemühen, ihrer Expertise den Status eines universellen und allgemeinen Wissens zu verleihen.

Geht man von einer streng historischen Perspektive aus, kann diese Aussage in der Form, dass nämlich Experten von der öffentlichen Sphäre hervorgebracht werden, nicht buchstäblich behauptet werden. Versteht man Expertise und Experten als soziale Akteure, die über Fachwissen verfügen, dann gab es beide lange, bevor sich kulturelle Strukturen entwickelten, die überhaupt mit der Öffentlichkeit vergleichbar gewesen wären. Dafür kann man zum Beispiel einfach auf die Traktate von Hippo-krates' *Prognostik* und *Über die Lebensweise bei akuten Krankheiten* hinweisen. Solche Schriften erinnern daran, dass Vertreter von Hippokrates' Lehren wie wahrscheinlich auch andere Ärzte der Antike aus diesem Umkreis sich emphatisch auf Expertenwissen und Fachmethoden als Grundlage ihrer sozialen Identität beriefen. Der römische Architekt Vitruvius (um 87 v.- 27 n. Chr.) wäre sicherlich von seinen Zeitgenossen als Experte bezeichnet worden, wie die spätere Rezeption deutlich macht. Ebenso zeichnet sich sein jüngerer Zeitgenosse Celsus (um 25.- 50 n. Chr.) mit seiner Schrift *De Medicina* durch ein überwältigendes Wissen über Medizin und Kräuterkunde aus, so dass Historiker bis heute darüber rätseln, ob er als Arzt prakti-zierte oder ein Landbesitzer war, der ein Fachbuch für Angehörige der eigenen sozi-alen Klasse verfasste.

In diesem Beitrag soll es aber nicht darum gehen, historische Biographien pedan-tisch aufzulisten. Schließlich ist die Ansicht allgemein verbreitet, dass der Begriff des „Experten" als soziale Figur ein Phänomen der Moderne darstellt. Entsprechend vertritt die Einleitung dieses Bandes mit der These, dass Experten von der Öffentlichkeit hervorgebracht werden. Dies ist ein Standpunkt, der auch vom Verfasser dieses Beitrags bei mehr als einer Gelegenheit vertreten wurde.[1] Dennoch ist in der rezenten Literatur überraschend selten davon die Rede, was genau als „modern" zu verstehen sei, wenn der heutige Begriff des Experten verwendet wird. Dementsprechend sollten die oben genannten Beispiele aus der Antike dazu anregen, den Begriff der Expertise als Erfindung der Moderne in Zweifel zu ziehen. Jedoch könnten diese historischen Beispiele auch leicht zu der einfachen Verallgemeinerung führen, dass in jeder auf Arbeitsteilung und Spezialisierung beruhenden menschlichen Gesellschaft die Vertreter spezialisierter Tätigkeiten von ihren Mitmenschen als Experten identifiziert werden. Daher würde einer Diskussion über Expertise viel verloren gehen, wenn das Verständnis von Expertise ausschließlich auf das Phänomen der Arbeitsteilung bezogen bliebe. Zweifellos zeichnet sich der Begriff der Expertise durch eine größere Komplexität aus. Diese scheint vor allem darin zu liegen, dass die Expertise dieser Experten in der gegenwärtigen Gesellschaft eine große Vielfalt von signifikanten öffentlichen Funktionen erfüllt, für die sich wenige – wenn überhaupt – Entsprechungen in früheren Zeitperioden finden lassen.[2] Grundlegendes Ziel meines Beitrags ist es daher, eine sorgfältige Analyse dessen zu leisten, was dem traditionellen (und vermutlich fast universellen) Begriff der Expertise hinzugefügt wurde, als sich die „Öffentlichkeit" im Zuge der deutschen Aufklärung des 18. Jahrhunderts konstituierte.

Darüber hinaus bedarf auch der zweite Teil der Beziehung zwischen Experten und Öffentlichkeit, der in der Einleitung genannt wird, einer Kommentierung. Dort wurde hervorgehoben, dass Experten Öffentlichkeit „herstellen", indem sie für ihr Expertenwissen Universalität beanspruchen. Dieser Behauptung geht ein zweiter Aspekt dieses Beitrags nach, der sich vor allem mit der Beziehung zwischen *Experten* als besonderen sozialen Akteuren und *Expertise* als Geflecht aus kulturellen und konzeptionellen Ressourcen beschäftigt. Dieses Bezugssystem lässt sich in jeder Gesellschaft nachweisen, die es ihren Mitgliedern (wie natürlich auch den Experten) erlaubt, Experten zu identifizieren und ihre Tätigkeiten zu beschreiben. Trotz aller

---

1   Vgl. Broman, Thomas: The Habermasian Public Sphere and 'Science *in* the Enlightenment'. History of Science 36 (1998), 123-49; und ders.: Introduction: Some Preliminary Considerations on Science and Civil Society. In: Nyhart, Lynn K. and Broman, Thomas H. (Hrsg.): Science and Civil Society. Osiris 17 (2002), 1-21.

2   Die Rolle des Experten, und insbesondere derjenigen, die im Hinblick auf Verordnungen und Verwaltung als wissenschaftliche Fachleute auftraten, wurde umfassend von Yaron Ezrahi herausgearbeitet. Vgl. The Descent of Icarus: Science and the Transformation of Contemporary Democracy. Harvard: Harvard University Press 1990; und Jasinoff, Sheila: The Fifth Branch: Science Advisors as Policymakers. Harvard: Harvard University Press 1990.

Sympathie für diese Ansicht werde ich von der Position der Herausgeber in gewisser Hinsicht abweichen und möchte argumentieren, dass nicht der Experte selbst (als Person), sondern der Diskurs der Expertise die Öffentlichkeit „herstellte". Diese Unterscheidung rekurriert auf Steven Shapins bekannter These, dass das Vertrauen, das den Vertretern der Naturphilosophie im 17. Jahrhundert vor allem aufgrund ihres sozialen Status geschenkt wurde, einen grundlegenden Anteil daran hatte, dass die Wissenschaftler den neuartigen Wahrheitsanspruch ihres experimentellen Wissens erheben konnten. Shapin lässt wenig Zweifel daran, dass die Aufrechterhaltung bzw. der Verlust persönlicher Vertrauenswürdigkeit noch immer eine wichtige Rolle für die Objektivität und Wahrheit wissenschaftlichen Wissens in modernen Gesellschaften spielt.[3] Shapins These entfaltete große Wirkung sowohl auf die Publikationen von Historikern wie auch von anderen Wissenschaftlern;[4] und ich werde die Gelegenheit nutzen, im Hinblick auf die medizinische Ratgeberliteratur des 18. Jahrhunderts auf den von Shapin beschriebenen Zusammenhang zurückzukommen. Vorläufig kann bemerkt werden, dass der Status von Experten zwar sehr gut von der Beurteilung ihrer persönlichen Vertrauenswürdigkeit abhängig sein kann, ähnliche Urteile aber selten für den Bereich von Expertise getroffen werden. Dieser Umstand zeigt sich daran, dass Aussagen von Experten über globale Erwärmung oder Risiken von Herzattacken individuell akzeptiert oder abgelehnt werden können. Gleichzeitig bezweifelt jedoch niemand, dass wissenschaftliche Erkenntnisse bedeutsame Informationen für gesellschaftliche Praktiken beinhalten, was für das moderne Verständnis von Expertise als wesentlich gelten kann.

Indem ich den Begriff der Expertise von dem des Experten analytisch löse und beide Aspekte mehr oder weniger unabhängig voneinander diskutiere, werde ich für den Zeitraum 1730-1800 darlegen, wie sich Öffentlichkeit im Allgemeinen formierte, und wie die Zeitschriftenpresse im Besonderen den Status und die Autorität von Experten in der deutschen Gesellschaft des 18. Jahrhunderts rekonfigurierte. Die soziale Gruppe der Ärzte erweist sich für diese Fragestellung als besonders geeignet, da sie bereits vor der Formierung der Öffentlichkeit – wie natürlich auch danach –

---

3 Shapin, Steven: A Social History of Truth. Chicago: Univ. of Chicago Press, 1994; erhielt den Untertitel "civility and science in seventeenth-century England." Eine frühere Version der gleichen These findet sich in Shapin, Steven and Simon Schaffer: Leviathan and the Air Pump. Princeton: Princeton Univ. Press 1985.

4 Vgl. beispielsweise Daston, Lorraine and Katherine Park: Wonders and the Order of Nature. New York: Zone Books, 1998, im Besondren Kapitel VI: Strange Facts; und Daston, Lorraine: Baconian Facts, Academic Civility, and the Prehistory of Objectivity. In: Megill, Allan (Hrsg.): Rethinking Objectivity. Durham: Duke University Press 1994, S. 37-63.

über einen weitgehend anerkannten sozialen Status und die Legitimation als Experten verfügten. Die Analyse, wie sich die Identität von Experten während des 18. Jahrhunderts veränderte, kann zwar nicht belegen, wie die Öffentlichkeit einen Begriff von Expertise hervorbrachte, der in dieser Form vorher nicht bestanden hatte, doch können damit Aussagen darüber getroffen werden, welche besondere Form Expertise im Kontext der Presse annahm. Dennoch erweist sich die Auswahl der Ärzte für eine Fallstudie über Expertise aus teilweise den gleichen Gründen als problematisch. Gerade aufgrund ihrer Etablierung an Universitäten hatten Ärzte einen Status inne, der sie von anderen zeitgenössischen Experten wie zum Beispiel Hebammen, Bergbauingenieuren oder Lotsen abhob. Aus diesen Gründen erheben die hier dargestellten Zusammenhänge keinen Anspruch auf Vollständigkeit. Im günstigsten Fall stellen sie aber einen Vorschlag zur Verfügung, der dazu dienen könnte, ein umfassenderes Bild und Verständnis der modernen Expertise zu entwickeln.

Bevor ich fortfahre, möchte ich noch auf ein weiteres potentielles Problem der Untersuchung aufmerksam machen. Zumindest denjenigen Lesern, deren hauptsächliches Forschungsgebiet im 19. Jahrhundert oder später liegt, könnte die Gleichsetzung von „moderner" Expertise mit der Formierung der Zeitschriftenpresse als Fehlgriff erscheinen. Entsprechend dieser Kritik würde eine bessere Begründung für die Autorität medizinischer Experten darin bestehen, die Ausbreitung des Experiments und der Laborwissenschaft im 19. Jahrhundert in den Blick zu nehmen. In diesem Kontext könnten Schriften von Bruno Latour oder natürlich Volker Hess' Studie *Der wohltemperierte Mensch* genannt werden, die sich mit der Anwendung quantitativer Labortechniken für die medizinische Versorgung in Krankenhäusern des 19. Jahrhunderts beschäftigt.[5]

Solchen Einwänden lässt sich wenig entgegensetzen. Es kann nicht bestritten werden, dass die Laborwissenschaft einen wichtigen Beitrag zur Ausprägung der Identität von modernen Medizinern und anderen wissenschaftlichen Experten leistete. Wie immer die Entstehung des Labors als Wirkungsgröße auf die Identität und Autorität von modernen Experten auch zu bewerten ist, so möchte ich doch darauf bestehen, dass sich aus der Matrix des 18. Jahrhunderts eine grundsätzliche Entwicklung vollzog, die dem Triumph der Laborwissenschaft lange vorausging: Die Publizität des Expertenwissens. Mit ihr stellt sich wissenschaftliche Erkenntnis, mit der Experten ihre Praktiken begründen, der menschlich aufgeklärten Vernunft als universell zugänglich dar. Das Wissen der Experten erscheint als Wissen, über dass „wir alle" verfügen. Beispiele für diese ungeteilte, quasi soziale Qualität des

---

5   Hess, Volker: Der wohltemperierte Mensch. Wissenschaft und Alltag des Fiebermessens (1850-1900). Frankfurt/M.: Campus 2000.

Wissens sind buchstäblich fast überall im Alltag zu finden. Um nur ein Beispiel von vielen zu nennen: In einem Artikel der *New York Times* vom 16. Februar 2004 über dunkle Materie wird die totale Masse unserer Galaxie als erheblich größer beschrieben, als bisher angenommen wurde. „Wir leben in einem wenig plausiblen, verrückten Universum", wird ein Astrophysiker zitiert, „aber immerhin in einem, dessen Kriterien wir verstehen".[6] Betrachtet man die Verwendung des Personalpronomens „wir" in dem Zitat, so bleibt dessen Bedeutung unklar. Offensichtlich richtet es sich in erster Linie an die scientific community der Astrophysiker. Wenn eine solche Aussage aber nur das geheime Wissen einer pythagoreischen Sekte von Astrophysikern wiedergeben würde, so hätte sie wohl kaum einen Wert oder eine Bedeutung für jene breite Öffentlichkeit, die die *New York Times* wie auch andere Zeitschriften ihrem Selbstverständnis nach repräsentieren. Das Wissen des zitierten Experten muss also auch „unser" Wissen sein.

Auf welche Weise entsteht jedoch diese Form von Wissensteilung zwischen Experten und Laien? Wie kann eine schwer zugängliche, relativistische Physik, die zur Beschreibung der Masse von Galaxien dient, zugleich auch ein sinnvoller Teil unseres Wissens sein? Ein Garant für Universalität kann auf die angenommene Konformität dieses Wissens zurückgeführt werden, die auf methodologischen Normen beruht, welche üblicherweise unter den Begriff der „wissenschaftlichen Methode" subsummiert werden. Theodore Porter argumentiert, dass die strikte Befolgung einer spezifischen Methode und die Betonung der „Objektivität" spezifischen Formen von Expertenwissen Autorität in der Öffentlichkeit verliehen habe.[7] Als ein Aspekt der „wissenschaftlichen Methode" gilt, dass der Anspruch auf Objektivität die Unparteilichkeit des Experten als Produzenten des Wissens garantieren soll. Wie Porter überzeugend belegt, spielt Objektivität eine wichtige Rolle für die Konstituierung von Forschergemeinden und für die Legitimation der Vorgehensweise von Experten gegenüber staatlicher Kontrolle.

Porters Analyse der Expertenautorität ist ebenso scharfsinnig wie wichtig zugleich, da sie deutlich macht, welche Auswirkungen der so genannten „Mikrosoziologie" den Wissenschaften zukommt, die weit über die Erzeugung von Wissen hinausgeht. Aus zwei Gründen gehen Porters Erkenntnisse jedoch an dem Vorhaben dieses Beitrags vorbei. Zum einen richtet sich Porters Aufmerksamkeit nicht auf die öffentliche Funktion jener Objektivität, die von den Experten ins Spiel gebracht wird. Wenn das Publikum an einzelnen Stellen erwähnt wird, so verwendet Porter diesen Begriff

---

6   The New York Times vom 16. Februar 2003, Teil 4, S. 2.

7   Porter, Theodore M.: Trust in Numbers. The Pursuit of Objectivity in Science and Public Life. Princeton, N. J. 1995.

lediglich in Bezug auf die Interessen und Einflüsse des Staates und seiner bürokratischen Apparate. Sicherlich ist die Einbindung der Experten in politisches Handeln eine wichtige Grundlage für die Autorität des Staates. Wenn sich der Einfluss von Experten jedoch allein aus ihrer Beziehung zum Staat generierte, dann verlöre das aus diesem Munde mitgeteilte Wissen schnell seine Eigenschaft, von jedem Mitglied der bürgerlichen Gesellschaft in Anspruch genommen werden zu können. Dieses kollektive, bürgerliche Verständnis von Öffentlichkeit, das eine zentrale Stellung innerhalb von Habermas' Analyse einnimmt und dort als Gegengewicht zur Staatsautorität erhoben wird, erfährt in Porters Untersuchung keinerlei Berücksichtigung. Der zweite Aspekt, der meinen Ansatz von Porter unterscheidet, ergibt sich aus einer Zuschreibung, die in ähnlicher Form auch in Shapins *Social History of Truth* vorgenommen wird. Sowohl Porter als auch Shapin betrachten soziale Gemeinschaften in Relation zu Entscheidungen und Urteilen, die von den wissenschaftlichen Experten getroffen werden. Wenn Porter den Begriff Objektivität oder Shapin den Aspekt der Vertrauenswürdigkeit einführt, dann stehen in beiden Fällen die Gemeinschaft der Experten und deren Entscheidungsvollmacht im Fokus der analytischen Betrachtung. Im Gegensatz hierzu möchte ich aber eine andere Seite der Publizität des Expertenwissens betonen, und zwar jene, die sich durch die sozialen und materialen Strukturen ihrer kulturellen Produktion entwickelt. Schließlich strebt kaum jemand an, an dem umfangreichen theoretischen Wissen über dunkle Materie oder die Masse von Galaxien, das „wir alle" besitzen, tatsächlich zu partizipieren. Diese Teilhaberschaft ergibt sich vielmehr aus kommunikativen Praktiken, die zugleich jene sind, mit denen sich Öffentlichkeit konstituiert – zumindest in dem Maße, wie die Presse ein wichtiges Medium öffentlichen Wissens darstellt. Selbstverständlich entscheiden die einzelnen Mitglieder einer Gesellschaft weiterhin frei und selbständig darüber, ob sie die mitgeteilten Erkenntnisse annehmen oder als unglaubwürdig ablehnen. Ein Fehlschluss wäre es allerdings, die Publizität des Expertenwissens als Summe individueller Entscheidungen aufzufassen, die in der ganzen Gesellschaft getroffen werden.

Unter diesem Gesichtspunkt ist die Publizität derartiger Expertisen ein entscheidender Faktor, mit dem sich in unserem Verständnis eine „moderne" Expertise definieren lässt. Bezeichnenderweise stellt sich dieser Zusammenhang jedoch nur als erster Teil der „Geschichte" der Expertise dar, da das Wissen der Experten per se privilegiertes Wissen darstellt. Experten behalten sich das Recht vor, Wissen hervorzubringen, zu bewerten und zu verbreiten. Beispielsweise können Wissenschaftler und professionelle Experten auch dann noch die Zugänglichkeit ihrer Erkenntnisse und Praktiken behaupten, wenn niemand außer ihnen selbst dieses Wissen verstehen oder effektiv beurteilen kann. Die Herausgeber des vorliegenden Sammelbandes beschreiben den Experten als Vermittler von Wissen im Sinne eines Fürsprechers.

Diesen Ansatz würde ich gerne dahingegend verstärken, dass der Experte nicht nur Vermittler, sondern Stellvertreter des Wissens ist, indem er für uns buchstäblich Wahrheit repräsentiert.[8] Wenn Experten wissenschaftliche Aussagen über unsere Lebenswelt treffen, gehen sie davon aus, dass ein aufgeklärtes Publikum ihre Erkenntnisse bestätigt und gleichzeitig nachvollziehen kann, wie die Praktiken des Experten durch theoretisches Wissen begründet und fundiert wird – was allerdings voraussetzt, dass die Mitglieder des Publikums in der Lage sind, das Gleiche wie die Experten zu wissen.

Moderne Expertise befindet sich damit in der höchst paradoxen Situation, für die aufgeklärte Menschheit ein potentiell universell zugängliches Wissen zu repräsentieren, zu dem in der Praxis jedoch nur Experten Zugang haben.[9] Daher soll sich der restliche Teil meines Beitrags damit beschäftigen, wie die Grundlagen dieser modernen Form von Expertise im 18. Jahrhundert entstanden sind. Als erstes werde ich beschreiben, wie kommunikative Praktiken der Presse im 18. Jahrhundert das Fundament dafür legten, „was jedermann wusste". Gleichzeitig sorgten dieselben Praktiken dafür, dass sich Kritiker in diesen Zeitschriften als Stellvertreter von Wissen etablieren konnten, die bevollmächtigt waren, wahre Aussagen für „jedermann" zu publizieren. Im Anschluss daran werde ich mich der Frage zuwenden, wie diese Entwicklung die Position einer bestimmten Gruppe etablierter Experten, in diesem Falle der Mediziner, veränderte. Wie sich herausstellen wird, hatten Ärzte bereits um das Jahr 1790 die Rolle von öffentlichen Experten und von Stellvertretern von Wissen ohne Zögern übernommen, womit sie die traditionellen sozialen Grundlagen ihrer Expertise noch verstärkten. Im gleichen Atemzug setzte dieser Schritt die Ärzte jedoch einem öffentlichen und bitteren Angriff aus, der von Seiten der wissenschaftlichen Medizin vor dem Hintergrund epistemologischer Annahmen geführt wurde. Die Analyse der Veränderung der sozialen Identität von Ärzten während dieser Zeit zeigt außerdem, wie das traditionelle Expertenwissen seine moderne Form gewann.

---

8   Ezrahi schreibt Experten ebenfalls eine repräsentative Funktion in Descent of Icarus, S. 49 (wie Anm. 2) zu, obwohl sein Verständnis dieser Rolle eher mit politischen Implikationen einer repräsentativen Regierung zusammenhängt.

9   Zumindest versuchen Experten die Grenzen ihre Disziplinen abzustecken, um zu vermeiden, dass sich "ihr" Wissen und „ihre" Praktiken der eigenen Kontrolle entzogen werden könnte. Als grundlegend gilt in dieser Hinsicht Gieryn, Thomas : Boundary-Work and the Demarcation of Science from non-Science: Strains and Interests in Professional Ideologies of Science. American Sociological Review 48 (1983), 781-795; und ders.: Cultural Boundaries of Science: Credibility on the Line. Chicago 1999. Die Abstreckung professioneller Grenzen spielt auch bei Andrew Abbott ein Rolle; Vgl.The System of Professions. Chicago 1988.

Kritik, die Zirkulation von Nachrichten und der Diskurs der Expertise

Für diese Diskussion möchte ich den Ausgangspunkt meiner Argumentation aufnehmen, die an dem öffentlichen Phänomen der Artikulation von Expertise während
des 18. Jahrhunderts ansetzt. Die hier diskutierte Expertise kann auf zwei ähnliche,
aber analytisch zu trennende Phänomene bezogen werden, die beide mit der Entstehung der Zeitschriftenpresse in Verbindung stehen: Die Kritik und die Zirkulation
von Nachrichten. Den Leser, der das wiederaufgeflammte Forschungsinteresse am
18. Jahrhundert nur in Ansätzen wahrgenommen hat, mag dieser Fokus des Interes-
ses überraschen. Schließlich wird die Presse in der historischen Forschungsliteratur
nur als eine von vielen Institutionen thematisiert, die im Hinblick auf die Entstehung
der Öffentlichkeit untersucht werden müssen, wobei insbesondere Salons, Kaffee-
häuser und Lesegesellschaften zu nennen wären.[10]

Dennoch vertrete ich die Auffassung, dass die Presse eine zentrale Rolle spielte, jene
beiden grundlegenden Eigenschaften von Öffentlichkeit zu konstituieren, die in
diesem Artikel von Interesse sind: Universalität und Kollektivität. Das besondere
Vermögen der Presse, ein Verständnis von Öffentlichkeit als „allgemeine Menschheit" zu erzeugen, wurde dabei von der generellen Entwicklung verstärkt, mit der
die Presse weder einem geographischen Gebiet noch einer bestimmten sozialen
Institution zugeordnet werden konnte. Mit der Verbreitung von Nachrichten und der
Platzierung kritischer Urteile hatte der Diskurs über Öffentlichkeit in der Zeitschriftenpresse einen Artikulationsraum gefunden. Darüber hinaus war die Hinwendung
zur Presse nicht nur eine zufällige historiographische Vorliebe der Autoren, sondern
schon früh erkannten moderne Regierungen deren Bedeutung. Beispielsweise belegt
die Publikation von Gazetten der französischen und britischen Regierung bereits
Mitte des 17. Jahrhunderts, dass diese Presse sowohl eine festgelegte öffentliche
Funktion erfüllte als auch der Kontrolle von Information diente.[11]

---

10 Vgl. für die neuesten Ergänzungen dieser umfangreichen Literatur Van Horn Melton,
    James : The Rise of the Public in Enlightenment Europe. Cambridge 2001; und Blanning,
    T. C. W.: The Culture of Power and the Power of Culture: Old Regime Europe 1660-
    1789. Oxford 2002, bes. Teil 3: The Rise of the Public Sphere.

11 Zum Thema der Gazetten , vgl. Raymond, Joad : The Newspaper, Public Opinion, and the
    Public Sphere in the Seventeenth Century. In: Raymond, Joad (Hrsg.): News, News-
    papers, and Society. London 1999, S. 109-140 und die zitierte Literatur; Feyel, Gilles:
    L'Annonce et la Nouvelle: La Presse d'Information en France sous l'Ancien Régime
    (1630-1788). Oxford 2000; und Gestrich, Andreas: Absolutismus und Öffentlichkeit.
    Göttingen: Vandenhoeck und Ruprecht 1994. Zur Entstehung der deutschen Presse im 17.

Nach diesen einführenden Bemerkungen möchte ich mich nun dem Aspekt der Kritik als spezifischem Diskurs der Öffentlichkeit zuwenden. Unter „Kritik" subsumiere ich eine weite Auswahl von Schriften des 18. Jahrhunderts, die Abhandlungen über die neuesten Entwicklungen der Naturwissenschaften, die Einführung neuer Technologien (z.B. im Bergbau), die Fortschritte der Medizin, Politik, Bildenden Kunst und Literatur (der so genannten "*schönen Wissenschaften und freyen Künste*") wie auch Buchrezensionen versammeln. Aus historischer Sicht verweist der Begriff der „Kritik" auf einen komplizierten, konzeptuellen Bereich, der sowohl die philologische Interpretation von Texten als auch philosophisch wie ästhetisch ausgerichtete Schriften mit einschloss. Für meinen Ansatz ist der zweite Teil der Definition besonders relevant.[12] Kennzeichnend für den Aufbau einer Kritik aus dem 18. Jahrhundert waren vier grundlegende Elemente:

1) Die Einübung des kritischen Urteils. Kritik wurde als kognitiver Akt begriffen, bei dem sich ein bestimmtes Objekt in Hinsicht mehrerer Kategorien erweisen muß. Da das einzelne Objekt eben nicht zum Ausdruck bringt, welcher Kategorie für seine Beurteilung die höchste Relevanz zukommt, muss das Subjekt einspringen und diese Deutung leisten.

2) Die Bewertung der Beziehung zwischen Theorie und Praxis.[13] Nicht alle Beurteilungen – z.B. dass ein Ball blau und gummiartig oder schwer und teuer ist – wären im 18. Jahrhundert unter den Begriff „Kritik" gefallen. Um die Kriterien einer „Kritik" zu erfüllen, mussten solche Aussagen über einen Gegenstand dessen Verhältnis von Praxis zur Theorie einbeziehen, wobei von der theoretischen Darstellung angenommen wurde, dass diese die Praxis lenke, hervorbringe oder rechtfertige. Aus diesem Diskurs ergaben sich beispielsweise Fragen wie: Stimmt ein gegebenes Gesetz mit der Theorie des demokratischen Staates überein? Entspricht die von einem Arzt angesetzte Therapie dem pathologischen Verständnis der Krankheit? Erfüllt ein Gedicht für den Leser die Kriterien eines schönen Objekts? Jedes der genannten Beispiele unterliegt dabei einem Vergleich, der sich aus der spezifischen Praxis (Gesetzgebung, Therapeutik, Poesie) mit ihrer entsprechenden Theorie

---

Jahrhundert vgl. Weber, Johannes: Deutsche Presse im Zeitalter des Barock. In: Jäger, Hans-Wolf (Hrsg.): „Öffentlichkeit" im 18. Jahrhundert. Göttingen 1997, S. 137-149.

12 Vgl. Röttgers, Kurt: Kritik. In: Brunner, Otto, Conze, Werner und Koselleck, Reinhart (Hrsg.): Geschichtliche Grundbegriffe. Bd. 3 Stuttgart 1982, S. 651-675.

13 G. E. Lessings berühmter Essay Laokoon stellte den Kritiker vor die besondere Aufgabe darüber zu urteilen, mit welcher Künstlerschaft allgemeine Prinzipien bei der Entstehung eines Kunstwerkes angewendet worden waren. Vgl. Laokoon oder über die Grenzen der Malerei und Poesie. In: Wölfel, Kurt (Hrsg.): Lessings Werke. Bd. 3 Frankfurt/M. 1967, S. 7-171, hier S. 7

(Rechtsphilosophie, Pathologie, Ästhetik) ergibt. Weiterhin sollte bemerkt werden, dass die Kritik selbst als praktisch galt und damit einer bestimmten Zweckmäßigkeit unterlag, wie z.b. der Verbesserung der Gesetzgebung oder Therapeutik.

3) Publizität. Zwar konnte jeder innerhalb der privaten Sphäre individueller Vernunft entscheiden, welches Gesetz er für schlecht oder welche Medizin er für schädlich hielt, doch wurde diese Beurteilung so lange nicht als Kritik verstanden, bis sie öffentlich wurde – was im 18. Jahrhundert hieß, dass eine Schrift oder ein Pamphlet gedruckt wurde.

4) Das vierte Kriterium der „Kritik" des 18. Jahrhunderts kann möglicherweise als das wichtigste Element für das Vorhaben dieses Artikels verstanden werden, nämlich die gleichzeitige Bekräftigung wie Ablehnung der Kritik durch das schreibende Subjekt. Diese Zweiseitigkeit kann als komplexe Haltung in Bezug auf Subjektivität verstanden werden, die von mir an anderer Stelle mit dem Begriff „middle voice" belegt wurde.[14] Beispielsweise entstand die subjektive Komponente innerhalb der literarischen Kritik dadurch, dass die Urteile über die Qualität eines Gedichts oder Dramas grundlegend von den Eindrücken desjenigen abhingen, der es rezipierte. Im Kontext der Ästhetik des 18. Jahrhunderts musste diese Person zweifellos jemand sein, der von Leidenschaften bewegt wurde. Wäre öffentliche Kritik in dieser Zeit aber nichts anderes als die leidenschaftliche Reaktion eines Individuums auf einen Text oder Kunstwerk gewesen, hätte diese nicht zur Anteilnahme von anderen Personen führen können. Vielmehr mussten Aussagen der Kritik auf irgendeine Weise ihrem Anspruch auf Universalität nachkommen und diesen wahrnehmen.

Wie wurde die Gültigkeit kritischer Urteile begründet? Eine ausführliche und genaue Erklärung dieses Phänomens würde meinen Beitrag sprengen und weit über das Thema medizinischer Expertise hinausführen, wenn auch das Verständnis darüber, wie Urteile öffentliche Geltung erlangten, kein trivialer Aspekt einer umfassenden Diskussion von Expertise darstellt. Vorläufig kann dazu festgehalten werden, dass viele Wissenschaftler, zu denen auch Habermas zählt, die Zuschreibung von Validität als Prozess interpretieren, der aus einer impliziten, teilweise auch expliziten Debatte zwischen Kritikern und ihren Lesern hervorging. Wahrheit und Konsens stimmen nach diesem Modell dann überein, wenn alle Teilnehmer einer kritischen Diskussion aufgeklärt sind. Wahrheit und Konsens würden somit durch den Austausch eines „Gebens und Nehmens" in jeder auf Vernunft basierenden Diskussion entstehen. Habermas' Anmerkungen zu dieser öffentlichen Funktion der

---

14 Broman, Thomas: On the Epistemology of Criticism. Science, Criticism and the German Public Sphere, 1760-1800. In: Schönert, Jörg (Hrsg.): Literaturwissenschaft und Wissenschaftsforschung. Tübingen 2000, S. 6-26.

Kritik eröffnen einen guten Einblick in sein grundsätzliches Verständnis des „räsonierenden Publikums" im 18. Jahrhundert. Im *Strukturwandel der Öffentlichkeit* kommt er zu dem Schluss:

> „Der Kunstrichter behält etwas vom Amateur; seine Expertise gilt auf Widerruf; in ihr organisiert sich das Laienurteil, ohne jedoch durch Spezialisierung etwas anderes zu werden als das Urteil eines Privatmannes unter allen übrigen Privatleuten, die in letzter Instanz niemandes Urteil außer ihrem eigenen als verbindlich gelten lassen dürfen."[15]

Habermas' Beschreibung ist sicherlich zutreffend, was die Wirkung der Kritik auf den einzelnen Leser betrifft. Ebenso bereitwillig wird man auch der Tatsache zustimmen, dass Elemente des Dialogs innerhalb der Kritik des 18. Jahrhunderts vorhanden oder sogar vorherrschend waren. Jeder, der sich mit Joseph Addison und Richard Steeles *Spectator* beschäftigt, wird sofort bemerken, dass die in den Zeitschriften abgedruckten Briefe einen dialogischen Diskurs herstellten. Auch die Zeitschrift *Die vernünfftigen Tadlerinnen*, die um 1720 von Gottsched herausgegeben wurde, war explizit als Dialog zwischen drei Frauen über die Künste und über die Verfeinerung der Sitten in der Öffentlichkeit lanciert worden.[16] Trotz solcher Einwände vertrete ich aber die Ansicht, dass Habermas' Verständnis der Öffentlichkeit des 18. Jahrhunderts als idealisierter Raum dazu führt, dass eine wichtige Dynamik des aufgeklärten Dialogs ausgeblendet wird. Neben dem aufgeklärten, kritischen Dialog in der Presse lässt sich ein breiteres, weniger offensichtliches Modell der öffentlichen Kritik registrieren. In diesem Modell beruht die Autorität der zu Gehör gebrachten Meinungen und Stimmen auf der Annahme, dass die Öffentlichkeit im Bereich des kulturellen Austauschs buchstäblich Vernunft verkörperte. Die letztgültige Wahrheit eines kritischen Diskurses wurde nicht dadurch garantiert, dass die

---

15 Habermas, Jürgen: Strukturwandel der Öffentlichkeit. 6. Aufl. Neuwied und Berlin 1974, S. 58. Als immer noch grundlegend für das Verständnis der literarischen Kritik im 18. Jahrhundert gilt Hohendahl, Peter Uwe: Literaturkritik und Öffentlichkeit. München 1974, S. 10-21; Bürger, Christa und Bürger, Peter (Hrsg.): Aufklärung und literarische Öffentlichkeit. Frankfurt/M. 1980; und Berghahn, Klaus: Von der klassizistischen zur klassischen Literaturkritik 1730-1806. In: Hohendahl, Peter Uwe (Hrsg.): Geschichte der deutschen Literaturkritik (1730-1980). Stuttgart 1985, S. 10-75. Eine Zusammenfassung und Ausweitung der Aspekte findet sich bei Albrecht, Wolfgang: Literaturkritik und Öffentlichkeit im Kontext der Aufklärungsdebatte. Fünf Thesen. In: Öffentlichkeit 1997, S. 276-294 (wie Anm.11).

16 Zum Thema Kritik als Gespräch oder Dialog vgl. Martens, Wolfgang: Die Botschaft der Tugend. Stuttgart 1968, insb. S. 74ff.; und McCarthy, John: Crossing Boundaries: A Theory and History of Essay Writing in German 1680-1815. Philadelphia 1989.

Mehrheit der aufgeklärten Individuen den Aussagen zustimmte, sondern dadurch, dass das Publikum sich selbst als aufgeklärte Kollektivität verstand. Jede Stimme, die sich öffentlich äußerte, konnte für sich in Anspruch nehmen, Vernunft zu repräsentieren. Formuliert man diese Beziehung andersherum, so ergibt sich aus dieser zweiten Modellierung des kritischen Diskurses, dass sich Öffentlichkeit nicht durch die Präsenz wirklicher Personen, sondern als eine rein transzendentale Kategorie konfigurierte.[17] Diese Eigenschaft erlaubt es Autoren, vom Publikum als Repräsentation der gesamten Menschheit zu reden. Zugleich waren sich die Verfasser von Schriften und Pamphleten jedoch auch darüber im Klaren, dass die tatsächliche Anzahl ihrer Leser, die unter die Kategorie „aufgeklärtes Publikum" fielen, sehr begrenzt war.

Der Diskurs der Kritik konstituierte somit die Stimme des Kritikers als die eines Stellvertreters von Wissen. Der Kritiker wurde zum stellvertretenden Betrachter (oder Leser) von Kunst, der *für* das Publikum sprach, als wäre er ebenfalls ein beliebiges, aufgeklärtes Mitglied aus dem Publikum. Gleichzeitig richtete sich dieser jedoch auch *an* das Publikum, um dem Leser mitzuteilen, wie er über ein Buch oder Theaterstück zu urteilen habe, dass er (noch) nicht gelesen oder gesehen hatte. Bemerkenswert ist in diesem Kontext auch, dass der Kritiker auch deshalb ein effektiver Stellvertreter des Publikums wurde, weil Kritiken üblicherweise anonym verfasst wurden, so dass der kritische Diskurs als körperlos wahrgenommen wurde.[18] Vergleichbar mit der geisterartigen Stimme des „Mr. Spectator" im täglich erscheinenden *Spectator*, der Modell für eine Vielzahl späterer Zeitschriften des 18. Jahrhunderts stand, stellte sich die Stimme des Kritikers als Projektion des Publikums dar. Der Kritiker brachte zum Ausdruck, was jedes beliebige Mitglied aus dem aufgeklärten Publikum zur Sprache hätte bringen können, wenn eine Gelegenheit dazu vorhanden gewesen wäre. Im deutlichen Gegensatz zur These von Shapin und anderen Wissenschaftshistorikern stellt sich der kritische Diskurs nicht als *Verkörperung* wissenschaftlicher Erkenntnisse, sondern als *Austausch entkörperlichter*

---

17 Vgl. Manheim, Ernst: Aufklärung und öffentliche Meinung. Hrsg.: Schindler, Norbert. Nachdruck Stuttgart/Bad Cannstatt 1979, S. 51-53.

18 Die Entkörperung von Kritik erhielt eine umfassende Würdigung in Koselleck, Reinhard: Kritik und Krise. Freiburg und München 1959, S. 81-103. Zu demselben Thema mit Rücksicht auf Christoph Martin Wielands Teutschen Merkur, siehe Hölscher, Lucian: Die Öffentlichkeit begegnet sich selbst. Zur Struktur öffentlichen Redens im 18. Jahrhundert zwischen Diskurs- und Sozialgeschichte. In: Öffentlichkeit 1997, S. 11–31, insb. S. 27–28 (wie Anm. 11.

Stimmen dar, die keine individualisierbare und benennbare Identität zur Referenz haben.[19]

Mit dem Aufkommen der Kritik in der Presse war ein zweites Phänomen verbunden: Die Zirkulation von Nachrichten. Auch hier ist Habermas zu danken, dass er die Aufmerksamkeit der Forschung auf die zentrale Bedeutung der Nachricht für die historische Genese der Öffentlichkeit lenkte, auch wenn manche seiner Gesichtspunkte und Ideen von einer älteren Tradition der Soziologie vorweggenommen worden waren.[20] Dennoch sind nicht alle Schlussfolgerungen seiner Darstellung überzeugend. Nach Ansicht Habermas' erklärt sich die Entstehung von Zeitschriften und Zeitungen im 16. und 17. Jahrhundert dadurch, dass die Kaufleute in dieser frühen Phase des kommerziellen Kapitalismus die Zirkulation von Nachrichten verlangten. Bemerkenswert ist jedoch, dass weder Habermas noch die ihm folgenden historischen Untersuchungen diese kommerzielle Funktion von Nachrichten für die Genese von Öffentlichkeit weiterentwickelt haben.[21]

Im Gegensatz dazu bietet Colin Jones in seinem Artikel „The Great Chain of Buying" aus dem Jahr 1995 eine zufriedenstellende und umfassende Erklärung zur Rolle der Presse im 18. Jahrhundert. In diesem Aufsatz beschreibt Jones die Zirkulation medizinischer Reklame in französischsprachigen Publikationen, die unter dem Namen *Affiches* bekannt sind. Für die letzten Jahrzehnte des Ançien Regime weist Jones überzeugend nach, welch unglaubliche Mengen an medizinischen Produkten und Diensten in die Anzeigenteile der *Affiches* aufgenommen wurden: Neben den Anzeigen über Wundermittel, Prothesen oder Hautsalben wurden dem Konsumenten auch Angebote zur operativen Entfernung von Gallensteinen gemacht sowie von Heilpraktikern „professionelle" elektrische Kuren für jegliche Krankheiten angepriesen. Nicht nur auf den ersten Blick erkennbare Quacksalber machten in den Affichen ihre Mittel und Kuren bekannt. Auch ausgebildete Mediziner griffen diese Möglichkeit eiligst auf, um ihre Verfahren publik zu machen. Wie Jones bemerkt, trieben die verschiedenen *Affiches* den lebhaften Austausch über den Gebrauch von

---

19 Für weitere Beispiele vgl. die Aufsatzsammlung in Science Incarnate: Historical Embodiments of Natural Knowledge. Hrsg.: Lawrence, Christopher and Shapin, Steven. Chicago 1998; und Shapin, Steven: Trusting George Cheyne: Scientific Expertise, Common Sense, and Moral Authority in Early Eighteenth-Century Dietetic Medicine. Bulletin of the History of Medicine 77 (2003), 263-97.

20 Vgl. Manheim 1979 (wie Anm. 17).

21 Vgl. die Behauptungen der Herausgeber in Press, Politics and the Public Sphere in Europe and North America, 1760–1820. Hrsg.: Barker, Hannah and Barrows, Simon. Cambridge 2002, S. 1–22..

Gesundheitsmitteln voran, indem sie Hinweise und Anzeigen aus anderen Publikationen aufnahmen und wiederabdruckten.[22]

Roy Porter entwickelte einen ähnlichen Ansatz, um die Funktion der Presse für den medizinischen Markt zu untersuchen. In einem seiner Artikel beschreibt er, welche Haltung das Laienpublikum gegenüber der Selbstmedikation einnahm, wobei das Publikum ein beträchtliches Ausmaß an Skepsis gegenüber der Aufrichtigkeit und Kompetenz der Mediziner zum Ausdruck brachte. Gleichzeitig argumentiert Porter, dass der Kenntnisstand und das Wissen des Publikums über Gesundheit und Medikation wiederum auf der Diskussion über gesundheitliche Fragen in der Presse basierte. Wenn die Patienten auch eine Unmenge an Ratgeberliteratur konsultierten, die eine Fülle von Fallstudien zur Medikation beinhalteten, so war "the medicine which patients read in books or heard from their practitioners [...], to a large degree, a *rational* medicine, which set great store by offering causal accounts of maladies, grounded in a wider economy of life and physiology".[23] Überraschend ist daher, dass das Wissen des Publikums über Fragen der Gesundheit, wie Erhaltung derselben oder Heilung von Krankheiten, in weiten Teilen dem Wissen der Mediziner entsprach.

Wenn dem Begriff „Medikalisierung" irgendeine Form der Kohärenz zukommen soll, dann könnte diese sicherlich darin liegen, dass die Ausweitung der medizinischen Fachdiskussion wie auch der allgemeinen Regeln einer gesunden Lebensführung von besonderer Bedeutung für die Presse war. Diese Form der Zirkulation leistete einen wichtigen Beitrag dazu, Aussagen über Medizin in Wissen zu verwandeln, „das jedermann kannte", und die Publizität medizinischen Wissens zu etablieren. Trotz allem soll hier nicht die These bewiesen werden, dass das medizinische

---

22 Jones, Colin: The Great Chain of Buying. Medical Advertising, the Bourgeois Public Sphere, and the Origins of the French Revolution. American Historical Review 101 (1996), 13-40. Vgl. Broman, Thomas: Zwischen Staat und Konsumgesellschaft: Aufklärung und die Entwicklung des deutschen Medizinalwesens im 18. Jahrhundert. In: Zwischen Aufklärung, Policey und Verwaltung. Zur Genese des Medizinalwesens 1750-1850. Hrsg.: Sohn, Werner und Wahrig, Bettina. (= Wolfenbütteler Forschungen Vol. 102). Wiesbaden 2003, S. 91-107; und Wahrig-Schmidt, Bettina: Wissenschaft, Medizin und Öffentlichkeit - Bemerkungen zu ihrem Wandel im 18. Jahrhundert. NTM N.S. 9 (2001), 89–103.

23 Porter, Roy: The Patient in England, c. 1660-c. 1800. In: Wear, Andrew (Hrsg.): Medicine in Society. Historical Essays. Cambridge 1992, S. 91-118. Siehe auch Porter, Roy: Laymen, Doctors and Medical Knowledge in the Eighteenth Century. The Evidence of the Gentleman's Magazine. In: Porter, Roy (Hrsg.): Patients and Practitioners. Lay Perceptions of Medicine in Pre-Industrial Society. Cambridge 1985, S. 283–314.

Wissen im 18. Jahrhundert ausschließlich durch die Presse zugänglich gewesen wäre. Wie Robert Darnton in Bezug auf politische Nachrichten im Frankreich des 18. Jahrhunderts darlegt, wurden Neuigkeiten über politische Ereignisse oder auch Intrigen der Aristokratie auf ganz unterschiedliche Weise verbreitet, die nicht in allen Fällen Eingang in die gedruckten Nachrichten der Presse fanden. In dem Maße jedoch, wie die Presse zum Ort eines spezifischen Diskurses über das Publikum avancierte, wurde das Wissen *dieses Publikums* per se zu dem, was in der Presse nachzulesen war.[24]

Dennoch sollte die Etablierung solcher Publikationsformen nicht zu dem Rückschluss verleiten, dass sie sich direkt auf die Autorisierung der Ärzte als besonders qualifizierte Experten auswirkte. Zwei Gründe können dafür genannt werden. Zum einen sollte berücksichtigt werden, dass der Großteil der Literatur über Gesundheit und medizinische Fragen nicht namentlich gekennzeichnet war, wenn er bei den Herausgebern der Zeitschriften, Intelligenzblätter und Almanache eintraf.[25] Da für diese somit nicht speziell Mediziner verantwortlich gemacht werden konnten, lässt sich eine Zunahme deren Autorität allein wegen dieser Publikationen kaum annehmen. Als zweiter Grund kann die Tatsache gelten, dass die Ratgeberliteratur zwar bevorzugt von bestimmten Autoren, aber nicht ausschließlich von Ärzten verfasst wurde. So war einer der größten Bestseller, der auf dem deutschen Buchmarkt erschien, das *Noth- und Hülfsbüchlein für Bauersleute* (1788) des Pädagogen und Journalisten Rudolph Zacharias Becker, während in Großbritannien der Geistliche und Begründer des Methodismus, John Wesley, mit *Primitive Physick*

---

24 Darnton, Robert: An Early Information Society: News and the Media in Eighteenth-Century Paris. American Historical Review 105 (2000), 1-35.

25 Dazu vgl. Böning, Holger: Der gemeine Mann als Adressat aufklärerischen Gedankenguts. Das 18. Jahrhundert 12 (1988), 52–80.; und ders.: Das Intelligenzblatt als Medium praktischer Aufklärung. IASL 12 (1987), 107-33. Die Sekundärliteratur zur medizinischen Ratgeberliteratur im deutschen Kontext ist leider nicht besonders reich. Siehe Dreißigacker, Erdmuth: Populärmedizinische Zeitschriften des 18. Jahrhunderts zur hygienischen Volksaufklärung. Med. Diss. Marburg 1970; Barthel, I.: Über Diatetik und Gesundheitserziehung in den „Medicinischen und Chirurgischen Berlinischen wöchentlichen Nachrichten von Samuel Schaarschmidt". Med. Diss. Berlin 1969; Kaiser, Wolfram: Die hallische Universitätszeitung im 18. Jahrhundert. In: Kaiser, Wolfram (Hrsg.): Buch und Wissenschaft. Halle 1982, S. 3-60; Völker, Arina: Das populärwissenschaftliche Schrifttum von Johann Juncker. In: Kaiser, Wolfram und Hübner, Hans (Hrsg.): Johann Juncker (1679-1759) und seine Zeit (2). Halle 1979, S. 41-54; und Lindemann, Mary: ‚Aufklärung' and the Health of the People: 'Volkschriften' and Medical Advice in Braunschweig-Wolfenbüttel, 1756–1803. In: Vierhaus, Rudolf (Hrsg.): Das Volk als Objekt obrigkeitlichen Handelns. Tübingen 1992, S. 101-120.

(1747) Erfolge feierte.[26] Wenn Ärzte auch kein Monopol im Bereich dieser Literatur beanspruchen konnten, nahmen sie aber dennoch daran Anteil. Deutliche Belege dafür sind Schriften wie George Cheynes *Essay of Health and Long Life* (1724), Samuel August Tissots *Avis au peuple sur sa santé* (1761) und Christoph Wilhelm Hufelands *Die Kunst das menschliche Leben zu verlängern* (1797), die enorme Absätze auf dem Buchmarkt erzielten. Diese Liste ließe sich beliebig um Bücher verlängern, die der Feder weniger bekannter Ärzte entstammten.[27]

Vor diesem publizistischen Hintergrund wird offensichtlich, dass der historische Prozess der Medikalisierung im Sinne einer Ausweitung des medizinischen Diskurses und der Entstehung eines allgemeinen Konzepts von Gesundheit und Krankheit durch eine neue Form der Publizität unter dem gebildeten Publikum nicht mit Professionalisierung gleichgesetzt werden darf. Professionalisierung, verstanden als souveräne Domäne professioneller Befugnis und sozialer Praktiken, basierte auf dem Besitz von wissenschaftlich abgesichertem Wissen einer spezifischen Berufsgruppe.[28] Dieser Zusammenhang rekurriert auf den Ausgangspunkt meines Beitrags, der auf die Relation zwischen der sich in der Öffentlichkeit des 18. Jahrhunderts zu entwickelnden Expertise einerseits, und der Profession der Ärzte und anderer wissenschaftlich qualifizierter Experten der modernen Gesellschaft andererseits abhob.

Die bisherigen Beispiele galten vor allem den diskursiven Formationen mit der repräsentativen Qualität moderner Expertise wie zum Beispiel dem Diskurs der Kritik. Dessen Praxis ist von besonderem Interesse, da er die Verfügbarkeit allen Wissens durch das aufgeklärte Publikum voraussetzt, gleichzeitig aber als Praxis jedem nachdrücklich bestätigt, dass das Publikum immer noch kein aufgeklärtes Publikum sei. „Leben wir jetzt in einem aufgeklärten Zeitalter?" fragte einst Kant, woran sich seine berühmte Formulierung anschloss: „Nein, aber wohl in einem

---

26 Vgl. Siegert, Reinhart: Aufklärung und Volkslektüre. Exemplarisch dargestellt an Rudolph Zacharias Becker und seinem 'Noth- und Hülfsbüchlein'. Mit einer Bibliographie zum Gesamtthema. Archiv für Geschichte des Buchwesens 19 (1978), 565-1344; und Rousseau, G. S.: John Wesley's Primitive Physick (1747). Harvard Library Bulletin 16 (1968), 242-256.

27 Sabine Sander hat neulich Aufmerksamkeit auf Christoph von Hellwig, einen Wegbereiter dieses Literaturs aus den Jahren um 1700, hingedeutet. Vgl. Sander, Sabine: Aufklärung vor der Aufklärung? Zum populärmedizinischen Werk des Arztes und Bestsellerautors Christoph von Hellwig (1663-1721). Medizinhistorisches Journal 34 (1999), 245-308.

28 Weitere Behandlung in Broman 2003 (wie Anm. 22).

Zeitalter der Aufklärung".[29] Es ist genau dieses Feld, das sich aus dem Spannungsverhältnis zwischen Aufklärung als Prozess und Aufklärung als kulturellem Zustand ergibt, das die modernen Experten besetzen. Indem Experten eine positive Beantwortung von Kants Frage in eine nicht weiter bestimmte Zukunft verlegen, werden sie zugleich autorisiert, diese Aufklärung für uns und als antizipiertes Publikum der gegenwärtigen Gesellschaft zu vertreten.

Mediziner als Experten in der Öffentlichkeit des 18. Jahrhunderts

Nachdem in dem vorhergehenden Abschnitt Expertise als repräsentatives Wissen beschrieben wurde, soll nun der Frage nachgegangen werden, wie sich dieser Diskurs auf eine bestimmte Gruppe etablierter Experten, nämlich auf die bereits mehrfach erwähnten Ärzte, auswirkte. Dabei ist die eingangs gemachte Bemerkung zu berücksichtigen, dass die Formierung der Öffentlichkeit nicht die Autorität der Ärzte *erzeugte*, sondern diese lediglich *transformierte*. Seit die akademischen Mediziner durch ihren Universitätsabschluss als spezifische soziale und berufliche Gruppe hervorzutreten begannen (ein Prozess, der schon ab Ende des 12. Jahrhunderts einsetzte), basierte ihr Status auf zwei Grundlagen. Erstens waren sie anerkannte Mitglieder einer besonderen gesellschaftlichen Schicht, die im 18. Jahrhundert als Gelehrtenstand bezeichnet wurde. Diese Mitgliedschaft ergab sich dabei weniger aus der Besetzung und Übernahme bestimmter sozialer Praktiken, sondern vielmehr durch die Zugehörigkeit zu einer bestimmten Sozialelite, die sich aus Privatmenschen mit allgemeiner Gelehrsamkeit und umfassendem Wissen auf einem Spezialgebiet rekrutierte.[30] Gelehrte verstanden sich selbst nicht als berufliche Spezialisten, die zum Beispiel der gleichen Kategorie wie Chirurgen oder Drucker zugeordnet werden konnten. Mitglieder dieser Berufe erwiesen sich zwar oft als belesene und gut ausgebildete Personen, aber ihnen mangelte es nach dem Verständnis der Gelehrten an einem strukturierten, umfassenden und theoretisch fundierten Wissen, das allein Mitglieder des Gelehrtenstandes vertreten konnten. Seitdem die frühmoderne

---

29 Zitiert nach Was ist Aufklärung? Beiträge aus der Berlinischen Monatsschrift. In Zusammenarbeit mit Michael Albrecht ausgewählt, eingeleitet und mit Anmerkungen versehen von Norbert Hinske. 2. Aufl. Darmstadt 1977, S. 462.

30 Noch vor kurzem wurde auf Basis gegenwärtiger Modelle zur Professionalisierung fälschlich angenommen, dass die Mediziner erfolglos versuchten, den Bereich der Heilkunde zu monopolisieren, aber an den Strukturen der frühen *Standesgesellschaft* scheiterten. Vgl. Lindemann, Mary: Health and Healing in Eighteenth-Century Germany. Baltimore 1996. Vgl. auch Broman, Thomas: The Transformation of German Academic Medicine 1750-1820. Cambridge 1996.

europäische Gesellschaft diesen Persönlichkeitsmerkmalen eine offensichtliche
Wertschätzung verlieh, welche sowohl von den der Universität zur Verfügung gestellten Ressourcen als auch von den jungen Menschen, die dort ausgebildet wurden,
verkörpert wurde, schuf die Teilhabe am Gelehrtenstand die Grundlage für einen
realen, wenn auch begrenzten sozialen Rang.

Außerdem eröffnete die Mitgliedschaft im *Gelehrtenstand* den Ärzten eine weitere
Quelle von Status und Autorität, die sich aus der Möglichkeit ergab, als *Stadt- oder
Kreisphysicus* auf eine öffentliche Stelle in der Stadt oder der umliegenden Region
berufen zu werden. Mit diesem Amt waren unterschiedlichste Verantwortungsberei-
che verbunden, die von der Durchsetzung medizinalpolizeilicher Gesetze bis hin zur
Bereitstellung kostenloser medizinischer Versorgung der Armen reichte. Diese
amtlichen Aufgaben verliehen dem gelehrten Physikus eine sichtbare öffentliche
Identität (wobei mit "öffentlich" der Bezug zum Staat gemeint ist). Ihren unmittel-
barsten Ausdruck fand diese Amtsautorität in der Beaufsichtigung anderer Heil-
praktiker wie Chirurgen, Hebammen und Apothekern. Durch ihre Ausbildung waren
die akademischen Ärzte des 18. Jahrhunderts zur Ausübung dieser besonderen Aufgaben qualifiziert, obwohl sie im Verlauf ihres Studiums weder zu Experten der
Chirurgie, Geburtshilfe oder Arzneimittelkunde ausgebildet worden waren.[31] Ihre
Berechtigung, diese öffentlichen Ämter zu leiten, wurde allein davon abgeleitet,
dass sie universitär gebildete Männer waren, die über theoretisches und praktisches
Wissen zur Erhaltung und Wiederherstellung der Gesundheit verfügten.

Auf der Basis ihrer etablierten Autorität wurden die Ärzte daher sowohl dem Stand
der *Gelehrten* zugerechnet wie auch als eine bestimmte Form von Experten verstanden. Ärzte waren im Bereich medizinischer Theorie gebildet und praktizierten im
Bereich der Heilkunde – wobei mit Blick auf das zuletzt genannte Gebiet zu berücksichtigen ist, dass Ärzte nur als eine Berufsgruppe unter vielen wahrgenommen
wurde. Sie unterschieden sich somit nicht durch ihre Praxis als vielmehr durch die
Theorie ihres akademischen Wissens, durch das sie sich von allen anderen Heilpraktikern abhoben. Eine nahe liegende Folge der Expansion des Pressewesens lag
somit genau darin, dass sie die für die akademischen Ärzte sozusagen entscheidende
Kopplung zwischen medizinischem Wissen und der beruflichen Tätigkeit einer
bestimmten Gruppe abschwächte. Wenn also John Wesley, Rudolph Zacharias
Becker oder eine Reihe anderer Autoren Abhandlungen über Fragen der Ernährung,
Behandlung von Krankheiten oder Verletzungen verbreiteten, ohne über irgendeine

---

31 Im Gegensatz dazu wurden medizinische Fakultäten des 18. und 19. Jahrhunderts unter
    dem Druck der Regierung mit der Situation konfrontiert, die Ausbildung der Mediziner zu
    erweitern, damit sie diese kontrollierende Funktion besser erfüllen konnten. Vgl. Broman
    2003 (wie Anm. 22).

medizinische Qualifikation oder einen Abschluss zu verfügen, welches besondere Privileg blieb dann den Ärzten, wenn diese sich über die gleichen Angelegenheiten äußerten? Die akademischen Ärzte sahen sich somit mit dem schwierigen Problem konfrontiert, ihre Expertise einerseits ebenfalls der neuen Öffentlichkeit zugänglich zu machen, dabei aber gleichzeitig den Status dieser Expertise als spezifisch ärztliches (professionelles) Wissen zu erhalten. Die Lösung dieses Problems erfolgte in einer typischen Art und Weise, indem die Ärzte ihre heilkundlichen Anordnungen (die meistenteils auf dem gesunden Menschenverstand beruhten) mehr oder weniger als theoretische Schlussfolgerungen ihres Expertenwissens inszenierten.

Ein paar Beispiele sollen dieses Vorgehen illustrieren. Schon 1759 setzte der enorme Erfolg von Johann August Unzers Zeitschrift *Der Arzt* ein, die ihren Lesern eine weite Themenvielfalt bot. Diese wöchentlich erscheinende Zeitschrift schnitt die unterschiedlichsten gesundheitlichen Bereiche an wie zum Beispiel die Vorteile und Risken des Tee- oder Kaffeetrinkens, Gelehrten- und Frauenkrankheiten, Auswirkungen von Gezeiten auf die Gesundheit bis hin zur Behandlung psychischer Krankheiten.[32] Die Beiträge waren anonym verfasst. Weder auf der Titelseite noch in irgend einem anderen Teil identifizierte Unzer sich als Arzt bzw. Autor der Beiträge. Dennoch agierte das „Ich" des Verfassers, das durch die Seiten der Zeitschrift führte, unmissverständlich als akademischer Arzt. Dieses Verständnis zeigt sich zum Beispiel im 108. Stück der Zeitschrift, in dem sich Unzer damit auseinander setzt, ob der Unterhalt einer Hausapotheke eine nützliche Praxis sei. Die Frage stellte den medizinischen Experten vor ein heikles Problem. Auf der einen Seite musste Unzer einräumen, dass die private Bevorratung und Ausstattung mit Hausmitteln notwendig sei, da viele Krankheiten eine unverzügliche Behandlung verlangten, bevor noch ein Arzt gerufen werden könne. Auf der anderen Seite führte die Abhandlung aber auch aus, dass viele der von Ärzten für die Hausapotheke empfohlenen Mittel schädlich seien oder sogar gefährlich wirken könnten, wenn sie in die falschen Hände gerieten. Eine klügere Entscheidung sei daher, die Hausapotheke nur mit solchen Heilmitteln zu bestücken, die „nur solche Artzneyen in sich halten, welche fast unmittelbar die Folgen der in der Lebensordnung begangenen Fehler wieder vernichten".[33] Diese lebenspraktische Medikation, die den Reaktionen des Körpers auf die Krankheit entsprach, sollte zugleich eine stärkere, und möglicherweise schädlichere Anwendung der Medikamente abwenden.

---

32 Ausführliches bei Reiber, Matthias: Anatomie eines Bestsellers. Johann August Unzers Wochenschrift Der Arzt (1759-1764). Göttingen 1999.

33 Der Arzt. Eine medizinische Wochenschrift. Neue Aufl. 5. Theil, 108. Stück. Hamburg 1767, S. 54.

Ein noch typischeres Beispiel dafür, wie Unzer sein Expertenwissen publizistisch einsetzte, ist im 95. Stück nachzulesen. In diesem Teil geht es um den Verzehr von Fisch. Wie viele andere Artikel aus *Dem Arzt* setzt dieser mit einer umständlichen Erläuterung ein, die den Handel und Konsum von Fisch in der Antike betraf. Die mit Zitaten von Autoren wie Varrus und Plinius gespickte „Geschichte des Fischs" muß als Beitrag zur Glaubwürdigkeit des Autoren als Gelehrten verstanden werden. Zwar war Unzer nicht ganz so pedantisch, als dass er seinen Abhandlungen noch Zitate auf Latein beigefügt hätte (eine Praxis, der viele seiner Zeitgenossen mit Freude nachgingen), aber er ließ die Leser in keinem Zweifel über die gelehrte Identität des Autors.

Gelehrsamkeit war jedoch nur die Bühne oder Plattform, die in diesem Aufsatz über Fisch genutzt wurde. Sie eröffnete Unzer ein weiteres argumentatives Forum, auf dem er theoretischere Überlegungen erörterte. Zum Beispiel ging er der physiologischen Frage nach, ob Fisch überhaupt zum Verzehr geeignet sei. Zwar folgerte Unzer, dass gegen Fischkonsum prinzipiell nichts einzuwenden sei, doch dessen Verdauung ein besonderes Problem bereite, da Fisch mehr zur Fäulnis neige als Fleisch, wie er detailliert ausführt:

> „Wenn sich in einer flüßigen Materie eine Fäulniß erzeuget, so theilet sich dieselbe augenblicklich der ganzen Masse mit. Aus je mehr Feuchtigkeit aber ein thierischen Körper bestehet, desto näher kömmt er einer flüßigen Masse, und desto leichter durchdringt ihn die Fäulniß bis in sein Innerstes. Die viele Wässerigkeit selbst veranlasset die Fäulniß noch mehr, weil sie nicht geschickt ist, sich mit dem öligten Fette genau zu vermischen, wovon Fische einen Ueberfluß haben [...]"[34]

Diese Erklärung der Verdauungsprobleme beim Verzehr von Fisch stellt sicherlich kein esoterisches Wissen dar, das nur ein Arzt gewusst oder formuliert haben könnte, doch ist die Art der Erklärung, die den Nährwert von Fisch auf allgemeine, quasi chemische Eigenschaften zurückführte, üblicherweise Ärzten zuzuschreiben und deren Wissensbereich zugeordnet. Somit kann diese Rhetorik, nämlich die Aufnahme solcher fachwissenschaftlicher Erklärungsweisen in einem anonym verfassten Artikel als Kennzeichen für das Expertenwissen eines Arztes gelten.

Wenn man einmal durchschaut hat, wie die akademischen Ärzte ihr theoretisches Wissen einsetzten, dann lässt sich dessen Verwendung in unterschiedlichsten Schriften und in umfangreichem Ausmaß identifizieren. Beispielsweise würde jeder, der Jean-Jacques Rousseaus *Emile* gelesen hatte, in einer Abhandlung von Christoph Wilhelm Hufeland über die richtige Erziehung von Kindern im *Journal des Luxus*

---

34 Der Arzt, 4. Theil, 95. Stück, S. 672-673 (wie Anm. 33).

und der Moden aus dem Jahr 1792 kaum etwas Neues finden. Wie so oft in dieser Literaturgattung, hatte Hufeland nur wenig mitzuteilen, was einem umfassend belesenen Leser überraschend oder völlig neu erschienen wäre. Doch da sich Hufeland als medizinischer Experte verstand, verpackte er seine – ganz konventionellen - Ratschläge in eine anatomisch-physiologische Fachsprache, die auf die spezifische Struktur der körperlichen Gewebefasern abhob. Hufeland wies zum Beispiel darauf hin, dass zu festes oder zu lockeres Gewebe unterschiedlichste gesundheitliche Probleme verursachen könne.[35] Ähnliche Strategien verwendete Johann Peter Frank in seiner berühmten Abhandlung über die medizinische Polizei, mit der im späten 18. Jahrhundert eine Welle von Schriften zur Durchsetzung einer effektiven Polizeiordnung einsetzte. Frank verband selbst Empfehlungen für Heiratsangelegenheiten oder für das Stillen von Säuglingen mit langatmigen anatomisch-physiologischen Überlegungen zu Aspekten der menschlichen Reproduktion. Letztere erläuterte er beispielsweise anhand der Faktoren, durch die sie beeinträchtigt werde, und anhand der gesundheitlichen Schäden, die sie verursachen.[36] Auch an diesem Beispiel wird deutlich, wie Spezialwissen über ein bestimmtes theoretisches Gebiet eine Bühne dafür bildete, auf der Frank seine Erkenntnisse anbieten konnte, ohne sich auf eine eng definierte medizinische Expertise beschränken zu müssen.

Die Ausbildung jener Öffentlichkeit, wie sie vor allem durch die Zeitschriftenpublizistik repräsentiert wurde, bot somit neue Möglichkeiten zur Teilhabe an medizinischen Erkenntnissen und deren Akzeptanz als öffentliches Wissen. Unzer, Hufeland und Frank trugen wie viele ihrer zahlreichen Mitstreiter (die nur zum Teil Ärzte waren) zu jener Flut von Schriften bei, in denen Krankheiten durch ihre Ursachen erklärt, mit Hilfe einer bestimmten Ernährung vermieden und durch richtige Behandlungsmethoden therapiert werden konnten. Wenn die Ärzte weder einen Ausschließlichkeitsanspruch auf diese Form der Literatur besaßen noch den Markt der therapeutischen Angebote dominierten, so mussten dennoch alle Vorschläge zur Ernährung und Behandlung und jedes Räsonnement über das öffentliche Gesundheitswesen über einen Rekurs auf die medizinische Theorie abgesichert werden, welche weitgehend von den akademischen Ärzten kontrolliert wurde. Die theoretische Ausbildung stellt somit den zentralen Bereich ihrer Expertise dar, und deren Relevanz für die Praxis – zumindest so wie sie sich in der Presse darstellte – trug

---

35 Hufeland, Christoph Wilhelm: Erinnerung an einige sehr wesentliche, und dennoch sehr vernachläßigte, Punkte der physischen Erziehung in der ersten Periode der Kindheit. Journal des Luxus und der Moden 7 (1792), 221-237, 269-281.

36 Frank, Johann Peter: System einer vollständigen medicinischen Polizey.1. Bd. 2. verb. Aufl. Mannheim 1784, S. 99-145.

wesentlich dazu bei, den traditionellen Status des Arztes als Gelehrten in seine moderne Identität als wissenschaftlichen Experten zu transformieren.

Schlussfolgerung: Kritik der reinen medizinischen Theorie

Wie die publizistische Praxis in den Dekaden zwischen 1770 und 1780 zeigt, kann „Kritik" zweifellos als Teil eines allgemeinen Programms der Aufklärung begriffen werden. Viele Historiker haben darauf bereits hingewiesen und betont, dass Vertreter der Aufklärung nicht bemüht waren, diese unter aufstrebenden Gutsbesitzern, Mitgliedern des akademischen Standes und fürstlichen Beamten – also der eigenen soziale Klasse – zu verbreiten, sondern die Ideen der Aufklärung im „Volk" zu etablieren. Diese Zielsetzung unterschied die deutsche Aufklärung von ihrem französischen Gegenstück, worauf Jonathan Knudsen vor einigen Jahren hingewiesen hat.[37]

Diese domestizierte Form von Kritik sollte in eine allmähliche Emanzipation der Gesellschaft von ihrer „selbst verschuldeten Unmündigkeit" münden, die als Prozess durch Öffentlichkeit angeregt und von Ärzten, Pädagogen und anderen Experten gelenkt werden sollte. Diese Vorgehensweise konnte jedoch nicht die grundlegende Debatte über die Theorie der Medizin und ihrer Beziehung zur Praxis unterdrücken, was kaum überraschend ist. Ebenso wenig beschäftigte sich die Elite der deutschen Literaturkritik mit der Qualität einzelner Gedichte, Romane oder Dramen. Die bittere Konkurrenz zwischen den Literaturkritikern Johann Jakob Bodmer und Johann Jakob Breitinger aus Zürich mit dem Leipziger Rhetoriker Johann Christoph Gottsched verwandelte die Literaturkritik vielmehr in eine grundlegende Debatte über Geschmack und dessen Rolle bei der Herstellung von Kunstwerken. Neben allen anderen Effekten erwies sich diese Kontroverse als öffentliche Angelegenheit, die Einfluss auf die Reputation der beteiligten Opponenten nahm. Diese spezifische Form der Publizität entfaltete ihre umfassende Konsequenz aber erst in jenen Debatten, die auf diesen Literaturstreit folgen sollten.

Kontroversen der Medizin gewannen im Vergleich dazu nur langsam das Interesse der Presse. Waren sie jedoch einmal bekannt, gelangten sie schnell auf die Titelseite. Ein Beispiel dafür ist die Ausbreitung des Brownianismus, der in der Mitte der 1790er Jahre aufkam und als System medizinischer Therapeutik eine völlig andere Auffassung des Verständnisses von Krankheiten bot, als bis zu diesem Zeitpunkt an

---

37 Knudsen, Jonathan B.: On Enlightenment for the Common Man. In: Schmitt, James (Hrsg.): What Is Enlightenment? Eighteenth-Century Answers and Twentieth-Century Questions. Cambridge 1996, S. 270-290.

medizinischen Fakultäten gelehrt wurde. Das große Interesse an dieser Bewegung führte zu einem Aufruhr innerhalb der akademischen Medizin und initiierte erbitterte Debatten. Diese stellten sich vor allem als öffentliche Auseinandersetzung dar, die in Zeitschriften wie der Allgemeinen Literatur-Zeitung, dem Teutschen Merkur und anderen führenden Journalen und Zeitschriften ausgetragen wurde.[38] Hinzu kommt, dass dieser öffentliche Disput als typisches Beispiel für Praktiken der Kritik in der Öffentlichkeit angesehen werden kann. Die Auseinandersetzung über den Brownianismus bezog sich darauf, mit welchen therapeutischen Methoden bestimmte Arten von Krankheiten behandelt werden sollten, womit er auch eine allgemeine Diskussion über die Grundlagen der medizinischen Theorie produzierte.

Wenn die Kontroverse zum Brownianismus auch den ersten Disput dieser Art über ärztliches Handeln und medizinische Theorie darstellt, der die Seiten der allgemeinen unterhaltenden und belehrenden Presse füllte, so war er sicherlich nicht der letzte. Unlängst verfasste Ulrike Thoms einen Artikel über die öffentliche Handhabung von Expertenwissen in der Auseinandersetzung über die Homöopathie in den Jahrzehnten von 1820 bis 1840. Auf den ersten Blick eröffnen sich große Ähnlichkeiten: Vergleichbar mit dem Fall des Brownianismus wurden in der öffentlichen Debatte über Homöopathie sowohl theoretische als auch praktische Aspekte der Medizin kritisiert. Obwohl die Kritik vor allem von Seiten der Ärzte ausging, hatten viele Gegner der Homöopathie den Eindruck, dass die Grundlagen der Medizin bedroht seien, und ein Sieg der homöopathischen Heilkunst das Ende der Medizin als Wissenschaft einläuten würde, womit auch in diesem Bezug Homöopathie und Brownianismus große Gemeinsamkeiten aufwiesen. Dennoch kann mindestens ein herausragender Unterschied zwischen beiden Fällen benannt werden: homöopathische Therapie wurde auf Geheiß der preußischen Regierung zum Gegenstand zahlreicher Gerichtsverhandlungen. Damit liegt ein frühes Beispiel dafür vor, wie eine Regierung in die Erprobung und Zulassung von medizinischen Therapien eingriff.[39]

In den frühen Kontroversen über den Brownianismus an der Schwelle zum 19. Jahrhundert waren dagegen keinerlei Anzeichen für eine offizielle Intervention von

---

38 Vgl. Allgemeine Literatur-Zeitung, Ausgabe vom 12. Oktober 1795 frühe Diskussionen zum Brunoismus. In the Teutsche Merkur, see. Marcard, H. M: Die neue Philosophie in der Medicin. Der neue Teutsche Merkur 2 (1801), 177-211, 255-265. Im Teutschen Merkur war früher eine andere bittere Kontroverse zu den Grundlagen der Medizin erfolgt. In Broman 1996, S. 131–136 (wie Anm. 29).

39 Thoms, Ulrike: Konfliktfall Homöopathie. Die klinischen Versuche zur Prüfung des Wertes der Homöopathie beim Militär und in der Berliner Charité. Medizin, Gesellschaft und Geschichte 21 (2002), 173-218.

Seiten des Staates zu erkennen gewesen, wie sie für die Debatten über die Homöopathie kennzeichnend war. Gerade das Beispiel der Homöopathie stützt folglich die
Annahme, dass die Rolle des Experten auf eine dreifache Weise verstanden werden
muss, die sich aus dem Verhältnis zur eigenen Profession, zum Staat und zur Öffentlichkeit ergibt. Die Öffentlichkeit wurde zwischen 1820 bis 1840 noch von der
Presse vertreten, auch wenn andere Institutionen eine Rolle spielten. Sicherlich mar-
kiert diese ausgeprägte, dreifache Beziehung einen wichtigen Schritt zur Entstehung
des „modernen" Experten, der sich zunehmend von seinen Vorgängern des 18. Jahrhunderts absetzte.

Trotzdem sollten die maßgeblichen Voraussetzungen nicht übersehen werden, die
zur Ausbildung eines modernen Verständnisses von Expertise führten. Diese
Grundlagen wurden von einer Öffentlichkeit gelegt, die Habermas schon vor mehr
als vierzig Jahren beschrieben hat. Die Ärzte, die an der Erprobung und Diskussion
um die Homöopathie teilnahmen, agierten in einem kulturellen Kontext, der ihre
„öffentliche" Rolle auf zwei verschiedene Weisen reflektierte. Auf der einen Seite
traten sie als Vertreter der politischen Autorität auf: Diese Zuschreibung entsprach
der Rolle, die sie seit dem Mittelalter innehatten. Andererseits repräsentierten und
geboten sie über das, „was jedermann wusste", wobei sie in eine Position gelangten,
die erst die Entwicklung der Öffentlichkeit ermöglicht hatte. Diese mehr oder
weniger paradoxe Situation charakterisiert seitdem die Rolle des modernen Experten.

SUSANNE DEICHER

„So liessen sich vielleicht aus allen Bauern und Handwerkern *Künstler* bilden."
Zur Konzeption einer medial vermittelten Öffentlichkeit bei Wilhelm von
Humboldt

Wilhelm von Humboldts 1792 verfasster Text „Ideen zu einem Versuch, die Grenzen der Wirksamkeit des Staats zu bestimmen"[1] ist zur Zeit seiner Entstehung nie im
Ganzen gedruckt worden. Nach der Erstveröffentlichung des vollständigen Manu-
skripts in der nach dem Tode Humboldts erschienen Ausgabe seiner Werke[2] wurde
es erst in den Jahren der Revolution von 1848 vielfach gelesen und zu einem
Grundlagentext des deutschen Linksliberalismus.[3] Seine Wirkung hält seitdem an,
sie ist noch bei den Zeitgenossen nachzuweisen – ich nenne hier nur die Antritts-
vorlesung Felix Herzogs, des Lehrstuhlinhabers für das Strafrecht an der Humboldt-
Universität, der sich 1992 auf Humboldts „Ideen" berufen hat.[4] Der Staat könne, so

---

1   Humboldt, Wilhelm von: Ideen zu einem Versuch, die Grenzen der Wirksamkeit des
    Staats zu bestimmen. In: Leitzmann, Albert (Hrsg.): Gesammelte Schriften. Hrsg. v. d.
    Königlich Preussischen Akademie der Wissenschaften. Bd. 1: Werke 1785-1795. Berlin:
    Behr 1903, S. 97-254.

2   Brandes, Carl (Hrsg.): Wilhelm von Humboldt's gesammelte Werke. 7 Bde. Berlin:
    Reimer 1841-1852.

3   Über die Gründe für die zunächst unterbliebene Veröffentlichung spekuliert Kähler: „Zur
    Drucklegung des Ganzen aber hat Humboldt den Entschluß nicht finden können, obwohl
    im Freundeskreis viel darüber gesprochen und beraten wurde [...]. Der wahre Grund lag
    darin, daß Humboldt innerlich unsicher geworden war, daß er zögerte [...]. Als nun dieses
    Werk - die Übersetzung von Burkes 'Reflections on the Revolution in France' mit den
    eigenen selbständigen Anmerkungen des Übersetzers - im Januar 1793 zu Humboldts
    Kenntnis gelangte, konnte er an dem Gegenbeispiel ermessen, was dazu gehörte, um über
    politische Fragen in diesem Augenblick maßgeblich das Wort zu ergreifen." Kaehler,
    Siegfried: Wilhelm von Humboldt und der Staat. Ein Beitrag zur Geschichte deutscher
    Lebensgestaltung um 1800. 2. Aufl. Göttingen: Vandenhoeck & Ruprecht 1963 (1. Aufl.
    1927), S. 146-148.

4   Herzog spricht weiterhin von der „Überreaktion staatlicher Instanzen und maßlos general-
    präventiver Strafzumessung", er verweist auf „Fehler" des Staates in der Verfolgung des
    „RAF-Terrorismus", die „nicht noch einmal wiederholt werden" dürften, auch daher
    bedürfe es einer Rückkehr zu Humboldts „Aufmerksamkeit für die Grenzen der Wirksam-
    keit des Staats" in Lehre und Forschung. Herzog, Felix: Über die Grenzen der Wirksam-
    keit des Strafrechts. Eine Hommage an Wilhelm von Humboldt. Antrittsvorlesung. 17.
    Dezember 1992. Humboldt-Universität zu Berlin: Fachbereich Rechtswissenschaft 1992,
    S. 12. Herzogs Lehrstuhl hat folgende Bezeichnung: Strafrecht, Strafprozessrecht,
    Geschichte des Strafrechts und Rechtsphilosophie.

führt Herzog aus, als eine in der eigenen Routine befangene Gesetzes- und Verwaltungsmaschinerie die Innenansichten der Lebenswelten seiner Bürger nicht kennen. Den Bürgern gegenüber handle er darum notwendig blind und gerate jederzeit in die Lage, Gewalt ohne Sinn und Erfolg auszuüben und seine Legitimation zu verlieren. Herzog zufolge wird die Idee einer normativen, einer guten Herrschaft der Gesetze nur durch deren Gründung auf dem Wissen unabhängiger Spezialisten garantiert. Herzog führt als Vertreter eines die Gerechtigkeit stützenden Typus des Wissens eine Disziplin an, von der vielleicht in besonderem Maße deutlich ist, worin der Gewinn liegt, wenn der Wissenschaftler den Regeln der Lebenswelt, die er untersucht, nicht verpflichtet ist: Es ist die Kriminologie, die die Motive der Täter erforscht. Nur eine autonome Rechtswissenschaft, die sich niemals den Zwecken des Staats verpflichte und allenfalls den Erkenntnissen ihrer Nachbarwissenschaften Tribut erweise, könne heilsam auf das Zusammenleben aller einwirken. Herzog versteht sich als Vertreter einer bürgerlichen Öffentlichkeit, deren Angehörige sich zwar im Prinzip bereit zeigen, dem Staat zu dienen und darauf verzichten, ihn politisch zu bekämpfen – dies allerdings nur um den Preis, dass sie ihre berufliche Tätigkeit dazu nutzen, diesen Staat auf dem Felde der Theorie in seine Schranken zu weisen und durch die institutionell verankerte Veröffentlichung und Diskussion ihres Wissens eine Praxis zu schaffen, die der Kontrolle des rechten Maßes der Herrschaftsausübung, der Bewertung der Weisheit und Gerechtigkeit des Staats dienen möge.[5]

Eine Vision des modernen Machtstaats

Bereits in Humboldts Text von 1792 waren die „fleischlichen Verbrechen"[6] als eines jener Probleme genannt worden, deren sogar ein im Sinne der Französischen Revolution nach besten Grundsätzen der Vernunft konstruierter Staat nicht Herr werden könne. Einen Staat als optimal funktionierende Maschine, die zum „Glück" ihrer Untertanen führe, könne es nicht geben, weil eine derartige ,Maschine' schlicht nicht wisse, was die einzelnen Glieder des Staats in ihren konkreten Lebenssituationen antreibe. „Alle Verhütung von Verbrechen nun muss von den Ursachen der Verbrechen ausgehen", müsse versuchen, die „Seele des Handlenden"[7] zum „Entschluss" zu bewegen, nicht länger Verbrecher zu sein. Eine solche Einwirkung

---

5 Habermas, Jürgen: Strukturwandel der Öffentlichkeit. Untersuchungen zu einer Kategorie der bürgerlichen Gesellschaft. Frankfurt/M.: Suhrkamp 1990.

6 Humboldt, Ideen, S. 207 (wie Anm. 1).

7 Humboldt, Ideen, S. 115 (wie Anm. 1).

könne aber nur „ohne Hinzukommen des Staats" als gegenseitige „Hülfsleistung"[8] der Bürger untereinander, von denen auch der Verbrecher einer sei, gedacht werden. Nicht in der zur Zeit ihrer Entstehung wenig originellen[9] Denkfigur einer Kritik am Staat als Maschine liegt das Verdienst von Humboldts Text,[10] sondern in dem Gedanken, eine Staats-Maschinerie müsse eine Herrschaft ohne reales Objekt ausüben und herrsche damit gleichsam in einem leeren Raum. Aus Kants „Kritik der reinen Vernunft", auf die Humboldt sich beruft, zieht er den Schluss, dass ein methodisch sicheres Wissen über die Gegenstände der Erfahrungswelt bei dem Kenntnisstand der Menschheit derzeit nicht möglich sei. Der Staat und alle personalen Inhaber politischer Macht könnten darum ebenso wenig über ein Wissen über die Gegenstände der Erfahrungswelt, also über die Objekte der Machtausübung, verfügen. Selbstverständlich gilt dies auch für den König.

Die implizite Kritik des Textes an der Vorstellung von einem allwissenden Regenten mag dazu geführt haben, dass er zu seiner Entstehungszeit nur in Teilen veröffentlicht wurde. Er erschien 1792 kapitelweise in Zeitschriften für die Gebildeten.[11] Der König kann keine Personifikation eines gerechten Staats mehr sein – will er ein

---

8   Humboldt, Ideen, S. 117 (wie Anm. 1).

9   Vgl. Brandt, Reinhard: Freiheit, Gleichheit, Selbständigkeit bei Kant. In: Forum für Philosophie Bad Homburg (Hrsg.): Die Ideen von 1789 in der deutschen Rezeption. Frankfurt/M.: Suhrkamp 1989, S. 110: „Unter Einhilfe der angelsächsischen Literatur, in der seit der Glorious Revolution und John Lockes *Traktat von der Regierung* von 1690 die Maschinenmetapher obsolet geworden war, und in der Nachfolge der pietistischen Polemik gegen die Leibniz-Wolffsche Maschinen-Metaphorik gibt es seit den späten 80er Jahren auch in Deutschland eine zunehmende Polemik gegen den Maschinenstaat und den Maschinenmenschen der bürgerlichen Gesellschaft". Brandt nennt Johann Joachim Lange als wichtigsten „pietistischen Opponenten", S. 124, Anm. 48.

10 Häufig wird noch gerade darin das Hauptverdienst von Humboldts Schrift gesehen, so auch bei Borsche, Tilman: Wilhelm von Humboldt. München: Beck 1990, S. 39-45, der einen ganzen Abschnitt seines Buches unter die Überschrift 'Maschinenmodell oder Gartenmodell - Humboldts politische Theorie' setzt und in der Einsicht, dass der Mensch ein organisches, natürliches Wesen und keine Maschine sei, weil er nicht von der rechnenden Vernunft konstruiert worden sei, einen von Humboldts folgenreichsten Gedanken vermutet, den dieser „nie wieder preis[ge]geben habe" (S. 45).

11 Kapitel V (Über die Sorgfalt des Staats für die Sicherheit gegen auswärtige Feinde) Okt. 1792, VI (Über öffentliche Staatserziehung[...]) Dez. 1792, VIII (Über Sittenverbesserung [...]) Nov. 1792 in der Berlinischen Monatsschrift; Kap. II u. Erste Hälfte III. in Neue Thalia, 2/1792. Angaben nach Leitzmann, in Humboldt, Gesammelte Schriften (wie Anm. 1), Bd. 1.

weiser Souverän bleiben, so müsste er zugestehen, dass er Beratung brauchte.[12] Es
bestehe, so Humboldt, vom Grundsatz her eine Tendenz jeden Staats, sich zu einer
vollendet selbstbezüglichen Unterdrückungsmaschinerie zu entwickeln, die eine
lückenlose Herrschaft ohne Zweck perfektioniere, als erschaffe sie darin ein Kunstwerk. Vom Staat könne eine Bedrohung für seine Bürger ausgehen, die die „widerstrebende kraft des menschen" auf den Plan rufe.

Erstaunlich ist, dass dies geschrieben wurde, als der von einem zurückhaltenden
König gelenkte Verwaltungsstaat in Preußen totalitäre Züge wohl kaum erkennen
ließ und auch die Revolutionsregierung in Paris noch nicht in die Phase des ‚terreur'
eingetreten war. Siegfried Kaehler hat 1927 den Hauptgrund für den verspäteten
Beginn der Rezeption des Texts darin gesehen, dass Humboldts Vision eines
„modernen Machtstaats"[13] erst weit nach 1800 und im Grunde erst im 20. Jahrhundert Gestalt gewonnen habe. Die prognostische Qualität der Humboldtschen Staats-
theorie ist in der Rezeptionsphase nach 1960 zunächst unbeachtet geblieben. Statt
dessen ist der Gedanke einer objektiven Grenze der Herrschaft selbst wiederum als
neue Form der Herrschaft negativ charakterisiert worden. Jürgen Habermas schrieb
1962: „Die Herrschaft der Öffentlichkeit ist ihrer eigenen Idee zufolge eine Ordnung, in der sich Herrschaft überhaupt auflöst."[14] Dies sei jedoch, so Habermas, eine
Ideologie, die dazu gedient habe, die Herrschaft der bürgerlichen Klasse über Arbeiter und Bauern zu bemänteln. Entsprungen sei diese Ideologie dem Traum von

---

12 Wissenschaftler am Königshof hat es immer gegeben - während der Regentschaft
    Friedrich Wilhelm III., der die Gründung der Berliner Universität betreiben wird, verlie-
    ren sie allerdings ihre klassische, den Hofnarren verwandte Rolle, die im beiherspielenden
    Einflüstern untertäniger Weisen besteht, welche die Weisheit des Souveräns nur ergänzen
    - sie werden vielmehr unverzichtbar. Friedrich Wilhelm III., den immer noch viele neuere
    Historiker darum als einen 'schwachen' Souverän meinen bezeichnen zu müssen, war
    zumindest bis 1816 ein von seiner souveränen Allmacht öffentlich erkennbar nicht über-
    zeugter Fürst.

13 „[A]ls die Schrift zwei Menschenalter nach ihrer Niederschrift als Ganzes veröffentlicht
    wurde [...] war der moderne Machtstaat in einem Umfange zur Wirklichkeit geworden,
    wie man es um 1792 nicht für möglich gehalten haben würde. Die Verkündigung des
    Ideals der vom Staate freien Selbstbestimmung zur Menschheitsbildung fand also einen
    durch die Erfahrungen [...] vorbereiteten Boden bei den geistigen Führern des Liberalis-
    mus." Kaehler 1927, S. 149-150 (wie Anm. 3).

14 „Die [...] Idee vom Gesetzesstaat, nämlich die Bindung aller Staatstätigkeit in einem nach
    Möglichkeit lückenlosen System von Normierungen, die durch öffentliche Meinung legi-
    timiert sind, zielt schon auf eine Beseitigung des Staats als eines Herrschaftsinstruments
    überhaupt. Souveränitätsakte gelten als apokryph per se." Habermas 1990, S. 152-153
    (wie Anm. 5).

einer politischen Relevanz freien Austausches in einer nicht nur bürgerlichen, sondern ‚allgemein menschlichen' Öffentlichkeit, welche sich jedoch durch den Verlauf der politischen Ereignisse bereits zu Beginn des 19. Jahrhunderts als Illusion erwiesen habe.[15]

Die von Habermas beschriebene historische Entwicklung von der „Utopie" zur bloßen „Illusion" lässt sich durchaus an Humboldts eigener beruflicher Karriere ablesen. Nachdem er lange gezögert hatte, überhaupt eine Aufgabe in der Exekutive zu übernehmen, trat er bereits 1810 wieder von seinem 1808 übernommenen Amt als Beauftragter für das Unterrichtswesen zurück, nachdem es ihm nicht gelungen war, den Gedanken eines Staatsrats,[16] in dem alle Mitglieder der Regierung gemeinsam mit dem König die Grundlinien der Politik beschließen sollten, durchzusetzen. 1816 zog er sich aus Protest gegen die Zensurbestimmungen, die der König erlassen hatte, endgültig aus der Regierung zurück.[17] Besonders aus dieser Perspektive scheint es also nahe zu liegen, die Zusammenhänge in der Weise zu beschreiben, wie sie die Humboldtliteratur dargestellt hat: Goochs historischer Einwand gegen Humboldt, der als staatstragend gedachte freie Austausch gebildeter und aufgeklärter Bürger sei nur in einer „community of Humboldts" denkbar,[18] ist inzwischen zum Klischee erstarrt. Noch in Tilman Borsches wichtiger Monographie von 1990 steht zu lesen, Humboldt habe erfahren müssen, dass sein Ideal einer allseitigen

---

15 Obwohl man zeigen könne, dass gerade die preußische Staatsverwaltung sich zu Beginn des 19. Jahrhunderts auf eine 'Veröffentlichung' ihrer Handlungen, auf eine Beratung durch Spezialisten und auf einen freien Austausch mit Bürgern eingelassen habe, sei doch insgesamt der Gedanke einer aufgeklärten Monarchie und auch der einer Gesetzesherrschaft durch eine Gemeinschaft herrschaftskritischer Bürger in Wahrheit gegenstandslos gewesen: „Immerhin bezeugt noch im Rahmen des aufgeklärten Absolutismus ein Befehl des Preußenkönigs an seine Staatsminister aus dem Jahre 1804 exemplarisch die sich nun verbreitende Einsicht, 'daß eine anständige Publizität der Regierung und den Unterthanen die sicherste Bürgschaft gegen die Nachlässigkeit und den bösen Willen der untergeordneten Officianten ist und verdient auf alle Weise befördert und geschützt zu werden.'" Habermas 1990, S. 155 (wie Anm. 5); zitiert wird ein preußisches Dekret von 1804.

16 Dies war eine Konzeption des kurz zuvor entlassenen Freiherrn von Stein, ausführlich informiert Kaehler 1927, S. 238-249 (wie Anm. 3).

17 Kaehler (wie Anm. 3) hat 1927 die Brüche in Humboldts politischer Karriere genau beschrieben, sah aber das objektive Moment nicht und wollte Humboldts angeblich schwankende, emotional ungefestigte und ästhetizistisch selbstbezogene Persönlichkeit, die ihn zur Übernahme von Verantwortung nicht dauerhaft prädestiniert habe, dafür verantwortlich machen.

18 Gooch, G.P.: Germany and the French Revolution. London 1920, S. 112. Zitiert nach Kaehler 1927, S. 150 (wie Anm. 3).

Bildung und des freien Austauschs der Meinungen in der „Wirklichkeit" kaum realisiert werden konnte.[19]

Der Zerfall des Staats und die Ausbildung der Individuen

Dieser Lesart folgend müsste auch der Text von 1792 ein wie auch immer ‚utopi-
scher' Irrtum gewesen sein. Schaut man diesen jedoch genauer an, wird man bemerken, dass in den „Ideen" durchaus keine Konzeption entwickelt wird, die bereits im
Austausch von Gedanken ein Korrektiv der Herrschaft erkennt. Vielmehr ist die Idee
von ganz anderer Art, nämlich die Konzeption einer Gemeinschaft der „freiwilligen
Hülfsleistung der Bürger selbst ohne Hinzukommen des Staats", welche sich
bemüht, „Heilmittel" gegen Verbrechen zu finden, indem sie den Verbrecher als
einen der ihren aufnimmt, seine „Seele" respektiert und ihn zum „Entschluss"
bewegt, kein Gegner ihrer Gemeinschaft mehr zu sein, weil er sich als ihr Teil in
Liebe und Anerkennung aufgehoben findet.[20] Die bürgerliche „Gesellschaft" wird
als eine Solidargemeinschaft im Namen der Liebe und wechselseitiger Anerkennung
propagiert – die Abkunft von christlichen Vorstellungen einer auf die Tugenden der
Fürsorge und der Zuwendung zum anderen gestützten Gemeinde ist deutlich. Solche
Rückwendung auf eine in ein Prinzip einer praktischen Philosophie verwandelte
christliche Tugend erscheint Humboldt notwendig, weil ein Zerfall des Staats in
seinem legitimen Begriff eingetreten sei, der auch historisch bereits dazu geführt
habe, dass die Menschen vereinzelt stehen. Das sei nun zunächst zu begrüßen, als
Befreiung nämlich der Einzelnen von ungerechtfertigter Herrschaft. Die Konsequenzen dieses Vorgangs zu denken, scheint die eigentliche Aufgabe der „Ideen" gewesen zu sein.

Es war die Erfahrung der Französischen Revolution, die zu dieser Positionierung
führte. Bereits 1791 schrieb Humboldt die „Ideen über die Staatsverfassung, durch
die neue französische Constitution veranlasst", die als Vorläufertext zu den „Ideen
zu einem Versuch, die Grenzen der Wirksamkeit des Staats zu bestimmen" anzusehen sind und in der Berlinischen Monatsschrift im Januar 1792 im Druck erschie-

---

19 Über Humboldts Bildungsreform schreibt Borsche etwa: „Die Theorie fordert nichts als
    Freiheit und Mannigfaltigkeit der Situationen zur selbsttätigen Bildung der eigenen
    Kräfte. Die Wirklichkeit zeigt zahlreiche Zwänge und Einschränkungen." Borsche 1990,
    S. 57 (wie Anm. 10).

20 Tatsächlich scheint es sich um eine frühe Form der in der Hegelschen Rechtsphilosophie
    entwickelten Dialektik von Abstoßung und Akzeptanz und des „Kampfes um Anerken-
    nung" zu handeln; Vgl. Honneth, Axel: Kampf um Anerkennung: Zur moralischen Gram-
    matik sozialer Konflikte. Frankfurt/M.: Suhrkamp 1992.

nen.[21] Dieser Text hebt an: „Ich beschäftige mich in meiner Einsamkeit mehr mit politischen Gegenständen, als ich es je bei den häufigen Veranlassungen dazu, die das geschäftige Leben darbietet, gethan habe." Humboldt befindet sich wie Rousseaus Spaziergänger, mit dem er sich zu diesem Zeitpunkt erst kürzlich auseinandergesetzt hatte,[22] in der Situation der „Einsamkeit"; er hat sie dadurch verursacht,[23] dass er aus dem juristischen Staatsdienst ausgetreten ist. Zudem fühlt er sich als Teil eines durch den Verlauf der Geschichte obsolet gewordenen Standes. Es scheint ihm nur eine Frage der Zeit, bis es den Adel nicht mehr geben wird: „Der Adel verband sich mit dem Regenten, das Volk zu unterdrücken, und von hier aus hebt die Verderblichkeit des Adels an, der immer nur ein nothwendiges Uebel war, und jezt ein überflüssiges geworden ist."[24] Doch auch in Frankreich sei keine zukunftsweisende Lösung gefunden worden: „Die constituirende Nationalversammlung hat es unternommen, ein völlig neues Staatsgebäude, nach blossen Grundsäzen der Vernunft, aufzuführen. [...] Nun aber kann keine Staatsverfassung gelingen, welche die Vernunft – vorausgesezt, dass sie ungehinderte Macht habe, ihren Entwürfen Wirklichkeit zu geben – nach einem angelegten Plane gleichsam von vornher gründet; nur eine solche kann gedeihen, welche aus dem Kampfe des mächtigeren Zufalls mit der entgegenstrebenden Vernunft hervorgeht."[25] Warum das so sei? Die Vernunft sei nun einmal ein begrenztes Vermögen: „Alles unser Wissen und Erkennen beruht auf allgemeinen, d.i. wenn wir von Gegenständen der Erfahrung reden, unvollständigen und halbwahren Ideen."[26] Die politisch konstruierende Vernunft versage beim Kontakt mit der Realität:[27] „Darum wirkt der Zufall so mächtig. Die Gegenwart reißt die

---

21 Angabe nach Leitzmanns Kommentar, Humboldt, Gesammelte Schriften, Bd. 1, S. 77 (wie Anm. 1).

22 Vgl. Humboldt, Wilhelm von: Tagebuch der Reise nach Paris und in die Schweiz 1789, in: Humboldt, Gesammelte Schriften, Bd. 14. Tagebücher I, S. 76-236, hier S. 135-139 (wie Anm. 1), für Humboldts Besuch in Ermenonville und das genaue Studium des Gartens und seiner Inschriften zur Einsamkeit des Spaziergängers.

23 So schließt treffend Leitzmann in Humboldt, Gesammelte Schriften, Bd. 1, S. 77 (wie Anm. 1).

24 Humboldt, Wilhelm von: Ideen über Staatsverfassung, durch die neue französische Constitution veranlasst (1791), in: Gesammelte Schriften (wie Anm. 1), Bd. 1, S. 77-85, hier S. 82.

25 Humboldt 1791, S. 78 (wie Anm. 24).

26 Humboldt 1791, S. 79 (wie Anm. 24).

27 Mit Sarkasmus bedenkt Humboldt „guthmütige Menschen, besonders Schriftsteller", die die Erzeugung von Glückseeligkeit und Wohlstand zum Staatszweck erklärten. „Hie und da kam diese Idee auch wohl in den Kopf eines Fürsten, und so entstand das Princip, dass die Regierung für das Glük und das Wohl, das physische und moralische der Nation

Zukunft an sich. Wo diese ihr noch fremd ist, da ist alles todt und kalt [...]. Die Vernunft hat wohl Fähigkeit, vorhandnen Stoff zu bilden, aber nicht Kraft, neuen zu
erzeugen. Diese Kraft ruht allein im Wesen der Dinge, diese wirken."[28] Die
Revolutionen sind die Gewalt, die „den Stoff", „die Dinge" und die im Menschen
ruhenden „Kräfte", welche diese selber nicht kennen, zur geschichtlichen Dynamik
werden lassen. So ist das erste Resultat der Revolution Zerstörung, aus welcher
jedoch, wie die Vorgänge in Frankreich bereits zu zeigen scheinen, kein „Fortgang"
einer „Staatsverfassung" folgen werde.[29]

Humboldt hält sich 1789 in Paris auf. Dort stellt er Überlegungen über die Revolution als naturwüchsige an: „Doch so legen entweder die erdbeben die städte in
trümmern, oder einbrechende völker zerstören sie, oder diese und andere revolutionen vermindern die volksmenge eines ganzen landes so sehr, dass iarhunderte dazu
gehören, nur die leeren mauern wieder zu bevölkern."[30] Das autonome Individuum
ist aus der Perspektive der Pariser Tagebücher keine utopische Vorstellung, vielmehr ein beobachtetes Phänomen – es handelt sich um ein depraviertes, aus sozialen
Zusammenhängen herausgerissenes Individuum. Paris besucht Humboldt im Rahmen einer Bildungsreise, wie sie für die Ausbildung eines jungen Adligen üblich
war. Das Besichtigungsprogramm schließt nicht nur die kulturellen Sehenswürdig-
keiten, sondern auch die sozialen Institutionen ein, die Orte der jüngsten politischen
Entscheidungen und auch Volksviertel, wohltätige Einrichtungen, Gefängnisse und
zahlreiche Krankenhäuser.[31] Er lernt „in den städten [...] begriffe von einer einsam-

---

sorgen muss. Gerade der ärgste und drükkendste Despotismus. Denn weil die Mittel der
Unterdrükkung so verstekt, so verwikkelt waren; so glaubten sich die Menschen frei und
wurden an ihren edelsten Kräften gelähmt." Humboldt 1791, S. 83 (wie Anm. 24).

28   „[und] die wahrhaft weise Vernunft reizt sie zur Thätigkeit und sucht sie zu lenken."
     Humboldt 1791, S. 80 (wie Anm. 24).

29   Humboldt 1791, S. 84 (wie Anm. 24).

30   Humboldt, Tagebuch 1789, S. 116 (wie Anm. 22).

31   Humboldt, Wilhelm von: Tagebuch der Reise nach dem Reich 1788, in: Gesammelte
     Schriften (wie Anm. 1), Bd. 14, Tagebücher I, S. 1-75. Darin heißt es (S. 26) über das
     Zuchthaus in Giessen: „Allein indem ich so hingieng, kam ich vor dem Zuchthaus vorbei,
     und ich überlegte, dass es wohl nüzzlicher sein möchte, ein Zuchthaus als einen Kanzler
     zu sehen." Im anschließenden Tagebuch von 1789 (Humboldt, Tagebuch 1789 (wie Anm.
     22)), werden aus Paris erwähnt: S. 133: École de Chirurgie, Hotel des enfants trouvés au
     faubourg St. Antoine; S. 131: Krankenhäuser Bicêtre und Salpetrière; S. 128: Hotel des
     enfants trouvés beim Hotel Dieu, S. 124-18: Krankenhaus Hotel Dieu; S. 116-118 Lei-
     chenhalle und Gefängnis im Grand et petit Chatelet, später noch in Zürich, S. 168-169 das
     Waisenhaus, S. 216-218 Spital, Zuchthaus, Arbeitshaus und die Waisenhäuser in Bern.

keit."[32] Über das Polizeileichenschauhaus heißt es: „Allein was mir wenigstens diesen ort schauderhafter gemacht hat, als es selbst der anblik des todes hätte tun können, ist die idee des fremd seins, der gedanke, dass ein mensch, mitten unter beinahe einer million menschen, so von allen menschen getrennt leben kann, dass ihn selbst nach seinem tode niemand für den seinigen erkennt. [...] Ich sah mehr als einmal des abends in volkreichen strassen menschen liegen, von denen ich wenigstens im vorbeigehen nicht hätte entscheiden mögen, ob sie todt oder lebendig waren. Wie leicht konnten sie krank sein und in diesem hülflosen zustande umkommen. Jedermann gieng vorüber."[33]

„Das gefühl von interesse des menschen am menschen, der trieb gegenseitiger hülfe, erstirbt [....] beinahe ganz." Die „leidende Menschheit"[34], fortgerissen vom Gang der Geschichte, befinde sich im „elend", das von den gegenwärtigen Staaten und ihren „verderblichen anstalt(en)" nicht aufgehalten werden könne: „wie wenige studiren das menschliche elend in seinem ganzen ungeheuren umfang, und doch welches studium wäre unter allen nothwendiger?" Dieses Studium führt Humboldt offenbar zu der dann in den „Ideen" von 1792 markant vertretenen These von der geschichtlich eingetretenen Freisetzung der Individuen aus den bestehenden Ordnungen. Diese Tatsache freilich sollte, so sieht Humboldt es, als positiv zu verstehender Ausgangspunkt für eine neue Konzeption des Politischen genommen werden: „Endlich steht, dünkt mich, das Menschengeschlecht jezt auf einer Stufe der Kultur, von welcher es sich durch Ausbildung der Individuen höher emporschwingen kann; und daher sind alle Einrichtungen, welche diese Ausbildung hindern, und die Menschen mehr in Massen zusammendrängen, jezt schädlicher als ehemals."[35] Mit diesen Einrichtungen ist in erster Linie der in Preußen noch bestehende Staat gemeint mit seinen Institutionen: Das „stehende Heer", die „Erziehungsanstalten", die „Registraturen" und auch eine mit dem Staat in enger Verbindung stehende Kirche.

Historische Grammatiken des Handelns

Die politische Konzeption, die 1792 entwickelt wird, setzt auf die konsequente Radikalisierung der bereits eingetretenen Vereinzelung der Individuen: „So liessen sich vielleicht aus allen Bauern und Handwerkern *Künstler* bilden, d.h. Menschen, die ihr Gewerbe um ihres Gewerbes willen liebten, durch eigen gelenkte Kraft und eigne

---

32 Humboldt, Tagebuch 1789, S. 118 (wie Anm. 22).

33 Ebenda, S. 117.

34 Ebenda, S. 125.

35 Humboldt, Ideen, S. 143 (wie Anm. 1).

Empfindsamkeit verbesserten und dadurch ihre intellektuellen Kräfte kultivirten, ihren Charakter veredelten, ihre Genüsse erhöhten. So würde die Menschheit durch eben die Dinge geadelt, die jetzt, wie schön sie auch an sich sind, so oft dazu dienen, sie zu entehren." Der „Künstler" hat ein Werk zu erschaffen – um es mit Humboldt eigenen Worten zu formulieren, hat er sich selbst in Gestalt eines „Anthropomorphismus in höherem oder geringerem Grade" zu „bilden." Ein solcher „Antropmorphismus" liege auch jeder Religion zugrunde, die sich einen Gott als Person vorstelle und könne helfen, „alle die Ideen von Alleinsein, von Hülflosigkeit, von Mangel an Schuz, und Trost, und Beistand verschwinden" zu lassen.[36]

Ein Volk von Künstlern, die sich selbst zu Göttern heranbilden, um nicht länger einem Gefühl von ‚Hülflosigkeit' ausgesetzt zu sein? Im erneuten Rekurs auf Kant parallelisiert Humboldt die geschichtliche Unfähigkeit des Menschenvolkes, sich taugliche Staatsgebilde, die zum Glück führen, zu entwerfen, mit der Unkenntnis des Einzelnen von sich selbst. Denn der Einzelne erfährt von sich immer nur das, was im flüchtigen Augenblick des Zusammentreffens von Gegenwart und Zukunft im Spiegel seiner Sinne erscheint. Nur wenn das, was in diesen Momenten an Eindrücken oder Formen da war, bewahrt und retrospektiv betrachtet wird, könne der Mensch erfahren, was er geworden ist: „Wenn er nun in seine Vergangenheit zurükgeht, Schritt vor Schritt aufsucht, wie er jedes Ereigniss bald auf diese, bald auf jene Weise benuzte, wie er nach und nach zu dem ward, was er jezt ist, wenn er so Ursach und Wirkung, Zwek und Mittel, alles in sich vereint sieht" dann kann er sich mit Goethe ansprechen "Hast Du's nicht alles selbst vollendet, Heiligglühend Herz?"[37] – um den Preis der Einsicht darin, dass er sich selbst vergegenständlicht anschaut, sich als „Du" anspricht. Er wird nicht mehr sagen können ‚Ich bin' und auch nicht ‚Ich denke, also bin ich', sondern nur noch ‚Ich war, wie Du siehst' oder ‚Ich singe, wie Du hörst'und ‚Ich spreche, wie Du verstehst' – indem er nämlich auf die medialen Formen in der Zeit, die er entwickelt hat, vor sich selbst oder öffentlich verweist.

Die Entfaltung der Idee einer Öffentlichkeit ist nach Humboldt also keine empirische Planung für Volksversammlungen oder Debattenclubs, sondern eine theoretisch-formale Konzeption, die garantieren soll, dass diejenigen, die von sich selber so wenig wissen, einander – in Liebe – begegnen. Nur eine einander zugewandte Gruppe kann verhüten, dass das „Ich spreche" ohne Gegenüber in der unpersönli-

---

36 Ebenda, S. 151.
37 Ebenda.

chen Weite des Mediums der Sprache verhallt[38], womit sich nur zeigen würde, dass der, der da spricht und sich selbst als Werk vorzeigt, doch nicht ‚Ich' ist. Wenn aber Antwort kommt, so wird ein aus einer Fülle von Sprechakten und anderen sinnlichen Tätigkeiten hervorgegangenes Netz der Verbindungen zwischen den Beteiligten entstehen, welches sich zwar über einem Abgrund unbekannter Sachverhalte ausspannen mag, aber dennoch sehr wohl existiert, Gesellschaft im Vollzug der Zeit bilden könnte.

Ausgehend von einer Beobachtung, die er im Juli 1789 beim Besuch der Bastille machen konnte, entwickelt Humboldt ein Modell, das die Möglichkeiten solcher synthetischen, gesellschaftsbildenden Prozesse genauer fasst. Im Tagebuch wird beschrieben, wie die zu Beginn der Revolution zerstörte Festung abgerissen wird:

„Man arbeitet mit unglaublicher geschwindigkeit an ihrer zerstörung. Mehrere hundert menschen sind täglich damit beschäftigt; nur sonntags kann man hingehen, die ruinen zu besehn. Alles war voll menschen, von der spize der mauern bis an die tiefsten gewölbe hinab. Jeder drängte sich mit frohem stolze die stellen zu zeigen, wo man zuerst angriff, eindrang, und endlich den verrätherischen gouverneur gefangen nahm. Wenn man den tiefen graben, die ueberall mit dikkem eisen befestigte zugbrükke, die ungeheuren mauren [...] und den engen plaz zum angriff selbst sieht; so ist es beinahe unbegreiflich, wie ein haufe schlecht bewaffneter bürger, ohne anführung, den plaz einnehmen konnte. Nur der verzweiflung war diess schwierige unternehmen möglich. [...] Das innere der Bastille ist schaudervoll. Viele gefängnisse haben beinah gar kein licht. [...] Ueberall findet man in den stein gehauene namen der unglüklichen [...] Aber besonders reich an inschriften waren die türen und meublen. Ich las mehrere. Fast alle klagen, beschuldigungen [...] Wäre der gouverneur ein edler mann gewesen, hätte er nur mitleid und menschenliebe gekannt, so hätte ihn die zerstörung der Bastille unsterblich machen können. Man würde auf den traurigen überbleibseln wie iezt seinen fluch, so seinen segen lesen."[39]

Die Menge, die am Sonntag die Ruinen der Bastille betrachtet, statt zur Kirche zu gehen, erkennt in der Lektüre der Trümmer und Textdokumente die eigene historische Leistung, ihre Bedingungen und Folgen. Die Inschriften verschaffen Gewissheit darüber, dass jener Gouverneur Delaunay, den man trotz Zusicherung freien

---

38 Vgl. Foucault, Michel: Das Denken des Außen. In : Ders.: Schriften in vier Bänden. Dits et Ecrits. Hrsg.: Defert, Daniel, Ewald, Francois u.a. Frankfurt/M.: Suhrkamp 2001, S. 670-697.

39 Humboldt, Tagebuch 1789, S. 119-120 (wie Anm. 22).

Abzugs ermordete,[40] sein Schicksal doch verdiene. Die Bastille zeigt die praktische, „grauenvolle" Gestalt der Macht. Ihre Ruinen beweisen, dass die Lehren des Christentums „von verdienstvollem, geduldigen leiden" in die Irre führen und das „ewige hinblikken auf künftige überirrdische erwartungen" durch das Selbstvertrauen in eine der Unterdrückung „widerstrebende kraft des menschen"[41] ersetzt werden könne.

Die Menge in Paris macht sich aus der Lektüre der Trümmer ihre eigene unmittelbar zurückliegende Geschichte und die vor ihr liegenden Möglichkeiten bewusst, indem sie die Inschriften zum Bilde der Geschehnisse im Gespräch ergänzt. Berichtet wird, wie „ein grenadier der garde", der „zuerst in die Bastille" eindrang, „von allen bürgern geliebt, bewundert, vom könig selbst geehrt" wird: In diesem 'Chevalier', der aus „verzweiflung" die Regeln verletzte und nach dem Gesetz als Verbrecher „auf dem Rade" hätte hingerichtet werden müssen, wie Humboldt betont, verehrt die Menge nun ihren Helden.

Man darf diesen Text nicht mit einem einfachen Bericht von den Ereignissen verwechseln. Ganz offenbar ist er eine Idylle in theoretischen Interesse. Es scheint plausibel, dass Humboldt das in den „Ideen" entwickelte Modell von der Aufnahme des Verbrechers in Liebe in die Gesellschaft nach dem Modell dieser Pariser Notate entwickelte: Die Menge als ein Volk von Künstlern und Interpreten, das aus der Lektüre der Texte der Ruinen retrospektiv ein Selbstbewusstsein seines eigenen Handelns gewinnt, verschiebt auch die rechtlichen Normen: Der Chevalier ist nun kein Mörder mehr, sondern ein Held. Die Codices selbst der obersten moralischen Regeln werden von Humboldt als fallible gedacht. Gesetze sind nicht die Ausformung eines transzendental begründbaren Bestands von Menschenrechten, sondern ein durch Überlieferung historisch gefestigter Bestand von normativen Sätzen, der durch Lektüre und Interpretation beständig ,umgeschrieben' wird. Die Menge erscheint in dieser Idylle als Autor eines neuen Rechts.

Öffentlichkeit als Imagination

Der Umgang der Menge mit den Ruinen der Bastille dient Humboldt offenbar noch längere Zeit als Modell für eine Praxis der Lektüre historischer Grammatiken des Handelns. Die durch ein Volk von Künstlern und Interpreten geleistete Interpretation und Transformation medialer Gegenstände ist etwas anderes, als jener nebulöse ,freie Austausch der Meinungen', den die Literatur gewöhnlich mit der Position

---

40 Leitzmann, Gesammelte Schriften (wie Anm. 1), Bd. 14, S. 119, Anm. 4.
41 Humboldt, Tagebuch 1789, S. 120-121 (wie Anm. 22).

Humboldts verbunden hat. Erst der geschichtlich deutbare Bestand der medialen Gegenstände ermöglicht es, ein Selbstbewusstsein jenseits der täuschenden Präsenz im Augenblick zu etablieren. Diese wird, wenn wir sie wahrnehmen, so Humboldt, schon ins Dunkel der Geschichte „fortgerissen" sein. Die Alternative scheint somit darin zu bestehen, jenseits der flüchtigen Überschneidung von Gegenwart und Zukunft einen zweifelsohne imaginären Standpunkt zu beziehen und von dort aus, im immerwährenden Rückblick und im Vorauseilen zu künftigen grammatischen Sätzen, Handlungsleitlinien zu entwickeln. Das heißt dann auch, dass dieser Standpunkt in keiner Wirklichkeit eine Gegenwart für sich beansprucht. Er wird vielmehr als das, was Habermas ,Ideologie' genannt hat, konzipiert. Nichts spricht aber dafür, dass er jemals ,Utopie' war. Ebenso wenig kann man davon ausgehen, dass es möglich sei, diesen Schein kritisch zu zerstören und gleichsam hinter der falschen Fassade die ,wahre' Herrschaft der bürgerlichen Klasse aufzufinden. Es handelt sich um die imaginäre Instanz einer sich nur medial, als Sediment in einer transformierbaren Grammatik des Handelns manifestierenden Möglichkeit des Eingriffs von Urteilskraft. Die kantische Konzeption der ästhetischen Sphäre wird von Humboldt ausgeweitet: Eine nur noch synthetisch, im Begriff einer medial vermittelten Interdependenz zu fassende mögliche Gesellschaft der Vereinzelten kann durch die Urteilskraft, das heißt durch das kontrollierte Spiel ihrer Vermögen, neu erstehen.

Im Zusammenhang der Diskussion von Rousseaus ,contrat social' notiert Habermas am Rande, dieser habe ein bloßes „Bild" der ,opinion publique' „zum einzigen Gesetzgeber" erhoben, unter Ausschaltung des räsonierenden Publikums"[42] der Salondiskurse. Der Rousseauleser Humboldt reagiert mit Ablehnung auf die reale Öffentlichkeit seiner Zeit, welche am Ende des 18. Jahrhunderts eine intellektuelle community, die über die Grenzen der damaligen Staatsgebilde hinweg im Austausch miteinander verbunden war, erschaffen hatte. Auf seiner Reise durch Paris und die Schweiz besuchte Humboldt 1789 auch einige der bedeutendsten Gelehrten seiner Zeit. Er warf ihnen merkwürdigerweise vor, sichtbar und persönlich gegenwärtig, zu allwissend und zu kompetent zu sein: Der Weise müsse doch wissen, dass er nichts weiß, heißt es in schulmeisterlichem Ton. Zu viel Wissen erscheint einerseits, Dummheit andererseits das Problem: Im Reisetagebuch finden sich bösartig zugespitzte Porträts von Vertretern der 'räsonnierenden Öffentlichkeit', die „trivial",

---

42 Habermas 1990, S. 172 (wie Anm. 5). Habermas nimmt an, dass das Volk im Sinne eines „corpus physicum", einer „Realpräsenz des Souveräns" konzipiert sei, die dem „corpus mysticum" der „volonté générale" entspreche - die Dauerpräsenz des Volks auf dem Platz der polis sei das „Bild" des Volks, das Rousseau gebrauche (S. 173), dabei verweist Habermas zuvor schon auf das „Wort von Marx, [von] der bürgerlichen Reproduktion des Feudalsystems" (S. 168).

„albern", „erbärmlich", „trokken und kalt", „abscheulich" wirken, noch mehr aber voll „kleinlicher Eitelkeit" seien. Der Tagebuchschreiber sagt sich bisweilen, „was solle ich mich mit so einem Menschen streiten".[43] Das Gespräch scheitert oft aber auch an grundlegenden Voraussetzungen: „Ich habe sein werk nie gelesen."[44] Worüber also reden und vor allem: warum eigentlich? Die Formen der geistigen Kommunikation der Zeit werden als höhere Form von „geschwäz"[45] vorgestellt. Aber auch die Ergebnisse dieser Denker sind Tand. An „Lavater", von dem ganz nebenbei bemerkt wird, dass seine Untersuchungen „keinen Grad der Vollkommenheit" erreichten, stört Humboldt die „große eitelkeit."[46] Jacobi rechnet er zu den Schwärmern und belehrt ihn darüber, dass Gefühl, Wunsch und Denken nicht notwendig miteinander verbunden seien.[47] Jacobi, der mit Lavater befreundet ist, weiß sich mit diesem einig in der Überzeugung, die Menschen könnten durch ihre diagnostischen Fähigkeiten in der Erfahrungswelt größere Zusammenhänge erkennen lernen. Das aber, so Humboldt, sei eben der Kern der ‚eitlen' Selbsttäuschung einer Reihe großer Denker seiner Zeit. In der Systematisierung der Beobachtung der Erfahrungswelt erfassten sie nie mehr, als nur das System ihrer eigenen Meinungen.

Wie aber sind Denker im Rahmen einer ‚Öffentlichkeit' vorstellbar, aus der sie nicht mehr als Wissende aus der Menge von Unwissenden herausragen, eitel glänzend jedermann ihre persönliche Meinung aufdrängen, die immer schon von gestern sein wird und die schlimmer noch, langweilt? Bis zu einem gewissen Grad ist es offenbar eine Frage des guten Stils, einen anderen Typ des Experten zu entwerfen, der durch eine neue „Bescheidenheit" des Wissens an die antiken Denker erinnert wird. Habermas spekuliert, Rousseaus Konzept der ‚opinion publique' als „Dauerplebiszit" sei durch ein bloßes „Bild" angeleitet gewesen, das das Volk „gleichsam ohne Unterbrechung auf dem Platz versammelt" darstelle.[48] Der Expertentypus, den Humboldt in Vorschlag bringt, könnte auf eine vergleichbare Weise inspiriert gewesen sein durch jenes didaktische Porträt des Sokrates, das er im Unterricht des Berliner Philosophen Engel kennen gelernt hatte.[49] Der Experte, der stets weiß, dass er

---

43 Humboldt, Ideen, S. 161 (wie Anm. 1).

44 Ebenda, S. 160.

45 Humboldt, Tagebuch 1789, S. 159 (wie Anm. 22).

46 Humboldt, Ideen, S. 160-161 (wie Anm. 1).

47 Ebenda, S. 61.

48 Habermas 1990, S. 173 (wie Anm. 5).

49 Vgl. Humboldt, Wilhelm von: Aus Engels philosophischen Vorträgen, in: Gesammelte Schriften (wie Anm. 1), Bd. VII.2, S. 361-468; Engel, J[ohann] J[akob]: Der Philosoph für die Welt. J.J. Engels Schriften. Bd. I-II. Berlin: Mylius 1801.

nichts weiß, erinnert an das athenische Volk beim Gespräch auf dem Markt mit einem Philosophen, welcher nichts als die allgemeine Reflektionsfähigkeit der Menge, das Vermögen ihrer Urteilskraft öffentlich ins Spiel brachte.

Öffentlichkeit: Performanz eines vielfachen Dus

Anders als in Athen wird es jedoch nicht die Philosophie sein, die in Humboldts Konzeption des preußischen Unterrichtswesens eine zentrale Rolle spielt. Die zeitgenössische Philosophie ist womöglich nicht bescheiden genug, da sie damit beschäftigt ist, vollständige Systeme des Wissens zu errichten. Man hat bis jetzt nur unzureichend erklären können, warum Humboldt gerade die Altertumswissenschaft, die historische Rechtswissenschaft, die historisch-genetische Sprachwissenschaft oder auch die im Entstehen begriffene Ägyptologie förderte. Noch immer ist Nipperdeys Einschätzung, dass diese Auswahl eigentlich Zufall gewesen sei und zuletzt darauf zurückgeführt werden müsse, dass einige bürgerliche Intellektuelle durch einen erstaunlichen „Glücksfall" in die Lage gerieten, ihre private „Kunstreligion" und ihre Vorlieben für bestimmte historische Spezialforschungen zu institutionalisieren,[50] nicht überwunden. Die genannten Wissenschaften haben aber miteinander gemein, dass sie alle an historische Medien gebunden sind, von deren Interpretation sie sich niemals lösen können, ohne zugleich ihren Gegenstand zu verlieren. Für die philosophische Spekulation, für Meinungen oder glänzende Positionierungen des Experten ist kein Raum. Diese Wissenschaften müssen also ‚bescheiden' bleiben, sie haben an und für sich jederzeit Stil. Sie leisten die Transformation der historischen Grammatiken des Handelns, während die Deuter in den Schatten treten – denn erst dann, wenn die Experten virtuell unsichtbar werden, kann das schöne Bild einer Menge erscheinen, die ihr Selbstbewusstsein interpretierend aus eigener Kraft gewinnt.

Humboldt wird sich nach der Übernahme seines Amtes 1808 besonders deutlich für die Berufung des Altertumswissenschaftlers Friedrich August Wolf einsetzen, mit dem er seit langem im Austausch steht. Im ersten Jahrgang von Wolfs ab 1807 erscheinender Zeitschrift „Museum der Alterthumswissenschaft" wird diese als Wissenschaft von den materialen und textlichen „Ueberresten" des Altertums definiert – nicht etwa als die Wissenschaft von der Kultur der Alten.[51] Wolf lehnt den

---

50 Nipperdey, Thomas: Deutsche Geschichte 1800-1866. Bürgerwelt und starker Staat. 6. Aufl. München: Beck 1994, S. 30-31.

51 Wolf, Friedrich August: [Einleitung]. In: Wolf, Friedrich August und Buttmann, Philipp (Hrsg): Museum der Altertumswissenschaft 1 (1807-1808), 31.

Einfluss der Philosophie als „schädlich"[52] ab, da deren Interpretationsmaximen fortwährend wechselten. Nur eine reine Beschränkung auf die ‚Ueberreste' garantiere eine 'methodisch' genannte Sicherheit von den Grenzen des Wissens.

Doch Wolf wird in Berlin enttäuschen, wie die neuere Forschungsliteratur im Brustton der Empörung berichtet. Wie konnte er es wagen, sich wie eine Diva zu inszenieren, ein zu hohes Gehalt zu verlangen, hypochondrische Manien zu entwickeln?[53] Weil Wolf seine Wünsche und seine Persönlichkeit öffentlich erkennbar werden lässt, verliert er an Unterstützung. Ein anderer tritt an seiner Stelle im Herzen der Wissenschaft. 1810 wird Barthold Georg Niebuhr zum Hofhistoriographen ernannt. Er wird auch zum Lehrer des Kronprinzen, zu des künftigen Königs „verehrtem Lehrer".[54] Seine Vorlesungen werden gesellschaftliches Ereignis.

An der Berliner Universität liest Niebuhr 1810 zum ersten Mal über „Römische Geschichte". Voraussetzung der Methode der Geschichtswissenschaft, wie Niebuhr sie sieht, ist die „Trennung der Fabel, die Zerstörung des Betrugs." Livius oder Herodot formten aus verstreuten Nachrichten, die ihnen zur Verfügung standen, eine Erzählung der Geschichte. Deswegen seien sie aber nicht zu tadeln, denn sie hätten selbst nicht fabulieren wollen, sondern eine ‚rein historische' Darstellung realisieren wollen. „Wir aber haben eine andre Ansicht der Historie". Niebuhr fordert, dass „die Untersuchung ihre" im Vergleich zur „kühneren Erzählung" der Alten „furchtsamere Gestalt nicht ändern" dürfe, bis „vielfach übereinstimmende Überzeugung" das „als historisch" „erscheinen" lassen könne, was der Historiker „nur durch Kombinationen gefolgert", was er aus den „Trümmern", den „Sammlungen der verstümmelten Fragmente alter Nachrichten" heraus gelesen, in den „Spuren" ‚entdecken' konnte.

Für die methodische Vorgehensweise nennt Niebuhr drei Schritte:

1. Der Historiker legt „Sammlungen der verstümmelten Fragmente alter Nachrichten" an.

2. Der Historiker gibt dem „Trieb" nach, „durch Anstrengung des Blicks die Form des Ganzen zu erraten, dem sie angehörten." Dieser „Versuch, Sinn und Zusam-

---

52 Ebenda, S. 52.

53 Vgl. den ausführlichen Bericht über Wolfs ‚hypochondrische Grillen' in der Einleitung zu: Humboldt, Wilhelm von: Briefe an Friedrich August Wolf. Textkritisch hrsg. u. kommentiert v. Philip Mattson. Berlin und New York: de Gruyter 1990.

54 Friedrich Wilhelm IV. stiftete für Niebuhr, den er in einer Gedenkrede als „verehrten Lehrer" ansprach, bei dessen Tod einen Grabstein, ausgeführt durch Rauch, der den Gelehrten im Stil eines römischen Patrizierporträts zeigt. Vgl. Simson, Jutta von: Christian Daniel Rauch. Berlin: Mann 1996.

menhang zu entdecken, wo er unfehlbar einst war, und vielleicht aus einzelnen Spuren entdeckt werden kann, wenn auch der Erfolg der Bestrebung zweifelhaft scheint" ist dadurch gerechtfertigt, dass Gewissheit über einen einmal bestehenden Zusammenhang besteht, dessen Gestalt freilich unbekannt bleiben wird. Die hypothetische Rekonstruktion kann dann

3. „allgemeine Aufnahme und Bestätigung durch vielfach übereinstimmende Überzeugung" finden.

Man bemerkt, dass diese Methodik streng jener auf kantischen Prämissen angelegten Wissenssuche einer Öffentlichkeit folgt, wie Humboldt sie dargelegt hatte. Der Übergang zur zweiten methodischen Stufe ist, so wird es Niebuhr mehr als deutlich sagen, im Grunde durch nichts, was an diesen „Trümmern" selber substantiell vorhanden wäre, gerechtfertigt. Der Blick auf die „Zerstörung", die Einsicht in den uneinholbaren Verlust der Vergangenheit und damit der geschichtlich gewordenen Identität der Menschheit, ist die Grundbedingung einer modernen Geschichtswissenschaft. Doch, so Niebuhr: „Es gibt eine Begeisterung [...] wodurch sich uns die Musen offenbaren, Lust und Kraft wecken und den Blick erhellen." Es ist also auch hier die Liebe, „liebende Teilnahme und belebende Gegenwart" der Freunde und Wissenschaftler, die sich gemeinsam dem Verlorenen zuwenden und es retten, obwohl "der Erfolg der Bestrebung zweifelhaft erscheint".[55]

Was dabei herauskommt, ist weder Projektion der „Lust" noch bloß begeisterte Hypothese. In der allgemeinen, durch die Experten vorgetragenen und durch alle Teilnehmer der öffentlichen Diskussion aus „Überzeugung" vorgenommenen „Beglaubigung" träten vielmehr „Züge der Wahrheit" hervor. Niebuhr grenzt sich entschieden davon ab, das, „was nur Hypothese oder schwankende Möglichkeit sei" „für historische Wahrheit auszugeben". Ja, er meint gar, das, „was in Gräber und Trümmer versunken" sei, werde so wirkungsvoll historische Wahrheit zurückgewinnen, dass die Römer „vertraut wie Zeitgenossen" leben werden[56].

---

55 Niebuhr, Barthold Georg: Römische Geschichte. Neue Ausgabe. Meyer Isler (Hrsg.). Berlin: Calvary 1873, Bd. 1. Die mit dieser Anmerkung bezeichneten Zitate entstammen dem in dieser Ausgabe wieder abgedruckten „Vorwort Niebuhrs zu der ersten Ausgabe, Theil 1", (1811), S. XX-XXV.

56 Niebuhr 1873, S. 5 (wie Anm. 55): „Wer Verschwundenes wieder ins Daseyn zurückruft, geniesst die Seligkeit des Schaffens: es wäre ein Grosses, wenn es gelingen könnte für die welche mich lesen, den Nebel zu zerstreun, der auf diesem vornehmsten Teil der alten Geschichte liegt, und lichte Helle zu verbreiten: dass ihnen die Römer klar, verständlich, vertraut wie Zeitgenossen, mit ihren Einrichtungen und ihrer Geschichte vor dem Blick stehen, leben und weben."

Indem die öffentliche Bestätigung die Rekonstruktion in eine allgemein akzeptierte Einsicht in die „Wahrheit" der Geschichte verwandle, wird sie „in Liebe" retrospektiv in das Selbstbewusstsein der Menge eingebunden, die erst darin sich selber erkennt und zum möglichen geschichtlichen Subjekt wird. Dass dieser Vorgang mehr als Projektion wäre, lässt sich auch bei Niebuhr nicht ausschließen. Da wir aber ohnehin nicht wissen können, was die unwiederholbar verlorene geschichtliche Wahrheit einst war, ist die einzige Gestalt, in der uns die Kunde davon erreichen kann, ein Suchunternehmen des Einzelnen, von dem er öffentlich spricht. Erst ein vielfaches Du kann den Bericht als wahr erkennen. Darin wird mehr als Rekonstruktion gewonnen. Das „Leben" der Alten wird weiter gelebt werden, indem es sich fortsetzt in der Gegenwart, oder aber die „Gräber und Trümmer" müssen als vollends verlorene angesehen, dem Vergessen und Zerfall anheim gegeben werden. Das aber hieße – um die Entscheidung zu rekonstruieren, die im Pathos des Historikers, mit dem er von der historischen Wahrheit spricht, steckt – die Menschen müssten sich selbst erkennen als Wesen, die im Rückblick auf die unendliche Kette der Begegnungen von Gegenwart und Zukunft, die die sinnlichen Gegenwarten bereits mit ich fortgerissen hat, keine Wahrheit zutage fördern können. Diese Wesen könnten sich auch keiner Biographie versichern, kein Weiterleben (in) einer Geschichte für sich beanspruchen. Nichts bliebe ihnen als die Form jener isolierten Gestalten, welche Humboldt 1789 auf einer Pariser Straße sah, von denen er „nicht hätte entscheiden mögen, ob sie todt oder lebendig waren."

ANDREA HOFMEISTER

Professoren oder Praktiker? Externe Fachkompetenz in der preußischen Öffentlichkeitspolitik um 1800

1. „Öffentlichkeitsarbeit" um 1800 – eine umstrittene Tätigkeit

Wie konstituieren Experten Öffentlichkeit, wie werden Experten von der Öffentlichkeit konstituiert? Ab wann, in welcher Form und bei welchen Materien wurde Expertentum von Staats wegen öffentlichkeitswirksam eingesetzt, um politischen Zielsetzungen das nötige Gewicht zu ihrer Durchsetzung zu verleihen? So lauten einige Leitfragen dieses Bandes. Die folgenden Überlegungen gehen ein Stück weit hinter diese Fragen zurück und richten sich auf diese staatliche Öffentlichkeitspolitik selbst – eine Funktion, die in den ersten beiden Jahrzehnten des 19. Jahrhunderts zumindest institutionell noch in den Kinderschuhen steckte – auch und gerade in Preußen. Welche Rolle fiel „Experten" – oder externen „Fachleuten"? – bei der theoretischen und praktischen Entwicklung dieser Herrschaftsstrategie zu? Inwieweit waren sie an ihrer Durchführung beteiligt? Hier ist nicht von Handlangern oder ausführenden Organen die Rede, denn eine ausgebildete staatliche Funktion „Öffentlichkeitspolitik" mit einem institutionellen Apparat, deren Direktiven lediglich hätten befolgt werden müssen, existierte noch nicht.

Die im Folgenden untersuchten und als „Experten" präsentierten Persönlichkeiten erstellten ausnahmslos zunächst Gutachten, wie eine solche staatliche Funktion überhaupt auszusehen habe. Natürlich verfolgten sie damit sehr oft die Absicht, die gegebenenfalls aus ihren Analysen resultierenden Arbeitsaufträge zu erhalten. Doch ist auch dies bis auf den heutigen Tag kein unüblicher Zug des Expertenwesens.

Wer aber galt überhaupt als „Experte" für diesen in der Entwicklung begriffenen Apparat staatlicher Interessenvermittlung und Machterhaltung? Über diesen Punkt herrschte zumindest in preußischen Regierungskreisen zwischen 1790 und 1820 alles andere als Einigkeit. Das verwundert um so weniger, als die Funktion „aktive Öffentlichkeitspolitik" selbst eine äußerst umstrittene Größe darstellte. Unter den Bedingungen von Revolutionserfahrung und Besatzung war die Notwendigkeit positiver staatlicher Öffentlichkeitsstrategien gerade in Preußen nach 1807 eigentlich evident geworden. Dennoch betrachteten der König, der Hof und Teile der konservativen Bürokratie nur die Zensur als legitimes Instrument des Umgangs mit der Öffentlichkeit. Das publizistische Werben um die Zustimmung der Untertanen galt als revolutionärer Akt, zumindest jedoch als Minderung der staatlichen Würde. Diese Haltung ignorierte offensichtlich die zeitgleichen Wandlungsprozesse der Öffentlichkeit, wie wir sie heute aus der einschlägigen Forschung kennen. Doch waren sich auch die Befürworter und Protagonisten aktiver Öffentlichkeitsstrategien über die Qualität der einzusetzenden Kompetenzen keineswegs einig. Auch aus diesen Differenzen lassen sich charakteristische Entwicklungen in den Öffentlich-keitsstrukturen wie im Einsatz externer Fachkompetenz erkennen.

2. Publikum, Diskurse und Staat

Die Hintergründe für den Entwicklungsschub in der staatlichen Öffentlichkeitspolitik um 1800 sind bekannt: Ein wachsendes, durch die Zeitereignisse ständig angefachtes politisches Interesse[1] einer immer breiteren und kritikfähigeren Öffentlichkeit, ein expandierender publizistischer Markt als Medium[2], die krisenhafte Anfälligkeit der bestehenden staatlichen Systeme durch militärische Bedrohung von außen und durch die Konfrontation mit den revolutionären französischen Prinzipien von innen.

Restriktive staatliche Zugriffe auf Phänomene der Öffentlichkeit provozierte bekanntlich bereits die mediale Revolution der Frühen Neuzeit:[3] Reformation, Gegenreformation, Glaubenskriege und Konfessionalisierung bezeichnen die Um-stände, unter denen nun auch die weltlichen Obrigkeiten die Zensur als Kontrolle öffentlicher Diskurse etablierten.[4] Richtete sich diese Kontrolle auf religiöse Mate-rien – womit sie natürlich auch relevant für die Grenzen und Möglichkeiten wissen-schaftlicher Forschung und politischer Diskussion wurde – so trat spätestens nach Ausbruch der Französischen Revolution explizit die Aufmerksamkeit auf politische Diskurse hinzu.[5]

---

1   Bödeker, Hans Erich: Zeitschriften und politische Öffentlichkeit. Zur Politisierung der deutschen Aufklärung in der zweiten Hälfte des 18. Jahrhunderts. In: Bödeker, Hans Erich und Francois, Etienne (Hrsg.): Aufklärung/Lumières und Politik. Leipzig 1996 (Deutsch-Französische Kulturbibliothek 5), S. 209-234; Vierhaus, Rudolf: Bemerkungen zur politi-schen Kultur in Deutschland im 18. Jahrhundert, ebenda, S. 447-454, bes. 451f.

2   Vgl. Böning, Holger: Aufklärung und Presse im 18. Jahrhundert. In: Jäger, Hans-Wolf (Hrsg.): Öffentlichkeit im 18. Jahrhundert. Göttingen 1997, S. 151ff.

3   Körber, Esther-Beate: Öffentlichkeiten in der Frühen Neuzeit: Teilnehmer, Formen, Insti-tutionen und Entscheidungen öffentlicher Kommunikation im Herzogtum Preußen von 1525 bis 1618. Berlin 1998.

4   Vgl. Breuer, Dieter: Geschichte der literarischen Zensur in Deutschland. Heidelberg 1982; Fromme, Jürgen: Kontrollpraktiken des Absolutismus (1648-1806). In: Fischer, Heinz-Dietrich (Hrsg.): Deutsche Kommunikationskotrolle des 15.-20. Jahrhunderts. München u.a. 1982, S. 36-55, hier S. 36.

5   Breuer 1982, S. 90 (wie Anm. 4); Eisenhardt, Ulrich: Wandlungen von Zweck und Methoden der Zensur im 18. Jahrhundert. In: Göpfert, Herbert G. (Hrsg.): „Unmoralisch an sich..." Zensur im 18.und 19. Jahrhundert. Wiesbaden 1988, S. 1-35; hier S. 2.

Aktive staatliche Meinungslenkung hingegen hatte bis zum Ausgang des 18. Jahrhunderts ihren festen Platz in der Außenpolitik, im engen Schulterschluss mit dem Ressort Spionage. Sie war eine Domäne der Gesandten und Diplomaten und gehörte in den Arkanbereich staatlicher Handlungen.[6] Nach 1789 aber entwickelte sich auch die kritische Haltung der eigenen Bevölkerung für die Regierungen zum Sicherheitsrisiko. Schon die pädagogischen Bemühungen der Aufklärung,[7] erst recht aber die Erfahrungen von Revolution, Besatzung und französischer Pressedominanz im napoleonischen Deutschland machten die Notwendigkeit evident, auch innenpolitische Diskurse nicht nur restriktiv, sondern aktiv zu lenken[8].

Hier griff man auf Analysen und Konzepte von „Fachleuten" zurück, die nicht notwendigerweise der wissenschaftlichen Sphäre entstammen mußten, sondern als „Männer der Praxis" allgemeiner dem „gebildeten Publikum" zuzurechnen waren. Dieser Dialog zwischen staatlicher Obrigkeit und den „Sachverständigen" des Publikums verlief nicht eingleisig. Im Gegenteil: Sehr oft ging die Initiative von der „veröffentlichten Meinung" aus. Sie spiegelte das Selbstverständnis, ja das Selbstbewusstsein und die Hoffnungen eines Publikums, das an eine Verbesserung der Gesellschaft im Medium öffentlicher Kommunikation glaubte.[9] Die Überzeugung, zu dieser Verbesserung durch den eigenen Sachverstand etwas beitragen zu können, beruhte auf den Erfahrungen und der Praxis aufgeklärter Diskurse und war noch zu Beginn des 19. Jahrhundert nicht zwingend an die Zugehörigkeit zu akademischen Kreisen gebunden. Erste Tendenzen, „Sachverstand" vorwiegend im akademischen Bereich anzusiedeln, lassen sich jedoch auch für die Zeit um 1800 nachweisen, und zwar gerade in den Kreisen der preußischen Reformer. Illustrieren möchte ich das an

---

6   Vgl. Gestrich, Andreas: Absolutismus und Öffentlichkeit. Politische Kommunikation zu Beginn des 18. Jahrhunderts. Göttingen 1994.

7   Vgl. z.B. für Hessen Meidenbauer, Jörg: Aufklärung und Öffentlichkeit. Studien zu den Anfängen der Vereins- und Meinungsbildung in Hessen-Kassel 1770-1806. Darmstadt und Marburg 1991, S. 294ff.

8   Höfer, Frank Thomas: Pressepolitik und Polizeistaat Metternichs. Die Überwachung von Presse und Politischer Öffentlichkeit in Deutschland und den Nachbarstaaten durch das Mainzer Informationsbüro (1833-1848) (= Dortmunder Beiträge zu Zeitungsforschung, 37). München u.a. 1983, S. 39-71; Hofmeister-Hunger, Andrea: Pressepolitik und Staatsreform. Die Institutionalisierung staatlicher Öffentlichkeitsarbeit bei Karl August von Hardenberg (1792-1822). Göttingen 1994.

9   Bödeker, Hans Erich: Prozesse und Strukturen politischer Bewußtseinsbildung der deutschen Aufklärung. In: Ders. u.a. (Hrsg.): Aufklärung als Politisierung - Politisierung der Aufklärung. Hamburg 1987, S. 10-31.

einigen Fallbeispielen zur Fachkompetenz im Öffentlichkeitsressort der preußischen
Regierung.

3. Staatliche Volksaufklärung

Das erste dieser Szenarien steht noch im Zeichen pädagogischer Bemühungen des
aufgeklärten Absolutismus. Ab 1792 sollte der spätere preußische Reformpolitiker
Karl August von Hardenberg die Verwaltung der an Preußen gefallenen Hohenzol-
lern-Fürstentümer Ansbach und Bayreuth auf preußischen Fuß bringen. Hardenberg
wollte sehr viel mehr; er beabsichtigte eine umfassende Reform der beiden Territorien nach modernsten verwaltungstechnischen, juristischen und ökonomischen Standards. Als „aufgeklärter" Regierungschef rekrutierte er auch für seine Verwaltung
akademisch gebildetes Fachpersonal, das sich auf dem neuesten Stand der Kameral-
und Rechtswissenschaften befand und zugleich mit den verzwickten Lokalverhält-
nissen vertraut war. So entstand die berühmte „fränkische Schule", aus der später
etliche Vertreter in der preußischen Reformbeamtenschaft hervorgingen – wie etwa
Altenstein. Aufgeschlossener als viele Amtskollegen – gerade im preußischen Verwaltungsapparat – zeigte sich der Minister aber auch in seiner positiven Reaktion
auf die öffentliche Kritik an rückständigen Verhältnissen. So rügte das angesehene
„Journal von und für Deutschland" 1792 das abergläubische Konzept des *Ansbachischen Volkskalenders*, in dem es angeblich von albernen Horoskopen, haltlosen
Prognostici und sehr verwerflichen Aderlaßmännchen nur so wimmelte – für
Hardenberg ein Anlaß, dem 2. Ansbacher Kammersenat eine Kalenderreform nach
den Kriterien der seinerzeit diskutierten „Volksaufklärung"[10] aufzutragen. Denn
neben der Bibel war der staatlich konzessionierte Volkskalender in jedem Haushalt
zu finden, oft als „zweites Buch", und als solches stellte er ein unschätzbares
Medium für staatliche Einflußnahme dar. Während die Kammerräte, denen die ans-
bachische Presseaufsicht oblag, nun auf gehobenem Niveau über das Ob und Wie
einer solchen Reform diskutierten und schließlich einen literarisch ambitionierten
Referendar mit dem Entwurf eines geläuterten Kalenders beauftragten, hatte sich der
Minister längst den Vorschlägen des Kalenderproduzenten, eines ansbachischen
Buchhändlers, angeschlossen, den er über diesen Gegenstand auch befragen ließ.
Seine Kundenorientierung war in Hardenbergs Augen die Garantie für die Praxisnähe seiner Vorschläge. Er konnte am besten über die Interessen seiner Abnehmer,
die Akzeptanz neuer Inhalte und den Zeitplan der Umstrukturierung dieses populä-

---

10 Böning, Holger und Siegert, Reinhardt: Volksaufklärung. Biobibliographisches Handbuch
zur Popularisierung aufklärerischen Denkens im deutschen Sprachraum von den Anfängen bis 1850. Bd. 1, Stuttgart-Cannstatt 1990.

ren Mediums urteilen. Die Entwicklung des *Ansbachischen Volkskalenders* in den nächsten Jahren zeigt, dass er tatsächlich nach den Vorgaben des Buchhändlers modernisiert wurde, während man das schulmäßig nach den Prinzipien der Volksaufklärung gefertigte Produkt des Referendars offensichtlich zu den Akten legte.[11]

Betrachtet man die fränkische Öffentlichkeitspolitik des späteren preußischen Reformers Hardenberg als Ganzes, so zeigte sie sich keineswegs wissenschaftsfeindlich – denn an gegebenem Ort, wie z.B. in der Revindikation der preußischen Ansprüche auf die Landesherrschaft, setzte sie auch juristische Gutachten und ökonomische Expertisen öffentlich ein[12] – aber ihr Hauptgesichtspunkt waren Praxisnähe und Instrumentalisierbarkeit. So wurde das ganze Spektrum öffentlichkeitsrelevanter Medien – von der juristischen Deduktion bis hin zur polemischen Flugblattaktion[13] – von eingeworbenen Spezialisten bedient, die ihr jeweiliges Metier verstanden, und sei es die geschickte Handhabung von Schere und Kleister bei der Zeitungsproduktion, die Techniken subversiver Literaturverbreitung oder eine äußerst polemische Federführung, wie sie z.B. der Redakteur der „Deutschen Reichs- und Staatszeitung" Karl Julius Lange beherrschte, welcher Hardenberg im Zuge einer Öffentlichkeitsanalyse erfolgreich seine Dienste anbot.[14]

---

11 Hofmeister-Hunger, Andrea: The Ansbach *Zeit- und Historienkalender*: A Case-Study of Popular Enlightment. In: Actes du Septième congrès international des Lumières (Budapest 26 juillet - 2 août 1987). Vol. 3, Oxford 1989, S. 656-661.

12 Batz, August Friedrich: Entwicklung der Brandenburgischen Hausverträge in Hinsicht auf Theilung und Erbfolge. Frankfurt und Leipzig 1794, S. 80ff. Später auch in: Haenlein, Karl Sigismund und Kretschmann, Theodor Konrad (Hrsg.): Staatsarchiv der königlich preußischen Fürstentümer in Franken 1 (1797), S. 35ff. Eine weitere offiziöse Publikationsreihe bildete die „Staatswissenschaftliche und juristische Literatur des Jahres 1794, in einer Gesellschaft von Gelehrten herausgegeben von (Karl Ludwig) Völderndorf und (Theodor Konrad) Kretschmann". 4 Bde., Bayreuth 1794/95.

13 Z.T. abgedruckt in :Haenlein,/Kretschmann 1797 (wie Anm.12), S. 235-414. Auch in der reichhaltigen Streit- und Druckschriftensammlung im Staatsarchiv Bamberg, KDK Reg. Bayreuth, Rep. A 310 u. 311.

14 Schreiben Karl Julius Langes an Hardenberg vom 21. Dezember 1796, Geheimes Staatsarchiv Preußischer Kulturbesitz (GStA PK) Dahlem, Gen.Dir. Ansbach-Bayreuth VII, Nr.248, mit der Ankündigung als Anlage (auch im Allgemeinen literarischen Anzeiger. Beilage V, 12. Januar 1797, Sp.54-56), f.1-3.

4. Reform und Öffentlichkeit

Wer ist als „Experte" für staatliche Öffentlichkeitsarbeit zu betrachten? Wem kann man diese sensible Materie anvertrauen? Nach der preußischen Niederlage 1807 tauchte die Frage nach einer geeigneten Öffentlichkeitspolitik in den Denkschriften der Reformer wieder auf, 1806 bei Stein,[15] 1808 bei Vincke,[16] sehr konkret 1807 in der Rigaer Denkschrift von Hardenberg und Altenstein.[17] Gerade Altenstein zeigte dezidierte Präferenzen, schon bei der Frage „Pressefreiheit oder nicht?", die sich die Reformer angesichts der neuen französischen Pressepraktiken stellen mußten. Analog zu den Zensurordnungen des Absolutismus setzte [besser: machte] er das wissenschaftliche Qualitätsniveau der jeweiligen Publikation zum Kriterium ihres ungehinderten Erscheinens. Sein vorrangiges Anliegen war es, die „Hauptmänner der Literatur" für Preußens Interessen zu gewinnen und keine „Scribler" zu beschäftigen. Eine indirekte Ohrfeige erteilte Altenstein seinem Chef Hardenberg, wenn er vor dem Einsatz von Zeitungsschreibern, „plumpen und schändlichen" Flugblättern und „dergleichen Schriften ohne reellen Wert für die Wissenschaft" warnte. Allerdings blieb er ein handfestes Konzept schuldig, wie denn eigentlich die Koryphäen der Wissenschaft „unmerklich den Zeitgeist vorbereiten" sollten, wenn er schwärmte:

> „Die Männer, welche dem Zeitgeist voraneilen, ziehen die ganze Stimme bald nach sich. Ihre Stimme wird nicht sogleich verstanden und erregt daher keine Besorgnisse, wie die der Zeitungsschreiber. Sie ergreifen nach und nach die Meinung unwiderstehlich. Wenn sich die Wirkung ihrer Stimme zeigt, ist es zu spät, selbst für Napoleons Macht, den Effekt zu hemmen."[18]

Das klingt kryptisch, gewinnt aber Konturen in der Gestalt Fichtes, mit dem Altenstein intellektuelle und persönliche Beziehungen verbanden und dessen „Reden an

---

15 Nassauer Denkschrift vom September 1807. In: Botzenhart, Erich und Hubatsch, Walther (Hrsg.): Freiherr vom Stein. Briefe und amtliche Schriften. Bde. 1-10, Stuttgart 1957-74, hier: Bd.2, Nr.354, S.3 91. Vgl. Stein an Götzen, 8. Juni 1809; Stein an Gentz, 29. Juli 1809; Stein an den Prinzen von Oranien, 20. August 1809 und Denkschrift vom März 1810, ebenda, Bd. 3, Nr. 112, S. 148; Nr. 128, S. 163; Nr. 135, S. 171; Nr. 206, S. 295f.

16 Denkschrift Vinckes vom 3. August 1808. In: Scheel, Heinrich und Schmidt, Doris (Hrsg.): Das Reformministerium Stein. Akten zur Verfassungs- und Verwaltungsgeschichte aus den Jahren 1807 bis 1808. Bde. 1-3, Berlin 1966-68, hier Bd. 3, Nr. 225, S. 714ff.

17 Winter, Georg (Hrsg.): Die Reorganisation des Preußischen Staates unter Stein und Hardenberg 1: Allgemeine Verwaltungs- und Behördenreform 1: Vom Beginn des Kampfes gegen die Kabinettsregierung bis zum Wiedereintritt des Ministers vom Stein. Leipzig 1931, Nr. 261, S. 302-363.

18 Ebenda, Nr. 262, S. 388, 456.

die deutsche Nation" zur gleichen Zeit im zitierten Sinne Meinung machen wollten, ohne die gefährliche Aufmerksamkeit der französischen Besatzer zu erregen.[19] Im Übrigen standen die preußischen Reformer dem Phänomen „öffentliche Meinung" ernüchtert, doch nicht hoffnungslos gegenüber: Für sie bildete die Öffentlichkeit das Objekt eines staatlichen Erziehungsauftrags, um – wiederum mit den Worten Altensteins – „flaches Geschwätz und Geschrei" zur öffentlichen Meinung im höheren Sinn, zur „Stimme des Besseren" zu bilden.[20] In diesem Zusammenhang veranlasste Innenminister Dohna Wilhelm von Humboldt 1809, ein Gutachten über die Verbesserung der Intelligenzblätter anzufertigen.[21] Auch Scharnhorst äußerte Unzufriedenheit über die mangelnde Leitung der Volkslektüre.[22]

Die Fixierung auf die Sphäre der Wissenschaft konnte dabei allerdings auch zu einer gewissen Betriebsblindheit führen, wie der folgende Fall zeigt.

Über ein offiziöses Regierungsblatt zur Vermittlung ihres Reformprogramms diskutierten die Minister der Regierung Dohna-Altenstein 1809, als Adam Müller sein unorthodoxes Exposé einer kombinierten Regierungs- und Oppositionspresse einreichte.[23] Der junge Staatswissenschaftler, der das politische Seitenstück zur literarischen Romantik schuf, fand das Interesse der Behörden, zumal Müller mehrere Vertreter der politischen Prominenz wie die Minister Altenstein und Beyme, den Oberpräsidenten Sack und den Leiter der Bank- und Seehandlung Stägemann auch persönlich angeschrieben hatte. Stägemann und Sack begrüßten das Projekt; Sack machte in seinen Immediatberichten die Regierung auf Müllers Berliner Vorlesungsreihe aufmerksam.[24] Altenstein würdigte den wissenschaftlichen Habitus des Antragstellers, zumal er ihn zu Preußens „geistreichsten, einsichtsvollsten und wohlge-

---

19 Germann, Wilhelm: Altenstein, Fichte und die Universität Erlangen. Erlangen 1899.

20 Winter 1931, Nr. 262, S. 394 (wie Anm.17),

21 Humboldt an Dohna, 26. März 1809. In: Scheel, Heinrich und Schmidt, Doris (Hrsg.): Von Stein zu Hardenberg. Dokumente aus dem Interimsministerium Altenstein-Dohna. Berlin 1986, Nr. 78, S. 211f.

22 Generalmajor von Scharnhorst an Friedrich Wilhelm III., 6. April 1809, ebenda, Nr. 86, S. 224.

23 Memoire für den König, 22. September 1809, ebenda, Nr. 150, S. 409ff.

24 Sack an Müller, 7. Oktober 1809. In: Rühl, Franz (Hrsg.): Briefe und Aktenstücke zur Geschichte Preußens unter Friedrich Wilhelm III. Vorzugsweise aus dem Nachlaß von Friedrich August von Stägemann. Bde. 1-3, Leipzig 1899-1902, hier Bd. 1, Nr. 74, S. 131f; „Tagebuch" vom 7. Oktober 1809. In: Granier, Hermann: Berichte aus der Berliner Franzosenzeit 1807-1809. Nach den Akten des Berliner Geh. Staatsarchivs und des Pariser Kriegsarchivs (Publikationen aus den kgl. Preußischen Staatsarchiven 88). Leipzig 1913, Nr. 270, S. 539.

sinntesten Schriftstellern" zählte.[25] Dies spricht nicht für eine eingehende Lektüre der „Elemente der Staatskunst", die Müller seinen jeweiligen Anschreiben beigelegt hatte. Hieraus hätte sich leicht entnehmen lassen, dass sich ein Verfechter des Ständestaats und ein strikter Gegner Smithscher Wirtschaftstheorie nicht unbedingt zum Protagonisten preußischer Reformen eignete.

Das wurde der gutachtenden Gesetzgebungskommission erst deutlich, als Müller im Frühjahr 1810 seine öffentlichen Vorträge über „König Friedrich II. und die Natur, Würde und Bestimmung der preußischen Monarchie" hielt. Die Absage, die der Redner dort seinem „aufräumerischen Zeitalter" und der „Nachahmung ausländischer Rezepte" erteilte, und gar sein Ruf nach einer Restauration der ständischen Verfassung zeitigten endlich die Erkenntnis, dass Hofrat Müller eine denkbar ungeeignete Persönlichkeit zur Verteidigung der neuesten preußischen Gesetzgebung und Verwaltung sei.[26] Zu diesem Zeitpunkt arbeitete die Kommission allerdings bereits unter einem neuen Chef, dem lange Jahre erbitterter Kämpfe mit den von Müller vertretenen Prinzipien bevorstanden: Denn am 6. Juni 1810 hatte Hardenberg als Staatskanzler die Leitung der Staatsgeschäfte übernommen.

Für die preußische Öffentlichkeitspolitik bedeutete dies nichts anderes, als dass zunächst wieder Zeitungsschreiber, „Scribler" sowie „plumpe und schändliche Flugschriften" die Oberhand gewannen. Jedenfalls in den Augen derer, die dem Staatskanzler nicht verzeihen konnten, dass er populäre Berufsschriftsteller wie Friedrich Buchholz oder Friedrich von Cölln als politische Gutachter beschäftigte, die sich während der französischen Besatzungszeit als publizistische „Nestbeschmutzer" profiliert hatten.[27] Buchholz' Beauftragung resultierte aus dem intensiven Interesse, das Hardenberg und seine Mitarbeiter den Errungenschaften der Rheinbundstaaten und der Frage nach ihrer Adaptionsfähigkeit für Preußen widmeten:

---

25 Altenstein an Dohna, 25. November 1809. In: Scheel/Schmidt 1986, Nr. 176, S. 489 f. (wie Anm. 21).

26 Gutachten der Gesetzgebungskommission vom 29. Juni 1810, ebenda, S. 506, Anm. 5.

27 Cölln, Friedrich von: Vertraute Briefe über die innern Verhältnisse am preußischen Hofe seit dem Tode Friedrichs II. Bde. 1-6, Amsterdam und Cölln (Leipzig) 1807-1809; ders.: Neue Feuerbrände. Marginalien zu der Schrift 'Vertraute Briefe' von demselben Verfasser in monatlichen Einzelheften. Bde. 1-5, Leipzig 1807-1808; ders.: Intelligenzblätter zu den neuen Feuerbränden. Bde. 1-3, Leipzig 1808; Buchholz, Friedrich: Untersuchungen über den Geburtsadel und die Möglichkeit seiner Fortdauer im 19. Jahrhundert. Von dem Verfasser des neuen Leviathan. Berlin u.a. 1807; ders.: Gemählde des gesellschaftlichen Zustandes im Königreiche Preußen, bis zum 14. Oktober des Jahres 1806. Vom Verfasser des neuen Leviathan. Bde. 1-2, Berlin u. Leipzig 1808; ders.: Gallerie preußischer Charaktere. Germanien 1808.

„Bei der täglich wachsenden Nothwendigkeit, von den innern Einrichtungen der benachbarten Staaten Kenntnis zu nehmen, damit man das Heilsame nachahme, das Verderbliche vermeide, hat es mir räthlich geschienen, durch einen Mann, der mit historischen Kenntnißen die Einsicht des für den jetzigen Moment Wichtigen verbindet die zu jenem Zweck erforderlichen Ausmittelungen vornehmen zu lassen [...] Sie werden zwar in der Regel die Gegenstände der Bearbeitung aus meinem Bureau vorgezeichnet erhalten; doch auch wird es mir sehr angenehm seyn, wenn Sie selbst bei Ihrer ausgebreiteten Kenntniß mich auf die Puncte aufmerksam machen, welche eine Beleuchtung und Darlegung verdienen, und welche in fremden Staaten bereits bearbeitet und ausgeführt sind."[28]

Aus diesem Arbeitsauftrag resultierte zunächst ein vergleichendes Gutachten über französische, italienische und westfälische ständische Einrichtungen.[29] Gegen 90 Taler monatliche Diäten sah Buchholz seine Expertenschaft in der nachrevolutionären französischen Regierungs- und Verwaltungspraxis anerkannt und arbeitete fortan sowohl als politischer Gutachter, wie auch als Redakteur des politischen Teils der Berliner „Vossischen Zeitung".[30]

Auch sein Kollege Friedrich von Cölln verkörperte die für die zeitgenössische Pressepolitik so typische Doppelfunktion von „Politexperte" und Propagandist. Etwa im Februar 1811 muß Hardenberg ihn im Polizeiministerium eingestellt haben, zog ihn aber vorwiegend zu Tätigkeiten im Staatskanzleramt heran: Im Laufe des Jahres 1811 schrieb auch Cölln, wie Buchholz, Gutachten zum internen Gebrauch über so verschiedene Materien wie Geheime Gesellschaften, Agrargesetzgebung, Bauernunruhen, Nationalbanken, und über die Zusammenhänge zwischen Verwaltung und Staatsform.[31] Nebenbei und u.a. auch für diese Expertisen arbeitete er als Geheimagent. Im Auftrag Hardenbergs erforschte er militärische Einrichtungen und die Stimmung in den Rheinbundstaaten, vor allem in den ehemals preußischen Territorien des Königreichs Westfalen, knüpfte Kontakte mit Unzufriedenen[32], kaufte unter

28 Hardenberg an Buchholz, 16. März 1811, GStA PK Dahlem, Rep.74 N III Nr. 40, Bl. 1f.

29 Der Auftrag befindet sich im o.g. Anstellungsvertrag im GStA PK Dahlem Rep. 74 N III Nr. 40, das Resultat zusammen mit anderen anonymen, offensichtlich von Buchholz stammenden Denkschriften unter dem Titel „Vergleichende Übersicht über die Verfassungen Frankreichs, Italiens und Westfalens" ebenda, Rep. 92 Albrecht, Nr. 32 (unfol.).

30 Vgl. Buchholtz, Arend: Die Vossische Zeitung. Geschichtlicher Rückblick auf drei Jahrhunderte. Berlin 1904, S. 100.

31 Gesammelt im GStA PK Dahlem, Rep.92 Hardenberg J 16 A.

32 Cölln an Hardenberg, 26. Juli 1811, GStA PK Dahlem, HA I, Rep. 92 Gneisenau, Paket 17a, Karton 2, Bl. 101ff. „Allgemeine und besondere Beobachtungen über das Königreich

falschem Namen und in angeblich polnischem Auftrag große Mengen Munition und Gewehre und organisierte den Transport nach Schlesien.[33]

Kritik am Einsatz solcher „Fachleute" fand sich zunächst in der Adelsopposition:

„Warum sich Menschen wie Cölln, Adam Müller, Friedrich Buchholz etc. durch Pensionen und Zuvorkommenheit attachieren? – wie kann aus so unreinen Quellen je Gutes hervorgehen, und besäßen diese Menschen auch die höchste Intelligenz."[34] schrieb Graf Arnim von Boitzenburg, der übrigens den Kollisionskurs seiner Standesgenossen gegen die Reformen nicht billigte, im Sommer 1811 an den mittelbaren Vorgänger Hardenbergs, den Freiherrn vom Stein. Ihren Widerhall fand diese Kritik auch in den Reihen der Reformer. Neben seinen häufig wechselnden Liebesbeziehungen hat Hardenberg bei der Mit- und Nachwelt kaum etwas so in Verruf gebracht wie die Schaffung „schlechter Umgebungen" durch die Beschäftigung solcher „anerkannte(r) Verworfene(r) und von der öffentlichen Meinung gebrandmarkte(r) Personen", wie sich Oberpräsident Sack, ebenfalls gegenüber dem Freiherrn vom Stein, beklagte.[35] Auch die konspirativen Methoden, die Hardenbergs Journalisten wählten, um offiziöse Publizistik gegen die Opposition in die Presse einzuschleusen, missfielen den akademischeren unter den Reformern:

„Es werden Pasquille gedruckt gegen die Feinde des Machthabers; Buchhändler erhalten sie von unbekannter Hand; sie fragen an, ob sie verkauft werden dürfen; man antwortet: ja; nun äußert sich eine allgemeine Indignation, und der Minister bietet eine Prämie in den Zeitungen für die Angabe des Verfassers aus. Ich weiß nicht, welche Zeit jemals etwas Schlechteres sah", erzürnte sich Barthold Georg Niebuhr über den polemischen Umgang mit der Adelsopposition.[36] Adressat dieser Anklage war erneut Stein, der den gelehrten Niebuhr jedoch einen „irasciblen Bücherwurm" nannte und seinen Brief an Hardenberg weiterleitete. Vielleicht auch, um so selbst indirekt Kritik an den geschilderten Verfahrensweisen zu üben.

Natürlich leistete auch die Reformpresse der Hardenberg-Ära keineswegs Verzicht auf akademische Autoren und Koordinatoren. Eine ihrer Hauptstützen war der

Westfalen, das Herzogthum Berg und die drei deutsch-französischen Departements, vom 12. Juni bis zum 14. Juli angestellt", ebenda, Bl. 105ff. „Bericht über angeknüpfte Bekanntschaften", ebenda, Bl. 121ff.

33 Cölln an Cotta, 11. Juli 1818, Deutsches Literaturarchiv Marbach, Cotta-Briefwechsel: Friedrich von Cölln, Nr. 9.

34 Botzenhart/Hubatsch, Bd. 3, Nr. 369, S. 534f. (wie Anm.15).

35 Sack an Stein, 4. April 1811, ebenda, Nr.345, S. 497.

36 Niebuhr an Stein, 10. November 1811, ebenda, Nr. 408, S. 592f.

Statistiker Johann Gottfried Hoffmann, seit 1810 Direktor des neubegründeten
Statistischen Büros, Professor für Staatswissenschaft an der Berliner Universität,
Mitarbeiter an den Gewerbereformen und Verfasser mehrerer offiziöser Aufsätze.[37]
Hardenbergs Büroleiter, der Smith-Experte Friedrich von Raumer, wechselte nach
etlichen öffentlichen „Expertisen" zugunsten des Reformwerks aus dem Staats-
kanzleramt 1811 auf eine Geschichtsprofessur.[38] Wie alle Politiker, die in Krisen-
situationen auch noch Privilegienverzicht und Abgabenerhöhung fordern, standen
jedoch die preußischen Reformer unter einem breiten öffentlichen Druck, dem mit
Abhandlungen auf akademischem Niveau allein nicht beizukommen war. Angesichts der französischen Wachsamkeit in Presseangelegenheiten wagte die
Regierung Hardenberg statt einer Ministerialzeitung lediglich die Publikation einer
Gesetzessammlung.[39] Ihre reformbegleitenden populären Pressekampagnen brachte
sie auf erprobtem indirektem Wege über Mittelsmänner in die Öffentlichkeit.

5.   Freiheitskriege und Reaktion

Die anschließenden Freiheitskriege (1813-1815) zeitigten erst recht eine Periode der
Flugschriftenkultur und schnell verfasster Pamphlete. Die Hauptqualifikation ihrer
Redakteure bestand in einer fixen Feder und der Fähigkeit, die nächstgelegene
Druckerpresse im Handstreich zu erobern[40] – wenn man nicht transportable Feld-
druckereien mit sich führte, die Bulletins und Feldzeitungen vor Ort produzierten,
wie die französische und die preußische Armee.[41] Zahlreiche Eingaben an die Regierung aus weiten Kreisen der Bevölkerung, die sich in den Akten erhalten haben,

---

37 Vgl. Vogel, Barbara: Allgemeine Gewerbefreiheit. Die Reformpolitik des preußischen
     Staatskanzlers Hardenberg (1810-1820) (= Kritische Studien zur Geschichtswissenschaft
     57). Göttingen 1983, S. 90.

38 Ebenda, S. 89.

39 Hofmeister-Hunger 1994, S. 214ff. (wie Anm.8).

40 Vgl. Varnhagen von Ense, Karl August: Geschichte der Kriegszüge des Generals
     Tettenborn während der Jahre 1813 und 1814. Stuttgart und Tübingen 1814, S. 82ff.;
     Assing, Ludmilla (Hrsg.): Aus dem Nachlaß Varnhagens von Ense. Briefwechsel
     zwischen Varnhagen und Rahel. Bd. 3, Leipzig 1875, S. 165f., 186, 220f., 256, 263.

41 Nachdruck der 72 Nummern der Preussischen Feldzeitung (6. Oktober 1813-29. April
     1814): Zappe, Hans: Vom Werden einer Offizin. Greif und Adler. Ein Stück Preußentum.
     Mit der Feldzeitung 1813/14. Potsdam und Berlin 1937; Preußens Freiheitskampf
     1813/14. Eine zeitgenössische Darstellung. Originalwiedergabe der ersten Feldzeitung der
     Preußischen Armee. Potsdam und Berlin 1940; Allg.: Schäfer, Karl-Heinz: Zur Früh-
     geschichte der Feldzeitungen. In: Publizistik 18 (1973), 160-164.

zeigten übrigens, dass nicht wenige sich für Experten in Sachen Krieg und Propaganda hielten und dass man ein Interesse der Behörden an entsprechenden Projekten aus der gebildeten Öffentlichkeit voraussetzte.[42]

Die Reorganisations- und Reetablierungsprozesse im Verlauf des Wiener Kongress leiteten auch hierin einen Wandel ein. Zur Konzeption der öffentlichen Kampagnen um territoriale Ansprüche war jetzt wieder die Fachkompetenz von Juristen und Statistikern gefragt. Freilich wurden diese Experten nicht immer der Erwartung gerecht, ihre Gutachten auch öffentlichkeitswirksam umsetzen zu können. Verstärkung holte man sich weiterhin in Gestalt von Journalisten, die dem Geschäft der Tagespublizistik näher standen. Ein Beispiel bildet die Propagierung der preußischen Ansprüche auf Sachsen, die u.a. durch Experten der Statistik (Hoffmann)[43] und Geschichte (Niebuhr)[44] vertreten, jedoch nicht für sonderlich leserfreundlich gehalten wurden, wie Hardenbergs „Pressechef" Karl August Varnhagen von Ense kommentierte, der seinerseits eine Programmschrift „Deutsche Ansicht der Vereinigung Sachsens mit Preußen" veröffentlichte:

> „Die Hoffmann'sche Staatsschrift war allzu statistisch, trocken und ohne alle überredende Kraft; von der Niebuhr'schen erwartete der Fürst ohnehin manches Schiefe und zu Scharfe, und so wünschte er, neben diesen Versuchen noch einen dritten, seinen eigensten Sinn in gemäßigter und frischer Sprache vorgetragen zu sehen."[45]

In den ersten Jahren nach dem Wiener Kongreß erforderten die Herrschaftswechsel infolge territorialer Neuordnungen zwar immer noch vertrauensbildende, populäre Propaganda, aber mit der restriktiven Konsolidierung der Verhältnisse entschwand nach und nach die Notwendigkeit, sich mit Hilfe allzu populärer Publizistik des Wohlwollens der eigenen Bevölkerung versichern zu müssen, zumal verschiedene deutsche Territorien konstitutionelle Regierungen eingeführt und den öffentlichen Forderungen nach Verfassung zunächst stattgegeben hatten.[46] Wo dies nicht der Fall

---

42 Gesammelt z.B. im GStA PK Dahlem, Rep. 92 Albrecht, Nr. 30, Vol. 3 (unfol.).

43 Über Sachsens Vereinigung mit Preußen. Ein Wort der Beruhigung für seine Landsleute. Von Germanus Saxo. Leipzig (Berlin) 1814.

44 Preußens Recht gegen den sächsischen Hof. Berlin 1814. 2. Aufl.(ergänzt durch Widerlegungen verschiedener Moniteur-Artikel). Berlin 1815.

45 Feilchenfeldt, Konrad (Hrsg.): Karl August Varnhagen von Ense. Werke in fünf Bänden. Hier: Denkwürdigkeiten des eigenen Lebens. Bd. 1-3 (Bibliothek deutscher Klassiker 22-25). Frankfurt 1987; hier: Bd. 2, S. 579f., 654f.

46 Dazu allgemein: Nolte, Paul: Staatsbildung als Gesellschaftsreform. Politische Reformen in Preussen und den süddeutschen Staaten 1800-1820. Frankfurt/M. 1990.

war – wie in Preußen – und wo eine vielfältig entwickelte Öffentlichkeit und Publizistik auf eine solche reaktionäre neue Obrigkeit stieß – wie in den Rheinlanden – zeigten sich die Aporien der älteren Reformergeneration im Umgang mit dem Instrument Öffentlichkeitspolitik.[47] Zweckmäßigkeit und Instrumentalisierbarkeit waren die Prinzipien, nach denen ein Staatsmann des ancien régime wie Hardenberg seine publizistischen Verbündeten zusammengestellt hatte. Nun aber wurde die Kooperation mit Autoren aus dem akademischen Milieu insbesondere in den Rheinlanden vermehrt angestrebt, da sie nicht nur als Ausweis der Fachkompetenz, sondern auch der Glaubwürdigkeit und des Renommees galt, das die staatliche Pressepolitik für sich beanspruchte. In Zeiten des aufgeklärten Absolutismus war diese Mitwirkung auch von Seiten der publizistischen Intelligenz gewünscht und gesucht worden, wie insbesondere die Hardenbergische Ära in Franken zeigt. Als Preußen aber seine Versprechen auf Verfassung und Pressefreiheit nach 1815 nicht einlöste, mußte es vor allem in den neuen Rheinprovinzen erfahren, dass sich bildungsbürgerliche und akademische Kreise der Zusammenarbeit zunehmend verweigerten und eigene Bedingungen stellten.[48] Charakteristischerweise erhoben auch populäre Publizisten wie Ernst Moritz Arndt und Joseph Görres bei Anwerbeverhandlungen Ansprüche auf akademische Lehrstühle, um von dieser Position aus ostensible Unabhängigkeit behaupten zu können – denn Universitätszugehörigkeit bedeutete Freiheit von der staatlichen Zensur. Die staatliche Antwort auf solche Widerständigkeit bildeten in letzter Konsequenz die Demagogenverfolgungen, und die Karlsbader Beschlüsse von 1819 bereiteten schließlich nicht nur temporärer Pressefreiheit und akademischer Unabhängigkeit, sondern auch einer effektiven Regierungspublizistik ein vorläufiges Ende.

Der politische Kurswechsel nach 1815 und die Disziplinierungsstrategien von Karlsbad verursachten einen beispiellosen Kompetenzverlust für die preußische Öffentlichkeitsstrategie. Die staatlichen Vorstellungen über eine optimale Kombination von Fachkompetenz, kreativem Talent und Willfährigkeit in der Person eines engagierten Redakteurs erwiesen sich als Illusion. Bei der 1817 gegründeten „Allgemeinen Preußischen Staatszeitung" führte der Rückzug auf „Zweckmäßigkeit" und möglichste Instrumentalisierbarkeit der Pressevertreter schließlich zur Redaktionsführung durch Schundromanautoren wie Carl Heun und bankrotte Pariser Buchhändler wie Friedrich Schoell.[49] Beide waren zweifellos „Praktiker", die ihre

---

47 Hofmeister-Hunger 1994, S. 352ff. (wie Anm.8).

48 Koselleck, Reinhart: Preußen zwischen Reform und Revolution. Allgemeines Landrecht, Verwaltung und soziale Bewegung von 1791 bis 1848 (Industrielle Welt 7). Stuttgart 1967, S. 213ff.

49 Hofmeister-Hunger 1994, S. 380ff. (wie Anm.8).

durchaus profunden Analysen der Öffentlichkeit und Konzepte zur Etablierung einer effektiven Regierungspublizistik aber nicht umsetzen durften, und deren Beschäftigung dem Ansehen des Organs nur schadete. Überboten wurde diese Personalpolitik nur durch die Absicht, die Redaktion der Staatszeitung gleich ihren Zensoren anzuvertrauen. Hardenbergs Tod kam diesen Planungen zuvor.

6. Resumé: Die Pressepolitik, ihre Experten und deren Selbstverständnis

Die preußische Öffentlichkeitspolitik zu Beginn des 19. Jahrhunderts wurzelte in den pädagogischen Konzepten der monarchisch-absolutistischen Aufklärungsregimes. Von dort ausgehend mündete sie in die Bestrebungen der preußischen Reformer, die Öffentlichkeit „zu berichtigen" und zu belehren. Dieses „aufklärerische" Erziehungskonzept fand schließlich seine institutionalisierte Verkörperung in der „Allgemeinen Preußischen Staatszeitung". Die Perspektive von „oben" und die bürokratische Selbstgewissheit dieses Erziehungskonzepts verhinderte jedoch eine adäquate öffentlichkeitspolitische Antwort auf die Formen der neuen bürgerlich-liberalen politischen Kultur, wie sie sich in den Diskussionsforen der Publizistik und der parlamentarischen Vertretungen entfaltete. Die preußische Pressepolitik der beginnenden Reaktionszeit drängte ihre Fachleute in die Position „befehlsempfangender Schreibknechte", die sich mit der „Lieferung bestellter Waren nach gegebenen Mustern" beschäftigen sollten. Das Zitat stammt von dem Bayreuther Beamten und Staatswissenschaftler Karl Heinrich Lang und bezog sich auf die Funktion, die er noch 1798, zwanzig Jahre zuvor, in preußischen Diensten gerade nicht zu haben glaubte – in österreichischen dagegen sehr wohl.[50] Solange ein Staat im Rufe stand, an der Spitze des Fortschritts zu marschieren – und das galt für das friderizianische Preußen ebenso wie für das der Reformzeit – bedeutete es keinen Reputationseintrag, für eine Regierung gutachtend und werbend die Feder zu bewegen. Im Gegenteil – diese Tätigkeiten nährten die Hoffnung, via Öffentlichkeit durch die eigene Sachkunde zu Reformen und Veränderungen etwas beizutragen, an der politischen Macht teilzuhaben. Dieser Hoffnung prägte um 1800 viele Staatswissenschaftler und Literaten, die ihre Kompetenz und ihre Kreativität mit den Interessen einer als aufgeklärt geltenden Regierung assoziierten. Prototypisch in diesem Sinne äußerte sich z.B. der Rechtsexperte für die späteren preußischen Revindikationen in Franken, Theodor Konrad Kretschmann.[51] Noch Karl August Varnhagen von Ense,

---

50 Haussherr, Hans: Die Memoiren des Ritters von Lang (1764-1835). Stuttgart 1957 (Gekürzte, kommentierte Neuausgabe nach dem Erstdruck von 1842), S. 181.

51 Erläuterungen über den Zweck und die Einrichtung der Staatswissenschaftlichen Zeitung. In: Journal von und für Deutschland 7 (1790), 332-336.

Hardenbergs Pressekoordinator auf dem Wiener Kongreß, legte Wert auf die Feststellung, dass er selbst in Auftragsarbeiten eigene Analysen und Urteile zum Ausdruck bringe und betonte zugleich die Freiwilligkeit seiner Unterstützung der preußischen Politik.[52] Berühmt geworden ist die Antwort des rheinischen Schriftstellers Joseph Görres an Hardenberg, mit der er als Herausgeber des „Rheinischen Merkur" seine Unabhängigkeit zur Voraussetzung seiner Kooperation machte:

„Ew. Durchlaucht haben geruht, mir die Bedingungen mitzutheilen, unter denen die Fortdauer des Blattes möglich sei. Sollten diese nach der Strenge des Wortes genommen werden, so würde dann nichts als eine ganz gewöhnliche Zeitung übrig bleiben... Nein, ich habe ein heiliges Amt zu verwalten, ich muß es nach meinem Gewissen führen, oder völlig niederlegen. Mir ist es nicht gegeben, mich unter Zwang und Rücksichten geistig zu bewegen [...] muß ich einen andern Richter als mein Gefühl und meinen Takt befragen, dann weicht der Geist von mir, und ich bringe kaum das Gewöhnliche zu Stande."[53]

Publizität hatte für Görres nicht mehr geradlinig die Harmonie zwischen Regierung und Bevölkerung herzustellen – in dieser Aufgabe definierte und benutzte sie nach wie vor der Preußische Staatskanzler – sondern eine fruchtbare Diskussion zu initiieren. Eine Kultur des politischen Streits war jedoch das Letzte, was die preußische Regierung, insbesondere der König, 1815 wünschen oder auch nur verstehen konnte, das Verbot des „Rheinischen Merkur" daher nur eine Frage der Zeit.

Eine ähnliche Erfahrung machte die preußische Regierung mit Johannes Weitzel, dem Redakteur der in Nassau erscheinenden „Rheinischen Blätter", welche anstelle des „Rheinischen Merkur" den Part der offiziösen Presse im preußischen Rheinland übernehmen sollte.[54] Während die Liaison mit der konstitutionellen Regierung Nassaus keine Rufschädigung für Weitzel bedeutet hatte, fürchtete er bei der beruflich aussichtsreicheren Karriere in preußischen Diensten den Verlust individueller geistiger Freiheit ebenso wie den des äußeren Ansehens. In einem ausführlichen Gutachten zu „Rheinpreußen um 1818" legte er der preußischen Regierung eine Analyse der gegenwärtigen politischen und gesellschaftlichen Situation in den

---

52 Varnhagen an Rahel, 7. November 1813. In: Assing 1875, S. 197 (wie Anm. 40); vgl. auch Feilchenfeldt 1987, S. 636 (wie Anm.45).

53 Görres an Hardenberg, 10. Juni 1815, GStA PK Dahlem Rep.74 J X Nr. 9, Vol. I, Bl. 165f. Auch in: Czygan, Paul: Zur Geschichte der Tagesliteratur während der Freiheitskriege. Bd. 1-2,2 (= Publikationen des Vereins für Geschichte von Ost- und Westpreußen 17). Leipzig 1909-1911, hier: Bd. 2,2, S. 343ff.

54 Faber, Karl Georg: Görres, Weitzel und die Revolution (1819). In: Historische Zeitschrift 194 (1962), 37-61, hier 54ff.

Rheinlanden und die daraus folgende politische Konzeption seiner Zeitschrift dar. [55] Noch im Juni 1819 beschwor er Hardenberg, seine Berufung zum Geheimen Hofrat in Bonn erst in Kraft zu setzen, wenn die Regierung einen positiven Schritt in Richtung Konstitution getan habe. Mit der Verkündung der Karlsbader Beschlüsse legte Weitzel 1819 konsequent die Redaktion nieder;[56] auch mit diesem Blatt war also in Preußen „kein Staat zu machen".

Der Status der Unabhängigkeit, das zeigen diese Auseinandersetzungen einmal mehr, ist fraglos ein konstituierendes Merkmal des „Experten". Sowohl im eigenen Selbstverständnis, als auch im Blickwinkel der Öffentlichkeit dient er als Kennzeichen seiner Reputation. Die Unabhängigkeitsvermutung macht – neben der fachlichen Kompetenz – seine Gewinnung attraktiv, seine Expertise wertvoll. Wo dieser Anschein nicht gewahrt werden kann, ist es von beiden Seiten sinnlos, eine Kooperation anzustreben. Sehr deutlich wird das im Falle des „politischen Experten" in der ersten Hälfte des 19. Jahrhunderts und seiner Indienstnahme für die staatliche Öffentlichkeitspolitik. Wo ein gebildetes Publikum in Deutschland zum Ende des 18. Jahrhunderts noch der Hoffnung – oder Illusion – huldigte, zu einer selbstaufklärenden Gesellschaft zu gehören, welche die Regierenden mit einschloß, brachten Fürstendienste nicht automatisch den Verzicht auf ein unabhängiges Urteil und Reputationsverluste mit sich. Das änderte sich, als die deutschen Regierungen nach 1815 die Hoffnungen auf eine „Revolution im guten Sinne", wie sie die Rigaer Denkschrift 1807 verhieß, weitgehend enttäuschten. Mit diesem Kurswechsel nahm die Kooperationsbereitschaft „politischer Experten" aus akademischen Kreisen rapide ab.

Auf der anderen Seite mußten auch die Regierungen erfahren, dass im Zeichen gewandelter Öffentlichkeitsstrukturen mit beliebig instrumentalisierbaren „Schreibknechten" keine wirksame Öffentlichkeitspolitik zu realisieren war. Zu einer neuen Phase der Kooperation zwischen Regierenden und akademischen Publizisten kam es daher – zumindest in Preußen – erst, als die Regierung die Mechanismen dieser neuen politischen Kultur nicht mehr verkannte und mit den Worten Lorenz von Steins ihren Irrtum „daß die Presse erst die Partei bilde, statt daß sie aus ihr hervorgeht,"[57] korrigierte.

---

55 Abgedruckt bei Dorow, Wilhelm: Erlebtes aus den Jahren 1813 bis 1820. T. 1-2. Leipzig 1843, hier 2, S. 151-166; Weitzel an Hardenberg, 12. März 1819, ebenda, S. 109ff.

56 Weitzel an Dorow, 2. Februar 1821, ebenda, S. 144f.

57 Lorenz von Stein in seiner Verwaltungslehre, Bd.6, S. 108, zit. nach Koselleck 1967, S. 422 (wie Anm. 48).

Mit anderen Worten, als eine Kultur des politischen Streits nach 1848 zur anerkannten, wenn auch ungeliebten Realität avancierte. Damit aber ist man bei der Pressepolitik Bismarcks angelangt[58] und damit bei einem neuen Kapitel der Pressegeschichtsschreibung – wie des Expertenwesens.

---

58 Fischer-Frauendienst, Irene: Bismarcks Pressepolitik (Deutsche Presseforschung 4). Münster 1963; Naujoks, Eberhard: Bismarck und die Organisation der Regierungspresse. In: Historische Zeitschrift 205 (1967), 46-80; Hink, Helma: Bismarcks Pressepolitik in der bulgarischen Krise und der Zusammenbruch seiner Regierungspresse. Tübingen 1977. Weitere Literatur bei Overesch, Manfred: Presse zwischen Lenkung und Freiheit. Preußen und seine offiziöse Zeitung von der Revolution bis zur Reichsgründung (1848-1871/72). Pullach 1977, S. 12ff.

Jakob Vogel

Felder des Bergbaus. Entstehung und Grenzen einer wissenschaftlichen Expertise im späten 18. und 19. Jahrhundert

In der aktuellen Diskussion um die sogenannte „Wissensgesellschaft" gilt es als ausgemacht, dass die Sozialfigur des „Experten" ein besonderes Kennzeichen der heutigen „postindustriellen Gesellschaft" darstellt.[1] In der soziologischen Literatur wie in der Öffentlichkeit wird dabei gerne darauf verwiesen, dass die soziale Rolle und Bedeutung wissenschaftlichen Wissens im Laufe der letzten Jahrzehnte deutlich gewachsen sei, was zu einer Multiplikation von Experten, Ratgebern und Beratern geführt habe. Eine tatsächliche Historisierung der Wissensgesellschaft wie auch der verschiedenen Konfigurationen des Experten in der historischen Vergangenheit steht jedoch noch aus: Die genauere historische Analyse der verschiedenen Erscheinungsformen von Expertenwissen und -beruf in der Vergangenheit erscheint daher eine zentrale Aufgabe einer „Wissensgeschichte" der Moderne.[2] Eine wesentliche Bedeutung erhält dabei der Blick in jene Phase um die Wende vom 18. zum 19. Jahrhundert, in der jenes heute gängige Bild des Experten noch nicht existierte, nach dem dieser eine unabhängige, von allen staatlichen wie privaten Interessen freie Persönlichkeit repräsentiert, die sich durch ihr wissenschaftlich-technisches, akademisch anerkanntes Spezialwissen, aber auch durch eine weitreichende praktische Erfahrung in einem bestimmten Tätigkeitsfeld auszeichnet.[3] Experten in diesem Sinne treten beispielsweise in Gerichtsverfahren oder als Berater in verschiedenen gesellschaftlichen Zusammenhängen in Erscheinung.

Dieses einseitige, idealistische Bild des Experten, das sich weitgehend an dem Selbstverständnis der anglo-amerikanischen *professions*, der freien Berufe, orientiert, ist auch in der neueren soziologischen Literatur in Kritik geraten. Dabei wurde unter anderem die Vielzahl von nicht-professionalisierten Experten herausgestrichen, die zwar über ein entsprechendes gesellschaftliches Ansehen, aber nicht über einen formalen Berufsstatus verfügen.[4] Der folgende Beitrag nimmt demgegenüber einen anderen Eckpunkt des heutigen Expertenbildes in den Blick: Die Vorstellung

---

1 Vgl. mit weiteren Angaben: Stehr, Nico: Arbeit, Eigentum und Wissen. Zur Theorie von Wissensgesellschaften. Frankfurt/M. 1994, S. 350-419.

2 Zum Konzept der Wissensgeschichte vgl. Vogel, Jakob: Von der Wissenschafts- zur Wissensgeschichte. Zur Historisierung der Wissensgesellschaft. Ein Debattenbeitrag. Erscheint in: Geschichte und Gesellschaft voraus. 2004.

3 Vgl. Haskell, Thomas L. (Hrsg.): The Authority of Experts. Bloomington 1984; Stehr 1994, S. 368-372 (wie Anm. 1).

4 So z.B. Stehr 1994, S. 375-381 (wie Anm. 1).

der „Unabhängigkeit" der Expertise, die sich aus ihrem „wissenschaftlichen" Charakter ergebe. Ein solches Bild des Experten schließt eine Finanzierung der Beratung nicht aus, auch nicht – wie etwa die Beispiele der verschiedenen „Bundesämter" als Experteninstitutionen (Umweltbundesamt, Bundesamt für Strahlenschutz etc.) oder andere technische Überwachungsinstitute zeigen – die Stellung als fest vom Staat angestellter Beamter. Eine Verquickung einer derartigen Expertenrolle mit einer wirtschaftlichen Leitungsfunktion, selbst im Rahmen eines staatlichen Unternehmens, scheint in einem solchen Modell jedoch undenkbar.

Wie im Folgenden gezeigt werden soll, ist dieses Bild des „interessenlosen" Expertentums jedoch selbst ein Produkt der Geschichte, da um 1800 beide Tätigkeiten noch in keiner Weise als Widerspruch betrachtet wurden. Tatsächlich galten die wissenschaftlich gebildeten Experten der staatlichen Verwaltung um die Wende vom 18. zum 19. Jahrhundert sogar in besonderer Weise auch in der Wirtschaft als Garanten für den uneigennützigen Gebrauch des Spezialwissens für das „allgemeine Wohl". Daher beschränkte sich ihr Expertenwissen nach ihrem Selbstverständnis und der allgemeinen Anschauung nicht allein auf die Naturwissenschaften oder die Technik, sondern auf ein breites Feld von Praktiken, die durchaus weit in den ökonomischen Bereich etwa bei der Führung und Administration ganzer Wirtschaftszweige hineinreichen konnte.

Ken Alder hat in diesem Sinne in seiner bahnbrechenden Studie „Engineering the Revolution" gezeigt, dass das Bild einer ‚rein technischen' Expertise der französischen Artillerie-Offiziere um 1800 erst in der Folge der Französischen Revolution in Abkehr von einem früheren, deutlich politisch akzentuierten Selbstverständnis entstand.[5] Die Betonung der ‚unabhängigen' Expertenrolle des Artilleristen erscheint nach Alder in erster Linie als eine Selbstverteidigungsstrategie, mit der führende Vertreter dieser Gruppe ihre aktive Rolle in der Zeit der Jakobinerherrschaft und bei der so genannten „Terreur" zu überdecken versuchten. In dieser Perspektive ist es wichtig, am konkreten Beispiel zu fragen, unter welchen historischen Umständen sich das heutige Verständnis einer unabhängigen wissenschaftlich-technischen Expertise entwickelt hat und wie eventuell bis heute damit bestimmte Kategorien der Wahrnehmung, etwa bei der Abgrenzung von Praxisfeldern der einzelnen naturwissenschatlich-technischen Experten, transportiert werden. Damit nähert sich der Beitrag einem in der französischen Soziologie entwickelten Ansatz, der die verschiedenen Kategorien der „action publique", des „öffentlichen Handelns", in den

---

5   Alder, Ken: Engineering the Revolution. Arms and Enlightenment in France. 1763-1815. Princeton 1997.

Blick nimmt und ihre Entstehung aus den spezifischen historischen Konstellationen analysiert.[6]

Der folgende Beitrag behandelt diese Fragen am Beispiel der Bergbauexperten, die mit dem Zur-Verfügung-Stellen ihrer bergbautechnischen Expertise bekanntlich einen zentralen Anteil an der Industrialisierung des 19. Jahrhunderts besaßen.[7] Dabei wird in einem ersten Schritt die Entwicklung eines eigenen Berufsstandes von Bergbauexperten betrachtet, dessen gängiges Erscheinungsbild sich zunächst in Sachsen nach dem Siebenjährigen Krieg herausformte und dann auch um 1800 in Preußen und in anderen Ländern Europas weitgehend übernommen wurde. Ein besonderes Augenmerk soll dabei den Strategien gelten, durch die staatliche Bergbaubeamte im Rahmen der aufgeklärten Gesellschaft ihre wissenschaftliche Expertise konstruierten und rechtfertigten.[8] Im zweiten Teil soll dann die unterschiedliche Konstruktion des Expertenfeldes in einigen europäischen Staaten, namentlich Preußen, Österreich und Frankreich in der ersten Hälfte des 19. Jahrhundert analysiert werden, die alle drei langfristig mehr oder weniger ausgeprägt das sächsische Modell der Bergbauwissenschaften übernahmen. In Anlehnung an Pierre Bourdieus Theorie des „wissen-

---

6   Siehe u.a. Laborier, Pascale und Trom, Danny (Hrsg.): Historicités de l'action publique. Paris 2003.

7   Vgl. etwa Faulenbach, Bernd: Die Preußischen Bergassessoren im Ruhrbergbau. Unternehmermentalität zwischen Obrigkeitsstaat und Privatindustrie. Mentalitäten und Lebensverhältnisse. Beispiele aus der Sozialgeschichte der Neuzeit. Rudolf Vierhaus zum 60. Geburtstag. Göttingen 1982, S. 225-242; Westermann, Ekkehard (Hrsg.): Vom Bergbau- zum Industrierevier. Stuttgart 1995; Weber, Wolfhard: Innovation im frühindustriellen deutschen Berg- und Hüttenwesen Friedrich Anton von Heynitz. Göttingen 1976.

8   Außen vor bleibt hier aus Platzgründen die Art und Weise, wie die Bergbaubeamten ihren Expertenstatus quasi „nach unten", also gegenüber den in ihrem Bereich tätigen Handwerkern und anderen Experten des praktischen Wissens stabilisierten und damit die Definitionsmacht über ihr Feld auch in der Praxis behaupteten. Siehe hierzu u.a.: Vogel, Jakob: Kolonisateure im schwarzen Rock. Die Professionalisierung der Bergbeamten und das preußische und österreichische Salzwesen (1750-1850). In: Hellmuth, Thomas und Hiebl, Ewald (Hrsg.): Kulturgeschichte des Salzes. 18. bis 20. Jahrhundert. Wien 2001, S. 155-173. Zu dem hier benutzten, in der neueren Wissenschafts- und Technikgeschichte entwickelten konstruktivistischen Ansatz siehe unter anderem: Gijker, Wiebe und Law, John (Hrsg.): Shaping Technology/Building Society. Studies in Sociotechnical Change. Cambridge/Mass. 1997; Golinski, Jan: Making Natural Knowledge. Constructivism and the History of Science. Cambridge 1998; Latour, Bruno: The Pasteurization of France. Cambridge/Mass. 1988.

schaftlichen Feldes"[9] soll dabei gezeigt werden, dass trotz des ähnlichen Modells, das in allen Fällen der Durchsetzung des Bergbauexperten in den verschiedenen Staaten zugrunde lag, sich die konkrete Reichweite der wissenschaftlichen Expertise abhängig von den umgebenden politischen, sozialen und kulturellen Umständen deutlich voneinander unterscheiden konnte.

Der dritte Teil skizziert schließlich anhand des preußisch-deutschen Beispiels die Entwicklung, die bis in die 1860er Jahre zu einer deutlichen Verengung der Expertise der Bergbaubeamten auf ein im engeren Sinn naturwissenschaftlich-technisches Expertenwissen führte, das weitgehend dem heutigen Verständnis des Expertentums entspricht. Dabei gelang es, wie zu zeigen ist, den beteiligten Experten im Zusammenhang mit der staatlichen Kodifikation des Berggesetzes von 1865, nicht nur ihren eigenen Expertenstatus auf dem Gebiet des Bergbaus dauerhaft festschreiben zu lassen, sondern ihren Status auch darüber hinaus in wichtigen Bereichen der Sozial- und Wirtschaftsordnung der bergbaulichen Produktion noch weiter zu verfestigen.

1.   Die Herausbildung des Bergbauexperten: Sachsen am Ende des 18. Jahrhunderts

Als Ausgangspunkt für die Herausbildung der Bergbauexperten als eigenständigen Berufsstand kann man mit einigem Recht Sachsen nach dem Siebenjährigen Krieg bestimmen. Mit Gründung der Bergbauakademie in Freiberg im Jahr 1765 kam es hier zu einer wesentlichen Neuerung im Bereich des bergbautechnischen Wissens, nämlich der Einrichtung einer eigenständigen wissenschaftlichen Institution, an der die planmäßige Ausbildung von Bergbauexperten vorangetrieben wurde.

Die Professionalisierung der im Bergbau tätigen Spezialisten in der zweiten Hälfte des 18. Jahrhunderts liegt dabei im Zentrum einer Reihe von übergreifenden Entwicklungen, die allgemein die Epoche der „Sattelzeit" (Koselleck) zwischen Frühneuzeit und Moderne charakterisierten. Hierzu gehört etwa die Tendenz der Spätaufklärung, der praktischen Umsetzung wissenschaftlicher Erkenntnisse und Methoden und ihrer möglichst weiten Verbreitung in der Gesellschaft eine hohe Priorität zuzuschreiben.[10] Entsprechend weit reichten in jener Zeit die Versuche zur „Verwis-

---

9   Bourdieu, Pierre: Quelques propriétés des champs. In: Ders.: Questions de Sociologie. Paris 1980, S. 113-120.

10 Vierhaus, Rudolf (Hrsg.): Wissenschaften im Zeitalter der Aufklärung. Göttingen 1985. Siehe auch als exzellente Einzelstudie zur Bedeutung der aufgeklärten Wissenschaften für die gesellschaftliche Praxis im Bereich der Rüstungsproduktion am Ende des 18. Jahrhunderts: Alder 1997 (wie Anm. 5).

senschaftlichung" der gesellschaftlichen Praxis etwa im Bereich der sogenannten „Kriegskunst", des Bauwesens oder der vorindustriellen Produktion.[11] Der Aufstieg der Bergbeamten zunächst in Mitteleuropa war aber auch ein Bestandteil der Bemühungen des frühmodernen Staates, durch ein pflichtmäßiges Studium den Ausbildungsstandard seiner Beamten zu heben und zu vereinheitlichen.[12] Die Entstehung einer Kategorie von Bergbauspezialisten hing schließlich eng mit der kameralistischen Wirtschaftspolitik zusammen, die dem Ausbau des staatlich gelenkten Erzbergbaus eine besondere Rolle bei der Behebung der chronischen Geldnot des Staates zumaß.[13] Nicht von ungefähr fällt die Institutionalisierung der bergbauwissenschaftlichen Ausbildung seit Mitte der 1760er Jahre in die Phase eines gestiegenen Finanzbedarfs der mitteleuropäischen Länder, die akut durch die Kosten des Siebenjährigen Krieges und allgemein durch das Anwachsen der staatlichen Verwaltung belastet waren.[14]

---

11 Siehe u.a. Hohrath, Danie und, Gerteis, Klaus (Hrsg.): Die Kriegskunst im Lichte der Vernunft. Militär und Aufklärung im 18. Jahrhundert. Aufklärung Themenheft 11/2 (1999); Bolenz, Eckard: Baubeamte in Preußen, 1799-1930: Aufstieg und Niedergang einer technischen Elite. Technikgeschichte 60 (1993), 87-106; Achilles, Walter: Deutsche Agrargeschichte im Zeitalter der Reformen und der Industrialisierung. Stuttgart 1993; Müller, Hans-Heinrich: Akademie und Wirtschaft im 18. Jahrhundert. Agrarökonomische Preisaufgaben und Preisschriften der Preußischen Akademie der Wissenschaften (Versuch, Tendenzen und Überblick). Berlin (Ost) 1975; Treue, Wilhelm: Die Bedeutung der chemischen Wissenschaft für die chemische Industrie 1770-1870. In: Ders., Mauel, Kurt (Hrsg.): Naturwissenschaft, Technik und Wirtschaft im 19. Jahrhundert. Göttingen 1976, S. 665-693.

12 Vgl. u.a. Heindl, Waltraud: Gehorsame Rebellen. Bürokratie und Beamte in Österreich. 1780-1848. Wien 1990; Wunder, Bernd: Geschichte der Bürokratie in Deutschland. Frankfurt/M. 1986.

13 Tribe, Keith: Governing Economy. The Reformation of German Economic Discourse 1750-1840. Cambridge 1988; Walter, Rolf: Der Montanbereich in der Sicht von Nationalökonomen. In: Westermann 1976, S. 453-479 (wie Anm. 7); Tomaselli, Syvana: Political Economy. The Desire and Needs of Present and Future Generations. In: Fox, Christopher u.a. (Hrsg.): Inventing Human Science. Eighteenth Century Domains. Berkley 1984, S. 292-322.

14 Baumgärtel, Hans: Vom Bergbüchlein zur Bergakademie. Zur Entstehung der Bergbauwissenschaften zwischen 1500 und 1765/1770. Leipzig 1965; Vlachovic, Josef: Die Bergakademie in Banská Štiavnica (Schemnitz) im 18. Jahrhundert. In: Eric Amburger u.a. (Hrsg.): Wissenschaftspolitik in Mittel- und Osteuropa. Wissenschaftliche Gesellschaften, Akademien und Hochschulen im 18. und beginnenden 19. Jahrhundert. Essen 1987, S. 206-220; Vozár, Josef: Das Schemnitzer Bergwesen und die Gründung der Bergakademie. Der Anschnitt 50 (1998), 20-24.

Abgelöst wurde damit jener ältere Typ des Experten, den man als den „privaten Wissensunternehmer" bezeichnen könnte, also jene Expertenpersönlichkeiten, die wie schon Gottfried Wilhelm Leibniz (1646-1716) an der Wende zum 18. Jahrhundert, später auch die Angehörigen der Familie Beust oder noch zum Ende des 18. Jahrhunderts Johann Clais (1742-1809) in Bayern, ihre Expertise im Bergbau oder Salzwesen in erster Linie durch praktische Erfahrung, nicht aber durch ein formalisiertes wissenschaftliches Studium erworben hatten und sie gegen Bezahlung den Fürsten verschiedener Länder zur Verfügung stellten.[15] An die Stelle dieser „Wissensunternehmer" trat, durch die Institutionalisierung der bergbaukundlichen Studien an den wissenschaftlichen Einrichtungen des frühmodernen Staates, ein eigener Berufsstand: Der der Bergbauexperten mit einer eigenen „scientific community", welcher die wissenschaftlichen Standards der Expertise überwachte.

Jenseits des Beamtenmodells charakterisierte die in Freiberg ausgebildeten Spezialisten am Ende des 18. Jahrhunderts zunächst ihr breites Profil, sollten sie doch als staatliche Experten an der Schnittstelle von aufgeklärter Wissenschaft, industrieller bzw. quasi-industrieller Produktion und einer weitgehend staatlich gelenkten Wirtschaft arbeiten. Vor diesem Hintergrund legte die Ausbildung ihren Schwerpunkt auf der einen Seite auf die Mathematik und das naturwissenschaftliche Studium, insbesondere der Mineralogie, der Chemie und der Physik, legte auf der anderen Seite aber auch ein großes Gewicht auf die praktische Ausbildung in den klassischen Bergbaufächern, etwa der Probier- und Hüttenkunde, der Markscheide- und Lagerstättenkunde.[16] Dieses Konzept entsprach ganz dem aufgeklärten Gedanken einer wissenschaftlichen Durchdringung der Praxis, wie es auch in anderen Feldern, etwa in der sogenannten „Zivilbaukunde" (Architektur) oder bei der Ausbildung der Artillerieoffiziere, Anwendung fand.[17] Die wissenschaftlich gebildeten Bergbeamten verkörperten in diesem Sinne jenes aufgeklärt-kameralistische Beamtenmodell, das die Tätigkeit für den Staat als Teil einer öffentlichen „Policey" und

---

15 Zu Leibniz siehe u.a. Hirsch, Eike Christian: Der berühmte Herr Leibniz. Eine Biographie. München 2000; zu Familie Beust siehe die Angaben in: Karmin, Otto: La question du sel pendant la Révolution. Paris 1912, S. XVIIIf.; zu Clais: Schremmer, Eckart: Technischer Fortschritt an der Schwelle zur Industrialisierung. Ein innovativer Durchbruch mit Verfahrenstechnologie bei den alpenländischen Salinen. München 1980; Gamper-Schlund, Gertraud und Rudolf: Johann Sebastian Clais (1742-1809). Erneuerer der bayerischen Salinen. In: Treml; Manfred u.a. (Hrsg.): Salz Macht Geschichte. Bd. 2: Aufsätze, München 1995, S. 172-178.

16 Baumgärtel 1965, S.141-144 (wie Anm. 14).

17 Alder 1997 (wie Anm. 5); Bolenz, Baubeamte.

damit in erster Linie als Arbeit für das gesellschaftliche Gemeinwohl ansah.[18] Das kameralistische Wirtschaftsmodell, das den Staat als wichtigsten Garanten für eine sinnvolle Nutzung der natürlichen Ressourcen ansah, lag von Anfang an dem Freiberger Projekt zugrunde. Neben dem „Bergrecht", dessen Regelungen gemäß dem zeitgenössischen Verständnis der „policey" bis weit in die Sozial- und Eigentumsordnung der Bergbauregionen hineinreichten, gehörte daher auch die kameralistisch verstandene „Bergwirtschaft" zu den zentralen Themen in den akademischen Ausbildungsschriften der Zeit.[19] Ökonomisches wie auch juristisches Wissen war auf diese Weise ein quasi „natürlicher" Teil der bergbauwissenschaftlichen Expertise, in denen die angehenden Bergbeamten ausgebildet wurden.

Zudem betrachteten sich die in Freiberg ausgebildeten Experten als Teil einer aufgeklärten, wissenschaftlich gebildeten Elite, in der Adlige und Bürgerliche eng kooperierten – auch wenn im Kontext des spätabsolutistischen Staates um 1800 bei Beförderungen in der Regel die Adligen den Vorzug vor ihren bürgerlichen Kollegen erhielten. Diese besetzten zunächst eher die „wissenschaftlichen" Posten der Bergbauverwaltung, etwa die Professorenstellen an den Bergakademien und Lehreinrichtungen, und übernahmen erst im Laufe der Zeit die höheren Leitungsposten.[20] Namen bekannter Freiberger Studenten wie Alexander von Humboldt (1769-1859), Freiherr vom Stein (1757-1831) oder Georg Philipp Friedrich von Hardenberg (1772-1801), genannt Novalis, unterstreichen den raschen gesellschaftlichen Erfolg der Bergbauwissenschaften, die sich in gewisser Weise zu einer Modewissenschaft der Spätaufklärung entwickelte. Einer ihrer wichtigsten Vertreter war Abraham Gottlob Werner (1749-1817), der als Erfinder der sogenannten „Geognosie", der beschreibenden Untersuchung der Gebirge und ihrer Gesteinsarten, eine naturkundliche Geologie entwickelte, die sich einerseits an den Anforderungen der bergmännischen Praxis, andererseits aber auch an den kulturellen und sozialen Ansprüchen

---

18 Diese „policeywissenschaftliche" Ausrichtung der Bergbauwissenschaften wird etwa deutlich in: v. Trebra, Friedrich W. H.: Entwurf für Polizey am Harze. Clausthal 1793.

19 Peithner, Johann Thad. Anton: Erste Gründe der Bergwerkswissenschaften aus denen Physisch-Metallurgischen Vorlesungen. 2 Bde. Prag 1770; Ders.: Versuch über die natürliche und politische Geschichte der böhmischen und mährischen Bergwerke. Wien 1780; Poda, Nikolaus: Kurzgefaßte Beschreibung der, bey dem Bergbau zu Schemnitz in Nieder-Hungarn errichteten Maschinen. Prag 1771; Delius, Christoph Traugott: Anleitung zu der Bergbaukunst nach ihrer Theorie und Ausübung. Wien 1773.

20 Siehe hierzu demnächst ausführlicher: Vogel, Jakob: Carl J.B. Karsten und die preußische Bergbau-Verwaltung im 18. und 19. Jahrhundert. In: Walter, Hans-Henning (Hrsg.): C.J.B. Karsten (1782-1853) - Chemiker, Metallurge, Salinist und preußischer Bergbeamter. Hildesheim 2004.

der aufgeklärten Naturgeschichte des 18. Jahrhunderts orientierte.[21] Mit ihrer auf
äußerlichen Kriterien beruhenden Klassifikation der Mineralien und dem bewussten
Verzicht auf die chemische Analyse der Gesteine verlangte die Geognosie nur ein
Minimum an technischen Instrumenten und Fähigkeiten und war so geeignet, sich zu
einem wichtigen Element im wissenschaftlichen Habitus aufgeklärter Reisender zu
entwickeln.[22] Geognostische Studien und Mineralienkunde stellten daher auch um
die Wende zum 19. Jahrhundert beliebte Beschäftigungsfelder der naturkundlich
inspirierten Öffentlichkeit dar und fanden sogar Eingang in den Lehrkanon adliger
Bildungsanstalten wie der theresianischen Ritterakademie in Wien.[23] Werner wurde
damit zu einem der bekanntesten europäischen Wissenschaftler am Ende des 18.
Jahrhunderts, zu dem auch Johann Wolfgang von Goethe (1749-1832) als
Verantwortlicher für den Bergbau im Herzogtum Sachsen-Weimar enge Beziehungen unterhielt.[24] Das dichte Beziehungsgeflecht der aufgeklärten Geisteselite, das
sich auf diese Weise um die Freiberger Akademie knüpfte, war ein entscheidender
Faktor, um den sächsischen Ausbildungsgang um die Wende zum 19. Jahrhundert
als zentrales Modell der professionellen Expertise im Bergbau zu verbreiten.

---

21 Guntau, Martin: Abraham Gottlob Werner. Leipzig 1984. Zur Stellung Werners in der
   europäischen Geologie des 18. Jahrhunderts siehe auch: Gohau, Gabriel: Les science de la
   Terre aux XVIIe et XVIIe siècles. Naissance de la géologie. Paris 1990, S. 227-231;
   Oldroyd, David R.: Thinking about the Earth. A History of Ideas in Geology. London
   1996, S. 97-107. Zur Rolle der Naturgeschichte in den aufgeklärten Wissenschaften siehe
   u.a. Sloan, Phillip: The Gaze of Natural History. In: Fox, Christopher u.a. (Hrsg.):
   Inventing Human Science. Eighteenth Century Domains. Berkley 1984, S. 112-151;
   Jardine, Nicholas u.a. (Hrsg.): Cultures of Natural History. Cambridge 1996; Reill, Peter
   Hanns: Between Mechanism and Hermeticism: Nature and Science in the Late
   Enlightenment. In: Vierhaus, Rudolf (Hrsg.): Frühe Neuzeit - Frühe Moderne?
   Forschungen zur Vielschichtigkeit von Übergangsprozessen. Göttingen 1992, S. 393-421.

22 Besonders aufschlussreich ist in dieser Beziehung die große Bedeutung der Geognosie
   unter den naturwissenschaftlichen Studien, die Johann Wolfgang von Goethe auf seinen
   Reisen unternahm. Vgl. Krätz, Otto: Goethe und die Naturwissenschaften. München
   1992.

23 Rudwick, Minerals; Schultes, I.A., Über Reisen im Vaterlande zur Aufnahme der
   vaterländischen Naturgeschichte. An die Adeliche Jugend. Wien 1799.

24 Krätz 1992 (wie Anm. 22); Salomon, Johanna: Die Sozietät für die gesamte Mineralogie
   zu Jena unter Goethe und Johann Georg Lenz. Köln 1990; Hölder, Helmut: Goethe als
   Geologe. Zeitschrift der Deutschen Geologischen Gesellschaft 136 (1985), S. 1-21.

2. Die Konstituierung des Expertenfeldes: Preußen, Österreich und Frankreich im Vergleich

Wie aber fand dieses Konzept des Experten, das als Erfolgsmodell mehr oder weniger in alle wichtigen bergbautreibenden Staaten Kontinentaleuropas exportiert wurde,[25] seine Umsetzung in den unterschiedlichen staatlichen Kontexten?

Preußen

Den vielleicht deutlichsten Fall einer Orientierung am sächsischen Vorbild zeigt das Beispiel Preußens. Schon bald nach dem Siebenjährigen Krieg, in dem die wichtigen schlesischen Bergbaugebiete an Preußen gefallen waren, veranlaßte Friedrich II. (1712-1786) 1777die Ernennung eines der Gründer der Freiberger Akademie, Friedrich Anton von Heynitz (1725-1802), zum preußischen Staatsminister. Heynitz führte das Freiberger Modell als Grundlage der Ausbildung der preußischen Bergbeamten ein, zu deren Zweck 1779 das bestehende „Bergwerks-Institut" in Berlin reorganisiert wurde.[26] Trotz dieses Personentransfers kann jedoch nicht von einer einfachen „Übernahme" des sächsischen Modells in Preußen gesprochen werden. Vielmehr zeigen sich beim Transfer des sächsischen Modells in den preußischen Kontext jene komplexen Übersetzungs- und Anpassungsprozesse, die letztlich für jeden Wissens- und Institutionentransfer charakteristisch sind.[27] Beispielsweise mußte aus naheliegenden Gründen bei der praktischen Ausgestaltung des Berliner Lehrbetriebs auf eine ganze Reihe in Freiberg vorhandener Lehreinrichtungen und

---

25 Interessanterweise entwickelte sich in Großbritannien die Bergbauwissenschaft nicht in gleicher Weise wie auf dem Kontinent, obwohl durchaus enge Kontakte zwischen den einflussreichen Vertreter der kontinentaleuropäischen Bergbaukunde und einzelnen Wissenschaftlern und Bergwerksunternehmern bestanden. Verantwortlich war hierfür sicherlich in erster Linie die grundsätzlich andere Struktur der Wirtschaftsverhältnisse, die sich nicht im gleichen Maße wie auf dem Kontinent durch den zunehmenden Eingriff des Staates im Bergbau kennzeichnete.

26 Weber 1976, S. 213-218 (wie Anm. 7).

27 Espagne, Michel und Werner, Michael: Deutsch-französischer Kulturtransfer als Forschungsgegenstand. Eine Problemskizze. In: Dies. (Hrsg.): Transferts. Les relations interculturelles dans L´espace franco-allemand (XVIIIe et XIX siècle). Paris 1988, S. 12-34; François, Etienne u.a.: Einleitung. In: Dies. (Hrsg.): Marianne - Germania. Deutschfranzösischer Kulturtransfer im europäischen Kontext. Bd. 1. Leipzig 1998, S. 13-29; Paulmann, Johannes: Internationaler Vergleich und interkultureller Transfer. Zwei Forschungsansätze zur europäischen Geschichte des 18. bis 20. Jahrhunderts. Historische Zeitschrift 267 (1998), 649-685.

Laboratorien verzichten werden, so dass der praktische Unterricht nicht das gleiche Ausmaß wie an der sächsischen Akademie annehmen konnte.[28] Für die Spitzen der preußischen Bergbauverwaltung blieb daher bis ins frühe 19. Jahrhundert weiterhin Freiberg der zentrale wissenschaftliche Bezugspunkt, bis in der Folge der napoleonischen Kriege der enge Austausch zwischen beiden Staaten auch im Bereich des Bergbaus gekappt wurde. Dies führte zu einer erneuten Reorganisation des preußischen Ausbildungswesens, in dem nun die regionalen Bezüge und die Rolle der klassischen Universitätsausbildung an den Hochschulen Halle und Breslau deutlich gestärkt wurden.

Gleichzeitig konnte in Preußen erst allmählich jenes umfassende Bild des Bergbaus durchgesetzt werden, das bereits seit längerem im sächsischen Staat ausgeübt wurde und neben dem klassischen Erzbergbau auch die finanziell außerordentlich einträgliche Salzherstellung mit einschloß. Aufgrund der Personalunion des Königreichs mit Polen besaßen sächsische Beamte auch die Aufsicht über den in Mitteleuropa zu jener Zeit einzigartigen Salzbergbau in Wieliczka bei Krakau, so dass die Kompetenz über technische Fragen der Salzproduktion bereits Mitte des 18. Jahrhunderts zum Wissen sächsischer Bergbeamter gehörte.[29] In Preußen bildete das Salzwesen jedoch im Gegensatz hierzu einen seit Jahrhunderten unabhängigen Wirtschaftsbereich, der von einer eigenen Verwaltung, der kameralistischen General-Salzadministration, geleitet wurde. Auch technologisch verfügte es über keinerlei Beziehungen zum Bergbau, da bei der Herstellung des Salzes in Preußen wie auch sonst in Mitteleuropa (mit Ausnahme der Alpenregion) ausschließlich natürliche bzw. aus Brunnen gewonnene Salzsole Verwendung fand.[30]

Entsprechend bedeutsam ist daher die Frage, wie es vor diesem Hintergrund den Bergbauexperten gelingen konnte, innerhalb der preußischen Regierung wie auch

---

28 Krusch, Paul: Die Geschichte der Bergakademie zu Berlin von ihrer Gründung im Jahr 1770 bis zur Neueinrichtung im Jahr 1860. Berlin 1904. Anders als in der Literatur häufig angegeben besaß das Berliner Bildungsanstalt daher auch nicht den Status einer vollwertigen Bergakademie.

29 Walczy, Lukasz: Die Krakauer Salinen Wieliczka und Bochnia in der Anfangsperiode der österreichischen Verwaltung (1772-1809). In: Hiebl 2001, S. 195-201, S. 196 (wie Anm. 8). Siehe auch am Beispiel des sächsischen Bergrats Borlachs: Bischof, Das Salzwerk zu Dürrenberg. Seit dessen Entstehung bis zum Schluß des Jahres 1826. Berlin 1829, S. 4-28. Allerdings bildeten Salz- und Bergwesen auch in Sachsen um 1790 noch keine formelle administrative Einheit, da mit Leopold von Beust noch ein Angehöriger einer bekannten Salinistendynastie als Generaldirektor der Salinen in Polen und Sachsen fungierte (Karmin, Question, S. XXI).

30 Vogel 2001 (wie Anm. 8).

darüber hinaus gegenüber der breiteren Öffentlichkeit die eigene Kompetenz für die Salzherstellung zu behaupten und durchzusetzen, obwohl sie in ihrer Wissenskultur ganz von den Traditionen und Bedingungen des sächsischen Erzbergbaus geprägt waren. Eine wichtige Rolle spielte in der Argumentation der umfassende Begriff vom „Mineralreich", dessen Ausbeutung als das ureigenste Feld eines wissenschaftlich betriebenen Bergbaus dargestellt wurde. In einer programmatischen Schrift, die Friedrich von Heynitz mit dem Titel „Abhandlung über die Producte des Mineralreichs in den königlich Preußischen Staaten und über die Mittel, diesen Zweig des Staats-Haushaltes immer mehr emporzubringen" 1786 für Friedrich II. verfasste, betonte der Autor daher, dass das Salzwesen einen „Haupttheil" des „gesamten Mineralreichs" ausmache.[31] Daher müsse es – so Heynitz – bei den Versuchen zur Hebung des Bergbaus in den preußischen Staaten notwendigerweise mitberücksichtigt werden. Heynitz setzte sich damit von der engeren „Bergbau"-Definition ab, die noch den frühen bergbaukundlichen Lehrbüchern zugrunde lag und sich ganz an den Bedingungen des mitteleuropäischen Erzbergbaus orientiert hatte.[32] Der umfassende Mineralienbegriff, der am Ende des 18. Jahrhunderts zum Grundkonsens der „scientific community" der europäischen Bergbauwissenschaftler gehörte,[33] besaß aber auch über den Kreis der Fachwissenschaftler hinaus eine hohe Plausibilität, da über die Mineralienkunde bergbauwissenschaftliches Wissen weitgehend Eingang in die naturwissenschaftliche Populärkultur des späten 18. Jahrhunderts gefunden hatte.[34] Die Entscheidung Friedrichs II., Heynitz in Personalunion 1786 auch die Leitung des staatlichen Salzwesens zu übertragen, entsprang somit weniger einer persönlichen Zuneigung oder politischen Erwägungen, sondern rechtfertigte sich vor allem in den Augen einer breiteren aufgeklärten Öffentlichkeit, welche in diesem Bereich weitgehend die gleiche Wissenskultur teilte.

---

31 Heynitz, Friedrich A. von: Abhandlung über die Producte des Mineralreichs in den königlich Preußischen Staaten und über die Mittel, diesen Zweig des Staats-Haushaltes immer mehr emporzubringen. Berlin 1786, S. 90.

32 Siehe etwa die Schrift von Delius 1773 (wie Anm. 19).

33 Vgl. etwa die Artikel in der Zeitschrift der internationalen „Societät für Bergbaukunde": Born, Ignaz von und Trebra, Friedrich W. H. von (Hrsg.): Bergbaukunde. 2 Bde. Leipzig 1789/1790. Zur Bedeutung der Societät für die Etablierung eines europäischen Netzwerks der Bergbauwissenschaftler siehe auch: Vogel, Jakob: Transfer und nationale Abgrenzung. Ansätze zu einer deutsch-französischen Beziehungsgeschichte im Bergbau des 18. und frühen 19. Jahrhunderts. In: Schöttler, Peter u.a. (Hrsg.): Plurales Deutschland - Allemagne Plurielle. Festschrift für Etienne François - Mélanges Etienne François. Göttingen 1999, S. 225-236, 230ff.

34 Rudwick 1799 (wie Anm. 23).

Trotzdem gelang es den Bergbauwissenschaftlern erst im Jahr 1805, dauerhaft die Oberaufsicht über die Salzadministration zu erringen, da sie sich bis zu diesem Zeitpunkt mit dem Widerstand einer stark kameralistisch geprägten Beamtenschaft und der ausgeprägten Eigenidentität des Salzwesens konfrontiert sahen. Dies unterstreicht nicht zuletzt der noch 1804 unternommene Versuch des zuständigen Finanzministers, eine eigene weiße Uniform für die Bediensteten des Salzdepartements durch den König genehmigen zu lassen, die auch farblich den Gegensatz zu den schwarzen Uniformen der preußischen Bergbeamten demonstriert hätte.[35] Die Inkorporation des finanziell äußerst einträglichen Salzwesens in den Geschäftsbereich der Bergbauverwaltung war insofern kein Akt einer irgendwie gearteten wissenschaftlich-technologischen Notwendigkeit, sondern gelang vielmehr nur vor dem Hintergrund des breiten Einflusses, den sich die Bergbaubeamten bis zu diesem Zeitpunkt im preußischen Staats- und Verwaltungsapparat erobert hatten. Es ist daher auch nicht verwunderlich, dass der für die Aufteilung verantwortliche königliche Minister, Freiherr vom Stein, als Absolvent der Freiberger Bergakademie und Schüler von Heynitz seine Ausbildung erhalten und erste administrative Erfahrungen in der preußischen Bergbauverwaltung gemacht hatte.[36]

Diese Entscheidung war jedoch aus der Sicht der Bergbauexperten durchaus mit Opfern verbunden, denn die Auflösung der alten kameralistischen Einheit des Salzwesens brachte auch eine verstärkte Technisierung der Beamtenschaft mit sich, da die Kontrolle über den Salzhandel und die Salzsteuern an die staatliche Finanzverwaltung abgegeben werden musste. Damit ging zwar der breite kameralistisch-staatswirtschaftliche Zusammenhang verloren, der das bergbauwissenschaftliche Schrifttum der zweiten Hälfte des 18. Jahrhunderts gekennzeichnet hatte und etwa in Friedrich Wilhelm Heinrich v. Trebras „Entwurf für eine Policey am Harz" erscheint.[37] Aufgrund der engmaschigen Kontrolle, welche die Bergbeamten weiterhin über die verschiedenen Betriebe ihres Kompetenzbereiches und damit über Bergwerke ebenso wie über Salinen und andere eher chemische Fabrikationsbetriebe ausübten, blieb aber auch weiterhin das betriebswirtschaftliche Wissen und die Aufsicht über die unterstellten Arbeiter ein wesentlicher Teil des Kompetenzfeldes der preußischen Bergbaubeamten.

---

35 Geheimes Staatsarchiv PK Berlin, II. HA: Generaldir., Abt. 32 Salzdepartement, Tit. I, Nr. 33.

36 Welskopp, Thomas: Sattelzeitgenosse. Freiherr Karl vom Stein zwischen Bergbauverwaltung und gesellschaftlicher Reform in Preußen, HZ 271 (2000), 347-372.

37 Trebra 1789/90 (wie Anm. 33).

Österreich

Vom preußischen Fall unterschied sich die Entwicklung in Österreich insofern, als hier bereits mit der 1770 gegründeten Bergakademie in Schemnitz ein alternatives Konzept der Bergbaukunde existierte.[38] Im Gegensatz zu Freiberg lag dabei der Akzent anfangs eher auf dem chemisch-technischen Wissen, das vor allem bei der Weiterverarbeitung des geförderten Gesteins im Erzbergbau benötigt wurde. Insofern blieb auch der Lehrstuhl für Bergbaukunde am Ende des 18. Jahrhunderts jahrzehntelang unbesetzt.[39] Wenig Interesse wurde entsprechend der Wernerschen „Geognosie" entgegengebracht, die erst in den 1830er Jahren als ein Teil der bergbauwissenschaftlichen Ausbildung anerkannt wurde.[40] Bis zur Mitte des 19. Jahrhunderts näherte man sich jedoch in Österreich weitgehend dem Freiberger Konzept der Bergbauwissenschaften an, was vor allem auf die Vermittlungstätigkeit des Erzherzogs Johann (1782-1859) und der von ihm betriebenen Gründung der montanistischen Lehranstalt am Grazer Johanneum zurückzuführen war, an der unter anderem der Freiberger Mineraloge und Werner-Schüler Carl Friedrich Christian Mohs (1773-1839) unterrichtete.[41] Die 1849 eröffnete Bergakademie in Leoben fand daher ganz unter dem Vorzeichen des sächsischen Modells statt, dessen typische Referenzen in den Festreden zur Eröffnung als zentrale Bezugspunkte der bergbauwissenschaftlichen Expertise herausgestellt wurden.[42]

---

38 Vlachovic, Bergakademie; Vozár, Schemnitzer Bergwesen; Kunnert, Heinrich: Bergbauwissenschaft und technische Neuerungen im 18. Jahrhundert. In: Mitterauer, Michael (Hrsg.): Österreichisches Montanwesen. Produktion, Verteilung, Sozialformen. München 1974, S. 181-198.

39 Baumgärtel 1965, S. 146 (wie Anm. 14).

40 Dies wird etwa deutlich in der Vorrede des posthum herausgegebenen, im Auftrag der k.k. Hofkammer in Münz- und Bergwesen verfaßten Büchleins Mohs, Friedrich: Die ersten Begriffe der Mineralogie und Geognosie für junge praktische Bergleute der k.k. österreichischen Staaten. Bd. 1. Wien 1842, S. III-XLVI.

41 Siehe u.a. Jontes, Günther: Erzherzog Johann von Österreich in seinen Beziehungen zum Bergbau. In: Pickl, Othmar (Hrsg.): Erzherzog Johann von Österreich. Sein Wirken in seiner Zeit. Festschrift zur 200. Wiederkehr seines Geburtstages. Graz 1982, S. 183-192; Karner, Stefan: Naturwissenschaftler und Techniker im Umfeld Erzherzog Johann. In: Klingenstein, Grete (Hrsg.): Erzherzog Johann von Österreich. Bd. 2: Beiträge zur Geschichte seiner Zeit. Stainz 1982, S. 231-245; Weiß, Alfred: Die Entwicklung des steirischen Bergbaus. In: ebenda, S. 307-320.

42 Einen wesentlicher Punkt war dabei stets die Referenz an Georgius Agricola, der von Werner und anderen Freiberger Bergbauwissenschaftlern im Gegensatz zu ihren Schemnitzer Kollegen als Gründungsfigur des „Deutschen Bergbaus" propagiert wurde.

Vor diesem Hintergrund blieb das Wirkungsfeld der österreichischen Bergbeamten anfangs stärker durch ein praktisch-technisches Wissen gekennzeichnet, das nur schwer seinen Platz neben anderen, auch praktischen Kompetenzen, erringen konnte. Dies zeigt sich nicht zuletzt an der vergleichsweise langsamen Eingliederung der österreichischen Salzherstellung in den Kompetenzbereich der Bergbeamten. Diese beruhte im alpenländischen Raum tatsächlich sogar teilweise auf einem bergmännischen Verfahren, da hier die zur Salzgewinnung versottene Sole durch die künstliche Einleitung von Wasser in das salzhaltige Gebirge gewonnen wurde.[43] Anders als in Preußen konnten die Bergbeamten im Alpenraum so an eine tatsächlich existierende technologische Verbindung zwischen Salinenwesen und Bergbau anknüpfen. Seit der Gründung der Schemnitzer Bergakademie fanden daher auch Absolventen des Instituts regelmäßig Anstellung im oberösterreichischen Salzwesen. Dennoch gelang es ihnen über lange Zeit nicht einmal, die Stellenbesetzung im bergtechnischen Bereich zu monopolisieren, da gewöhnlich verdienten Praktikern derartige Stellen übertragen wurden.[44] Erst im Laufe der ersten Hälfte des 19. Jahrhunderts setzte sich die Praxis durch, die Vergabe der technischen Beamtenstellen allgemein an das Studium der Bergbauwissenschaften zu knüpfen.[45]

Eine wesentliche Rolle für die relativ langsame Durchsetzung der professionellen Interessen der Bergbauwissenschaftler spielte aber auch das starke Gewicht der Juristen in der österreichischen Verwaltung, das sich aus der engen Verquickung der eher wirtschaftlich-technischen Aufgabenbereiche mit der allgemeinen politischen Verwaltung ergab.[46] Tatsächlich besaß im oberösterreichischen Salzkammergut bis zur Mitte des 19. Jahrhunderts das Salzoberamt als zentrale Verwaltungsbehörde noch ausgedehnte herrschaftliche Kompetenzen, die bis hinein in das Gerichtswesen

---

Vgl. Vogel, Jakob: Georgius Agricola und die deutsche Nation. Naturwissenschaft und Technik im nationalen Diskurs Deutschlands im 19. und 20. Jahrhundert. In: Jessen, Ralph und Vogel, Jakob (Hrsg.): Wissenschaft und Nation in der europäischen Geschichte. Frankfurt/M. 2002, S. 145-167. Siehe auch allgemein zur Bergakademie Leoben: Kunnert, Heinrich: Die Anfänge und die Entwicklung des montanistischen Studiums in Österreich bis zur Mitte des 19. Jahrhunderts. In: Österreichische Bildungs- und Schulgeschichte von der Aufklärung bis zum Liberalismus. Eisenstadt 1974, S. 55-70.

43 Zu den verschiedenen Verfahren bei der Solegewinnung siehe u.a.: Piasecki, Peter: Wie man Salz gewinnt. In: Salz - Salzburger Landesausstellung Hallein 1994. Salzburg 1994, S. 88-100.

44 Vogel 2001, S. 164f. (wie Anm. 8)

45 Schraml, Carl: Das oberösterreichische Salinenwesen. Bd. 3. Wien 1934, S. 29-40.

46 Ebenda.

reichten. Erst ihre allmähliche Beschneidung führte zu einem Übergewicht der Bergbeamten in der Gmundener Verwaltung, was sich 1832 in der Umbenennung der „Oberamtsräte" in „Bergräte" andeutete.[47] Die endgültige Eingliederung der oberösterreichischen Salinenverwaltung in ein umfassendes staatliches Bergwesen markierte erst 1848 die Unterstellung unter das neugegründete Ministerium für „Landeskultur und Bergwesen", die zeitgleich mit der Ausgliederung der letzten politisch-juristischen Kompetenzen aus dem Salzoberamt erfolgte.[48] Auch wenn sich in Österreich damit die Dominanz der wissenschaftlich gebildeten Bergbeamten erst vergleichsweise spät durchsetzen konnte, gelang es doch langfristig, ebenso wie schon in Preußen, das bergbauwissenschaftliche Konzept eines umfassenden, das Salzwesen einschließenden Bergbaus zu etablieren.

Frankreich

Anders als im österreichischen Fall bildete das sächsische Modell der Bergbaukunde auch in Frankreich von Anfang an das Vorbild für die Einrichtung des „Corps de Mines" am Ende des Ancien Régimes. Einen wesentlichen Anteil an der Entwicklung des um die Mitte des 18. Jahrhunderts im Vergleich zu den in Mitteleuropa herrschenden Maßstäben rückständigen französischen Bergbaus und Hüttenwesens besaßen nämlich vor allem sächsische Fachleute, wie etwa der 1777 zum Leiter der Gold- und Silbergruben von Allemont in der Dauphiné ernannte Johann Gottfried Schreiber (1746-1827).[49] Auch Friedrich Anton von Heynitz beteiligte sich am Transfer der in den erzgebirgischen Bergwerken geläufigen Technologie und unternahm, nachdem er den Dienst für den sächsischen König quittiert hatte, eine längere Reise nach Paris und in die französischen Bergwerke.[50] Umgekehrt zog es seit der Gründung des „Service des mines" im Jahr 1772 die französischen Beamten regelmäßig nach Freiberg, um dort ihre Kenntnisse in den praktischen Bergbaufächern zu erweitern oder mineralogische Studien bei Abraham Gottlob Werner durchzuführen.

---

47 Ebenda, S. 12f.

48 Ebenda, S. 24f.

49 Barbian, Jan-Pieter: Deutsch-französische Beziehungen in der Wissenschaft und Technologie des 18. und frühen 19. Jahrhunderts. Das Beispiel der montanwissenschaftlichen Ausbildung. Technikgeschichte 56 (1989), 305-328; Lichtenbäumer, Hans-Günter: Die Ecole des Mines in Paris. Gründung und Entwicklung bis 1815. Der Anschnitt 40 (1988), 2-13; Thépot, André: Les ingénieurs des mines du XIXe siècle. Histoire d'un corps technique d'Etat. Bd. 1: 1810-1914. Paris 1998, S. 21-34 ; Vogel, Transfer 1999 (wie Anm. 33).

50 Weber 1976 (wie Anm. 7), S. 170-180.

Dieser rege Austausch mit den Wissenschaftlern der sächsischen Bergakademie hatte zur Folge, dass die bergbauwissenschaftlichen und mineralogischen Schriften am Ende des 18. Jahrhunderts einen großen Anteil der vom Deutschen ins Französische übersetzten Bücher ausmachten.[51] Der Unterricht in deutscher Sprache nahm entsprechend einen prominenten Platz im Kursprogramm der 1783 gegründeten Pariser „Ecole des Mines" ein, deren wissenschaftliches Konzept sich weitgehend an dem Freiberger Modell ausrichtete.[52]

Die französischen Bergbauspezialisten ähnelten den sächsischen Experten daher nicht nur in ihrer Ausbildung und ihrem starken Korpsgeist, sondern auch in ihrem Selbstverständnis als eine aufgeklärt-kameralistische Elite, die ihre Tätigkeit für den Staat in erster Linie als einen Dienst für das „gemeine Wohl" betrachtete. Die Umwälzungen, welche die Französische Revolution für den gesamten Behördenapparat und damit auch für den „Service des mines" mit sich brachte, bremste sie daher in keiner Weise in ihrem Engagement für eine verstärkte staatliche Aufsicht über die zuvor weitgehend in der Hand der großen Adelsfamilien befindlichen Bergbauunternehmen.[53] In Gegensatz zu Sachsen oder Preußen, wo der Zugriff des spätabsolutistischen Staates auf den Bergbau vergleichsweise weit fortgeschritten war, rieb sich die Aktion der französischen Bergbeamten jedoch an den verbreiteten physiokratischen Vorstellungen der Abgeordneten der revolutionären Nationalversammlung.[54] Tatsächlich betrachteten die Physiokraten, die Frankreich in erster Linie als eine landwirtschaftliche Nation begriffen, Bergwerke und Steinbrüche als einen im Vergleich zur Landwirtschaft relativ unproduktiven Teil des Volksvermögens.[55] Bei der entscheidenden Diskussion des Berggesetzes von 1791 wurde daher zwar grundsätzlich ein „nationales Eigentum" an den unterirdischen Mineralien festgestellt, gleichzeitig aber den Grundeigentümern ein Vorrang bei der Nutzung der Bodenschätze zugeschrieben.[56] Einer eher staatswirtschaftlichen Ausrichtung des Bergbaus, wie sie die Experten der sächsischen und preußischen Bergbauregionen um 1800 charakterisierte, war damit in Frankreich eine Absage erteilt. Praktisch bedeu-

51 Espagne, Werner: Deutsch-französischer Kulturtransfer, S. 20f.; Dies., Figures allemandes autour de l'Encyclopédie. Dix-huitième siècle 19 (1987), S. 263-281.

52 Barbian 1989, S. 311f. (wie Anm. 49)

53 Vogel, Transfer 1999, S. 228ff. (wie Anm. 33)

54 Thépot 1998, S. 26 (wie Anm. 49).

55 Wulersse, Georges: Le mouvement physiocratique en France (de 1756 à 1770). Bd. 1. Paris 1910, S. 277f.

56 Mücke, Manfred: Die Französische Revolution und das Bergrecht. Neue Bergbautechnik 20 (1990), 76ff.

tete dies, dass die französischen Bergbauspezialisten weit weniger über breite ökonomische und betriebswirtschaftliche Kompetenzen verfügen mussten, als ihre aufgrund des sogenannten Direktionsprinzips direkt in der Leitung der Bergbauunternehmen eingesetzten sächsischen und preußischen Kollegen. Insofern verstanden sie
sich auch in erster Linie als Angehörige einer wissenschaftlich-technischen Elite, die
vor allem die Konzessionierung der privaten Bergbaubetreiber und die technische
Kontrolle ihrer Betriebsanlagen überwachte.

Obwohl die französischen Bergbeamten unter Verweis auf die deutschen Vorbilder
im napoleonischen Berggesetz von 1810 einen deutlichen Kompetenzzuwachs erreichten, gelang es ihnen doch nicht, ihren Einfluß im gleichen Maße wie ihre mitteleuropäischen Kollegen über den Rahmen des klassischen Erzbergbaus in den
Bereich der chemischen Industrie hinaus ausdehnen. Zwar konnten sie eine ganze
Reihe von Industriezweigen unter ihre Kontrolle bringen, die wie die Verarbeitung
von salz- oder schwefelhaltigen Substanzen bisher nicht in ihren Kompetenzbereich
gehörten.[57] Verwehrt blieb ihnen aber beispielsweise der Zugriff auf die bedeutsame
Meersalz-Produktion. Vor dem Hintergrund der physiokratischen Leitbilder wurde
diese als eine landwirtschaftliche Tätigkeit klassifiziert, obwohl sie als ein „traite-
ment des substances salines"[58] theoretisch unter die Formulierung des Berggesetzes
fiel und zudem mehr und mehr in einem quasi-industriellen Rahmen stattfand.[59]

Gleichzeitig eröffnete sich den französischen Beamten aber ein breites Einsatzfeld in
der technischen Überwachung der Dampfmaschinen, die bereits von der napoleonischen Gesetzgebung ihrem Kompetenzbereich zugeordnet wurden.[60] Dies erschien
insofern naheliegend, da die ersten Dampfmaschinen auf dem europäischen Festland
im Rahmen des Bergbaus eingesetzt wurden und ihre Erfinder, Matthew Boulton
und James Watt über gute Kontakte in der „scientific community" der Bergbauexperten verfügten.[61] Im Verlauf der Industrialisierung des 19. Jahrhunderts wuchs
bekanntermaßen der Einsatz der Dampfmaschinen in den verschiedenen Industriezweigen rapide an, was automatisch auch den Einsatzbereich für die Ingenieure des

---

57 Thépot 1998, S. 33 (wie Anm. 49).

58 Ebenda.

59 Daumalin, Xavier: Du sel au pétrole. L'industrie chimique de Marseille-Berre au XIXe
    siècle. Marseille 2003.

60 Thépot 1998, S. 185-201 (wie Anm. 49.

61 Vgl. die Mitgliederlisten der internationalen „Societät der Bergbaukunde" in: Fettweis,
    Günter B. und Hamann, Günther (Hrsg.): Über Ignaz von Born und die Societät der
    Bergbaukunde. Wien 1989, S. 125. Vgl. auch: Molnár, Lalszló und Weiß, Anton: Ignaz
    Edler von Born und die Societät der Bergbaukunde 1786. Wien 1986.

„corps des mines" in der Wirtschaft Frankreichs ausweitete. Ab 1846 kam mit der technischen Kontrolle des Eisenbahnwesens darüber hinaus noch ein weiteres neues Tätigkeitsfeld hinzu, das im Laufe der Zeit immer mehr an Bedeutung für den Dienstalltag der jungen Experten gewann.[62] Auch hier erschien die Entscheidung als eine quasi logische Folge der spezifischen Expertise der Bergbauspezialisten, die inzwischen weitgehend mit dem Gebrauch der Dampfkraft sowie mit der Verwendung von Kohle und Stahl verbunden wurde. Schon gegen Mitte des 19. Jahrhunderts unterschied sich auf diese Weise aber die technische Expertise und die Ausbildung eines französischen Bergbeamten radikal von dem typischen Einsatzbereich eines preußischen oder österreichischen Kollegen, die deutlich stärker auf die mehr oder weniger klassischen Felder und Techniken des Bergbaus festgelegt schienen.

3. Die Verengung der Expertise: Preußen bis 1865

Die Entwicklung des modernen Bildes einer eher kontrollierenden, von wirtschaftlichen und politischen Interessen unabhängigen Expertise der Bergbaubeamten lässt sich im preußisch-deutschen Fall nicht ohne den allgemeinen politischen Wandel in der zweiten Hälfte des 19. Jahrhunderts verstehen. Tatsächlich hatte es im Laufe des 19. Jahrhunderts aus naheliegenden Gründen immer wieder Konflikte um die staatswirtschaftliche Ordnung des preußischen Bergbaus und das so genannte Direktionsprinzip gegeben, nachdem die staatlichen Beamten weitgehende Eingriffsrechte in die Unternehmensführung besaßen.[63] Grundsätzlich musste diese Regelung den Interessen der privaten Bergbaubetreibenden nicht widersprechen, da diese zwar auf diese Weise weniger eigene Verantwortung für den Betriebsalltag übernahmen, dafür aber eher in der Form von Rentiers über eine relativ stabile Einkommensbasis verfügten. Solange der Absatz der produzierten Stoffe durch Steuern, Abgaben oder feste Lieferverträge weitgehend reglementiert war, konnte eine derartige Regelung aus ihrer Position relativ komfortabel erscheinen.

Mit der zunehmenden Öffnung des innerdeutschen Marktes und der Verringerung der Zollschranken, durch die rasche Entwicklung der Eisenbahnen und das Aufkommen einer zunehmenden dynamischeren Schicht von im Bergbau tätigen Unternehmern wurde eine solche Haltung jedoch immer problematischer. Die lauter wer-

---

62 Thépot 1998, S. 370-392 (wie Anm. 49).

63 Brown, Peter C.: Legislation, the Consultation Process and the Reform of Mining Law. Their Significance for Company Form in Ruhr Coal Mining in the 19th Century. In: Westermann, Vom Bergbau- zum Industrierevier, S. 295-314; Jankowsky, Michael: Public Policy in Industrial Growth, The Case of the Ruhr Mining Region 1776-1865. New York 1977.

denden Forderungen nach einer Abkehr des Staates von der engen Aufsicht über die
Betriebe des Bergbaus konnten sich in Preußen jedoch erst Mitte der 1860er Jahre
durchsetzen, als auch innenpolitisch die Liberalen im Zuge der Bismarckschen Reformen immer mehr an Einfluß gewannen. Zudem bot sich mit dem erstarkenden
Ruhrbergbau sowie den neu erschlossenen Kalisalz-Bergwerken in Mitteldeutschland die Chance für eine liberale Neugestaltung der Eigentumsrechte im preußischen
Bergbau. Bei den Verhandlungen um die Ausformulierung des Berggesetzes von
1865, an denen die Beamten der preußischen Verwaltung maßgeblich beteiligt
waren, ging es insofern darum, einen Ausgleich zwischen den Interessen der neuen
Unternehmer und Finanziers im Ruhrgebiet und in Mitteldeutschland auf der einen
Seite und jenen privaten Besitzern von Bergbauunternehmen auf der anderen Seite
zu finden, die wie etwa die schlesischen „Schlotbarone" auf ihre alten Rechte des
Grundeigentümerbergbaus pochten. [64]

Das Ergebnis der Verhandlungen war ein Kompromiss, der alle Seiten weitgehend
zufrieden stellte, weil er mit dem neuen Gesetz einerseits eine moderne, liberale
Eigentumsordnung für die neuen Unternehmen im Ruhr- und Kalibergbau schuf,
andererseits aber die bestehenden Regelungen in den alten Bergbauregionen weitgehend unangetastet ließ. Für die staatlichen Beamten hatte das Berggesetz jedoch
eine deutliche Einschränkung der umfangreichen Kompetenzen zur Folge, die sich
bislang aus dem Direktionsprinzip im Bergbau für ihre Arbeit ergeben hatten: Die
staatliche Bergbauverwaltung wurde zurückgestuft auf eine Überwachungsbehörde,
die sich in erster Linie mit der Konzessionierung von neuen Unternehmen sowie der
technischen Überwachung der bestehenden Bergwerke beschäftigte. Damit näherten
sich die preußischen Bergbehörden jenem Expertenbild an, das in Frankreich bereits
durch die napoleonische Gesetzgebung eingeführt worden war: Die Vorstellung vom
Bergbeamten als einer von Privatinteressen unabhängigen technischen Elite, die
lediglich über die korrekte Abwicklung der technischen Verfahren und über die
allgemeinen Regelungen des Marktes wachte.

Trotz des vermeintlichen Machtverlustes, der sich aus dieser Regelung ergab,
bedeute das Gesetz dennoch keinen völligen Verlust des Einflusses, den sich die
akademischen Beamten in diesem Feld seit Ende des 18. Jahrhunderts erobert
hatten. Die Kodifikation des „Berggesetzes" schrieb nämlich tatsächlich eine Reihe
von Sonderregelungen fest, welche die Eigenständigkeit und rechtliche Besonderheit
des Bergbaus weiterhin sicherstellten. Zwar hatte es in den Beratungen der Kom-

---

64 Vgl. hierzu sowie zum Folgenden: Vogel, Jakob: Moderner Traditionalismus. Mythos und
     Realität des Bergwerkseigentums im preußisch-deutschen Bergrecht des 19. Jahrhunderts.
     In: Siegrist, Hannes, Sugarman, David (Hrsg.): Eigentum im internationalen Vergleich
     (18.-20. Jahrhundert). Göttingen 1999, S. 185-205.

mission des Preußischen Abgeordnetenhauses durchaus Stimmen gegeben, die eine vollständige Gleichstellung der Bergbauunternehmen mit anderen Industriebetrieben forderten, da sie sich von diesen letztlich weder in ihrer Gefährlichkeit noch in ihrer technischen Ausrichtung grundlegend unterschieden.[65] Eine weitgehende Angleichung der Regelungen im Bergbau an die gesetzliche Basis der übrigen Industrieunternehmen hätte jedoch die breite Expertise der Bergbeamten entwertet, so dass es kein Wunder ist, das diese in den Debatten um das Gesetz stets auf die traditionellen Eigentümlichkeiten des Bergbaus in Deutschland pochten. Seine Besonderheiten, so die Propagandisten des „deutschen Bergbaus", lägen nicht nur in den technischen Verfahren oder den eigentumsrechtlichen Regelungen der Bergbauwirtschaft, sondern zeigten sich auch in seiner traditionellen Sozialordnung, die auf einem besonderen arbeitsrechtlichen Verhältnis zwischen Unternehmer und „Bergmann" beruhe.[66] Diese Position war nicht zuletzt in der juristischen Literatur des 19. Jahrhunderts stark verankert. Zudem erwies sie sich als anschlussfähig für unterschiedlichste Deutungen der verschiedenen Interessengruppen, so dass die Idee einer radikalen Gleichstellung des Bergbaus im politischen Prozess letztlich keine größere Rolle spielte.

Der Rekurs auf den verbreiteten Mythos vom „deutschen Bergbau" bot den argumentativen Boden für die Ausformulierung einer ganzen Reihe von Sonderregelungen für die Bergbauwirtschaft im Gesetz von 1865. So kam es beispielsweise zur Einführung der spezifischen Unternehmensform der „bergrechtlichen Gewerkschaft", die für die privaten Bergbaubetreiber gegenüber dem im Handelsgesetzbuch von 1862 kodifizierten Recht der Aktiengesellschaften einige nicht zu unterschätzende Vorteile einrichtete, etwa den Verzicht auf die Publikationspflicht für die Bilanzen oder auch die Regelung, nach dem für die Gründung von Bergbauunternehmen kein festes Grundkapital erforderlich sei.[67] Diese und andere Sonderbestimmungen etwa im Bereich der Arbeitssicherheit oder bei der sozialen Absicherung der Bergleute bestätigten letztlich die am Freiberger Modell geschulten Bergbeamten in ihrem umfassenden Spezialistenstatus, da sie mit ihrem Wissen weiterhin als die entscheidenden Experten für alle Bereiche des „Bergbaus" einschließlich der Weiterverarbeitung von Erz, Kohle oder auch Salz galten. Trotz der sich durch die Liberalisierung des Bergbaus verändernden Rahmenbedingungen konnten die im Staatsdienst ausgebildeten Bergbeamten daher ihr Expertenwissen ohne größere Probleme auch in den privaten Bergbauunternehmen zum Einsatz bringen. Es ist

---

65 Verhandlungen des Preußischen Hauses der Abgeordneten. 8. Legislaturperiode. 2. Session. Stenographische Berichte - Anlagen. Bd. 7. Berlin 1865, S. 1213.

66 Vogel, Traditionalismus 1999, S. 193-197 (wie Anm. 64).

67 Ebenda, S. 198.

insofern kein Wunder, dass preußische Bergassessoren am Ende des 19. Jahrhunderts zentrale Führungspositionen in den privaten Bergwerksunternehmen der westfälischen Bergbaugebiete einnahmen: sie hatten nur auf die Seite der Privatwirtschaft gewechselt, behielten aber ihren Expertenstatus ebenso wie ihr professionelles Selbstverständnis als eine in erster Linie dem wissenschaftlichen Bergbau verbundene gesellschaftliche Elite.[68]

4. Fazit

Der kurze Überblick über die Entwicklung der bergbauwissenschaftlichen Expertise in vier europäischen Staaten offenbart die Historizität des Expertenbildes vom beamteten Bergbauspezialisten, der sich von den Wissensunternehmern der Frühneuzeit deutlich durch sein klar umrissenes wissenschaftliches Konzept, sein professionelles Berufsbild mit dem entsprechenden elitären Habitus sowie die Berufung auf eine breite europäische *scientific community* unterschied. Darüber hinaus unterstreicht der Vergleich aber auch, wie stark die Konstruktion des jeweiligen „Expertenfeldes" von den spezifischen politischen, sozialen, wirtschaftlichen und kulturellen Kontexten abhing, in denen der Aufstieg der akademisch gebildeten Bergbauspezialisten am Ende des 18. und zu Beginn des 19. Jahrhunderts stattfand. Obgleich mit dem in Freiberg entwickelten Konzept der Bergbauwissenschaften ein weitgehend einheitliches Grundmodell des Bergbauexperten in Sachsen, Preußen, Österreich und Frankreich zur Anwendung kam, unterschieden sich doch die Rahmenbedingungen in den verschiedenen Ländern so deutlich, dass nicht von einer einfachen „Durchsetzung" des ursprünglichen Modells gesprochen werden kann. Vielmehr zeigen sich die für jeden Transferprozess typischen Anpassungs- und Übersetzungserscheinungen, die am Ende zu jeweils spezifischen Ausformungen der bergbauwissenschaftlichen Expertise führten. Im Sinne der „Pfadabhängigkeit" konnten auch einzelne, zunächst „naheliegend" erscheinende Entscheidungen auf lange Sicht weitreichende Folgen besitzen.

Entgegen der ausdrücklichen Forderungen der beteiligten Beamten entwickelte sich auf diese Weise im Fall Frankreichs schon vergleichsweise früh ein den heutigen Vorstellungen nahestehendes Bild des „technischen Experten", während in Preußen und Österreich die bergbauwissenschaftliche Expertise noch lange Zeit stark von den staatswirtschaftlichen Anschauungen des Kameralismus geprägt blieb. Dennoch blieben auch die französischen Beamten in gleicher Weise dem Traum einer staats-

---

68 Faulenbach 1982 (wie Anm. 7); Pierenkemper, Toni: Die westfälischen Schwerindustriellen 1852-1913. Soziale Struktur und unternehmerischer Erfolg. Göttingen 1979, S. 56-59.

wirtschaftlichen Ausrichtung ihrer Tätigkeit verhaftet, der von Anfang an das sächsische Modell der Bergbauexpertise charakterisiert hatte.[69]

Da aber letztlich kein fest umrissenes Einsatzgebiet „Bergbau" existierte, blieb die professionelle Expertise am Ende stets mit einer Vielzahl von möglichen Feldern verknüpft, die weit in die Unternehmensführung oder gar die juristische Verwaltungspraxis hineinreichen konnten. Doch selbst innerhalb des engeren technischen Feldes standen die Bergbauexperten stets in Konkurrenz mit anderen Wissensträgern über den Einfluss auf die jeweiligen Praxisfelder, so dass nie von einer völlig ‚stabilen' Expertise in diesem Feld gesprochen werden kann. Selbst die hier nicht eigens behandelten Träger des praktischen Wissens, Bergleute oder Arbeiter in den Betrieben des „Bergbaus", konnten daher grundsätzlich die Stellung der wissenschaftlichen Experten in Frage stellen.

Das Bild einer unabhängigen, ‚rein technischen' bzw. ‚wissenschaftlichen' Expertise, das unsere heutige Vorstellung des Experten in der so genannten Wissensgesellschaft dominiert, erscheint vor diesem Hintergrund nicht als die notwendige Vorbedingung der Expertenrolle, sondern vielmehr als das Ergebnis eines längeren historischen Prozesses. Dieser verlief in den einzelnen Ländern in unterschiedlicher Art und Weise und war etwa von der Entwicklung der politischen und sozialen Ordnung ebenso abhängig wie auch von der Kapazität der Akteure, den jeweiligen Entscheidungsträgern ihr eigenes Konzept eines umfassenden wissenschaftlichen Expertenwissens argumentativ zu „verkaufen". Das „Feld" des Bergbaus war damit in erster Linie ein gesellschaftliches Feld, in dem die Reichweite der eigenen Expertise von den Beteiligten beständig neu erstritten werden musste.

---

69 Thépot 1998, S. 339ff. (wie Anm. 49)

STEFAN BRAKENSIEK

Das Feld der Agrarreformen um 1800

Vom Misthaufen sollte eine Revolution ausgehen: Auf diese stark vereinfachte Formel lassen sich die Aktivitäten der Personen bringen, die an dieser Stelle vorgestellt werden. Seit dem frühen 18. Jahrhundert wuchs die europäische Bevölkerung in außerordentlichem Tempo. Dieses zunächst erwünschte Phänomen weckte alte Ängste vor dem Hunger, die sich in den zyklisch auftretenden Erntekrisen als nur allzu berechtigt erwiesen: Vor allem die gesamteuropäische Missernte von 1770 machte Epoche. So wichtig dieses Datum auch ist, es befeuerte lediglich einen bereits existierenden Diskurs, den schon die Zeitgenossen als ‚agraroman' karikierten.[1]

Worum ging es dabei? Brot und Brei bildeten die Grundlage der Ernährung in einer heute kaum noch vorstellbaren Einseitigkeit. Entsprechend war die seinerzeit übliche Landwirtschaft ausgerichtet auf den Anbau von Getreide. Man hielt Vieh in erster Linie nicht wegen des Fleisches oder wegen der Milch, sondern als Zugtiere und als wichtigste Lieferanten von Dünger. Die Ernährung des Viehs basierte auf den hochwertigen Futterpflanzen Wiesenheu und Hafer, die vor allem den Zugtieren zugute kamen, sowie auf der extensiven Weide in Wäldern, Heiden und Niederungen. Um dem Ackerboden Gelegenheit zu geben, sich vom Getreideanbau zu erholen, waren in die üblichen Anbauzyklen Jahre der Brache integriert. Auf den brachliegenden Feldern keimten Unkräuter und Gräser, die den Viehherden ebenfalls zur bescheidenen Weide dienten.[2]

Der säkulare Trend steigender Getreidepreise ließ es geraten erscheinen, die Ackerflächen auf Kosten der Weiden auszudehnen. Dieser Prozess stieß jedoch an systemimmanente Grenzen, weil Düngermangel drohte, wodurch die Bodenfruchtbarkeit litt. Für dieses Problem wurde im 18. Jahrhundert eine probate Lösung gefunden: Der feldmäßige Anbau von Futterpflanzen auf den bisherigen Brachflächen (vor allem Rotklee, Spörgel, Esparsette, Futterrüben und Hülsenfrüchte) stellte die Ernährung des Viehs auf eine völlig veränderte Grundlage. Die Tiere sollten nicht länger auf die Weide getrieben, sondern das ganze Jahr hindurch im Stall gehalten werden. Dadurch konnte eine bedeutend größere Menge an Mist gewonnen werden,

---

1   Vgl. Frauendorfer, Sigmund von: Ideengeschichte der Agrarwirtschaft und Agrarpolitik im deutschen Sprachgebiet. Bd. 1: Von den Anfängen bis zum Ersten Weltkrieg. 2. Aufl. München, Basel, Wien: Bayerischer Landwirtschaftverlag 1963, insb. S. 139-184; Achilles, Walter: Deutsche Agrargeschichte im Zeitalter der Reformen und der Industrialisierung. Stuttgart: Ulmer 1993, S. 91-101.

2   Abel, Wilhelm: Geschichte der deutschen Landwirtschaft vom frühen Mittelalter bis zum 19. Jahrhundert. 3. Aufl. Stuttgart: Ulmer 1978, S. 208-271.

so dass die Fruchtbarkeit der nun ohne Pause bebauten Äcker gewährleistet war.
Hinzu kamen erste Versuche mit mineralischer Düngung, namentlich mit Mergel
und Gips. Diese neue Ökonomie war seit dem 16. Jahrhundert schrittweise in Bel-
gien, Nordfrankreich, am Niederrhein und in England entwickelt worden, keineswegs durch Wissenschaftler, sondern durch ‚praktische' Landwirte auf Gütern und
Bauernhöfen.[3]

Allerdings legte das veränderte System der Bodennutzung die Revolutionierung der
gesamten Flurordnung und die Individualisierung der kollektiven Wirtschaftsformen
nahe. Für diese Veränderungen gibt es eine ganze Reihe von zeitgenössischen Be-
zeichnungen: Einhegung oder Verkoppelung (englisch: enclosure), Separation, Ge-
meinheits- und Markenteilung, Ablösung der Hude auf Brach- und Stoppeläckern
usf. Solche Agrarstrukturreformen und eine ganze Palette von einzelnen praktischen
Verbesserungsvorschlägen stecken das diskursive Feld der Agrarexpertise ab, um
das es in der Folge geht.[4]

Einige Personen von ‚emblematischer' Bedeutung werden vorgestellt, deren jeweilige praktische Tätigkeiten, Argumentationen und kommunikative Praktiken einen
Eindruck vermitteln sollen von der zeitspezifischen Figuration des ‚Agrarexperten'.

1750-1789: Gelehrte Kameralisten und ‚inspirierte' Amateure:
Die Entstehung eines diskursiven Feldes

Die Landwirtschaft war auch schon vor der Mitte des 18. Jahrhunderts ein Gegens-
tand gelehrter Erörterung gewesen: Die so genannte ‚Hausväterliteratur' gab ihren
Lesern einen Überblick über alle Bereiche der Agrarökonomie im Rahmen der
Hauswirtschaft. Diese Schriften zielten keineswegs darauf ab, die Landwirtschaft zu
reformieren, sondern boten eine enzyklopädische Zusammenschau der antiken
Überlieferung und des aktuellen empirischen Wissens innerhalb eines ethischen
Referenzsystems aus stoischer Philosophie und christlicher Tradition. Die ‚Hausvä-

---

3   Abel 1978, S. 285-333 (wie Anm. 2); Zimmermann, Clemens: Bäuerlicher Traditionalis-
    mus und agrarischer Fortschritt in der frühen Neuzeit. In: Peters, Jan (Hrsg.): Gutsherr-
    schaft als soziales Modell. Vergleichende Betrachtungen zur Funktionsweise frühneuzeit-
    licher Agrargesellschaften. München: Oldenbourg 1995, S. 219-238; Troßbach, Werner:
    Beharrung und Wandel „als Argument". Bauern in der Agrargesellschaft des 18. Jahrhun-
    derts. In: ders. und Zimmermann, Clemens (Hrsg.): Agrargeschichte. Positionen und Per-
    spektiven. Stuttgart: Lucius & Lucius 1998, S. 107-136.

4   Brakensiek, Stefan (Hrsg.): Gemeinheitsteilungen in Europa. Neue Forschungsergebnisse
    und Deutungsangebote der europäischen Geschichtsschreibung. In: Jahrbuch für Wirt-
    schaftsgeschichte 2 (2000).

ter' beabsichtigten durchaus, den landwirtschaftlichen Betrieb des einzelnen Lesers zu perfektionieren, ohne damit eine Vorstellung von globalen gesellschaftlichen Veränderungen zu verbinden.[5]

Das änderte sich im weiteren Verlauf des 18. Jahrhunderts. Neu hinzu trat nun die Literaturgattung der kameralistischen Schrift, die zwar einen Großteil ihrer Informationen der Hausvätertradition entnahm, diese jedoch in ein neuartiges, dynamisches Konzept integrierte.[6] Emblematisch ist hierfür der profilierteste deutschsprachige Kameralist, Johann Heinrich Gottlob von Justi (1720-1771), der 1761 in seinen „Abhandlungen von der Vollkommenheit der Landwirthschaft und der höchsten Cultur der Länder" nicht nur die Privatisierung des gemeinschaftlich genutzten Bodens und die Beseitigung der Triften und Hutungen propagierte, sondern auch die Aufhebung der bäuerlichen Untertänigkeit forderte, weil all diese Einrichtungen dem Fortschritt der Landwirtschaft im Wege seien.[7] Hier wie in anderen Zusammenhängen erweist sich Justi als Radikaler, der in seinen politischen Forderungen deutlich weiter ging als die meisten anderen Autoren seiner Zeit.[8]

Getragen wurde die dynamisierende Perspektive durch die Praxisformen der Aufklärung, der vor 1789 ein Großteil der gesellschaftlichen Eliten zuneigte, einschließlich vieler Fürsten, die sich davon nicht zuletzt die ökonomische, fiskalische und militä-

---

5   Brunner, Otto: Adeliges Landleben und europäischer Geist. Leben und Werk Wolf Helmhards von Hohberg 1612 bis 1688. Salzburg: Müller 1949; Haushofer, Heinz: Die Literatur der Hausväter. In: Zeitschrift für Agrargeschichte und Agrarsoziologie 33 (1985), 127-141; Frauendorfer 1963, S. 116-126 (wie Anm. 1). Zur Problematisierung des Konzepts und Einbettung in die neuere Forschung vgl. Troßbach, Werner: Das „ganze Haus" - Basiskategorie für das Verständnis der ländlichen Gesellschaft in der Frühen Neuzeit? In: Blätter für deutsche Landesgeschichte 129 (1993), 277-314.

6   Abel 1978, S. 292-295 (wie Anm. 2); Frauendorfer 1963, S. 126-149 (wie Anm. 1). Eine Re-Lektüre der maßgeblichen Literatur demnächst bei Konersmann, Frank: Genossenschaftliche Allmendnutzung versus Agrarindividualismus? Positionen und Argumentationen in der deutschen Aufklärung (1720-1817). In: Meiners, Uwe u. Rösener, Werner (Hrsg.): Allmenden und Markgenossenschaften vom Mittelalter bis zur Frühen Neuzeit. Cloppenburg: Museumsdorf Cloppenburg 2003.

7   Von Justi, Johann Heinrich Gottlob: Abhandlungen von der Vollkommenheit der Landwirthschaft und der höchsten Cultur der Länder. Ulm, Leipzig: Gaum 1761.

8   Dreitzel, Horst: Justis Beitrag zur Politisierung der deutschen Aufklärung. In: Bödeker, Hans Erich und Herrmann, Ulrich (Hrsg.): Aufklärung als Politisierung - Politisierung der Aufklärung. Hamburg: Meiner 1987, S. 158-177.

rische Leistungssteigerung ihrer Territorien versprachen.[9] In dieser Phase wurden die ersten durchgreifenden Reformprogramme formuliert. Prämiert durch herrscherliches Wohlwollen und öffentliches Prestige traten inspirierte Laien auf den Plan, denen die neu gegründeten ökonomischen Sozietäten und Landwirtschaftsgesellschaften sowie der entstehende Markt für Fachpublikationen Foren der Selbstdarstellung, Selbstverständigung und Selbstvergewisserung boten.[10] Sie gestalteten einen hegemonialen Diskurs, dem die traditionelle bäuerliche Wirtschaftsweise und alle Formen gemeinschaftlichen Eigentums schädlicher Plunder waren. Wegen der vermeintlichen Unwissenheit der Bauern dachte man, die Beseitigung der Gemeinheiten und die Durchsetzung moderner Bewirtschaftungsformen durch den Staat – als ‚Reformen von oben' – durchsetzen zu müssen. Was diese Idee noch verführerischer erscheinen ließ: Im Gegensatz zu von Justi glaubten die meisten Reformbefürworter zunächst, agrarökonomische Fortschritte erzielen zu können, ohne die ländlichen Besitzverhältnisse ernsthaft verändern zu müssen, d.h. ohne die Privilegienordnung anzutasten.[11]

---

9   Vierhaus, Rudolf: Politisches Bewußtsein in Deutschland vor 1789. In: Berding, Helmut und Ullmann, Hans-Peter (Hrsg.): Deutschland zwischen Revolution und Restauration. Königstein/Taunus, Düsseldorf: Athenäum 1981, S. 161-183; Zimmermann, Clemens: Reformen in der bäuerlichen Gesellschaft. Studien zum aufgeklärten Absolutismus in der Markgrafschaft Baden 1750-1790. Ostfildern: Scripta Mercaturae 1983; van Dülmen, Richard: Die Gesellschaft der Aufklärer. Zur bürgerlichen Emanzipation und aufklärerischen Kultur in Deutschland. Frankfurt/M.: Fischer 1986; Vierhaus, Rudolf: „Patriotismus" - Begriff und Realität einer moralisch-politischen Haltung. In: ders.: Deutschland im 18. Jahrhundert. Politische Verfassung, soziales Gefüge, geistige Bewegungen. Ausgewählte Aufsätze. Göttingen: Vandenhoeck & Ruprecht 1987, S. 96-109; Bödeker, Hans Erich: Prozesse und Strukturen politischer Bewußtseinsbildung der deutschen Aufklärung. In: Bödeker u. Herrmann (Hrsg.) 1987, S. 10-31 (wie Anm. 8); Stollberg-Rilinger, Barbara: Europa im Jahrhundert der Aufklärung. Stuttgart: Reclam 2000, S. 165-234. Literaturüberblick bei Neugebauer-Wölk, Monika: Absolutismus und Aufklärung. In: Geschichte in Wissenschaft und Unterricht 48 (1998), 561-578, 625-647, 709-717.

10 Vgl. Ulbricht, Otto: Englische Landwirtschaft in Kurhannover in der zweiten Hälfte des 18. Jahrhunderts. Ansätze zu historischer Diffusionsforschung. Berlin: Duncker & Humblot 1980, S. 37. Danach erreichte die dortige Publikationswelle zu Agrarfragen mit 30 bis 60 Neuerscheinungen jährlich im Zeitraum von 1760 bis 1780 ihren zahlenmäßigen Höhepunkt.

11 Zeitüblich argumentierte beispielsweise Johann Friedrich von Pfeiffer, Professor der Kameralwissenschaften an der Universität Mainz, wenn er die Abschaffung der Brache, die Privatisierung der Gemeinweiden und die Aufhebung der gemeinschaftlichen Weiderechte forderte, dabei die Eigentumsordnung jedoch unangetastet sehen wollte: von

Der Zusammenhang aus Feldfutterbau im Rahmen der Fruchtwechselwirtschaft, Düngervermehrung und Produktionssteigerung ist vergleichsweise trivial, auch von Laien in seiner inneren Logik sofort zu erfassen und zu reproduzieren. Vermutlich erklärt das die rasche Popularisierung. Dass es sich bei dem Programm im Kern um bäuerliches Erfahrungswissen handelte, das seit dem 16. Jahrhundert allmählich akkumuliert worden war, wurde geflissentlich ignoriert. Stattdessen unterstellte man den Bauern geistige Trägheit und ein Hängen am Hergebrachten, eine Haltung, die mit dem Begriff des ‚alten Schlendrians' denunziert wurde.[12] Einen genialen Coup landete der Züricher Arzt Johann Kaspar Hirzel, der 1750 in Jacob Guyer aus Wermatswil, besser bekannt als Kleinjogg, die positive Ausnahme von der Regel fand: Durch Hirzels Publikationen errang sein Schützling als innovationsfreudiger ‚philosophischer Bauer' europäischen Ruhm, so dass seit den 1760er Jahren bis zu Kleinjoggs' Tod im Jahre 1785 ein Besuch bei Hirzel in Zürich und auf dem nahe gelegenen Kazenrüthi-Hof zum Reiseprogramm des aufgeklärten Publikums gehörte.[13]

Im Rahmen der gesamteuropäischen ‚Agraromanie' war überhaupt Platz für die unterschiedlichsten ‚Projektemacher': clevere Aufsteiger, die die Spielregeln der höfischen Gesellschaft zu nutzen wussten, aber auch Landgeistliche, die mit Hilfe des Landwirtschaftsdiskurses der Isolation des Gelehrten auf dem Dorf zu entkom-

---

Pfeiffer, Johann Friedrich: Lehrbegriff sämtlicher ökonomischer und Kameralwissenschaften. 4 Bde. Mannheim: Schwan 1773-1778, hier Bd. 2, S. 122-129 u. S. 183-195.

12 Dies auch ein gängiger Topos der Reiseliteratur, die ihr am „Fremden" geschultes Instrumentarium der Beobachtung (Apodemik) im späten 18. Jahrhundert in eine auf das Binnenland gewandte Anthropologie einbrachte. Vgl. Stagl, Justin: A History of Curiosity. The Theory of Travel 1550-1800. Chur: Harwood 1995. Aus den zahllosen Reiseberichten, die den Kontrast zwischen „Fortschritten der Aufklärung" und „altem Schlendrian" systematisch nutzten, drei Beispiele: Forster, Georg: Ansichten vom Niederrhein, von Brabant, Flandern, Holland, England und Frankreich im April, Mai und Junius 1790. Berlin: o.V. 1791; Gruner, Justus: Meine Wallfahrt zur Ruhe und Hoffnung oder Schilderung des sittlichen und bürgerlichen Zustandes Westphalens am Ende des achtzehnten Jahrhunderts. 2 Bde. Frankfurt/M.: Guilhauman 1802/03; Schwager, Johann Moritz: Bemerkungen auf einer Reise durch Westphalen bis an und über den Rhein. Leipzig: Büschler 1804.

13 Hauser, Albert: War Kleinjogg ein Musterbauer? In: Zeitschrift für Agrargeschichte und Agrarsoziologie 9 (1961), 211-217; ders.: Kleinjogg, der Philosophische Bauer (1716-1774). In: Franz, Günther und Haushofer, Heinz (Hrsg.): Große Landwirte. Frankfurt/M.: DLG 1970, S. 38-47.

men suchten.[14] Johann Christian Schubart (1734-1787) und Johann Friedrich Mayer (1719-1798) sind typische Vertreter dieser beidern Typen ‚inspirierter Laien'.

Johann Christian Schubart[15] stammte aus einer Weberfamilie im sächsischen Städtchen Zeitz. Kraft seiner Person gelang es ihm, zu höchsten gesellschaftlichen Ehren aufzusteigen. Zunächst schlug er sich als Kopist in Wien durch, dann nahm ihn ein Mitglied des Reichshofrats als Privatsekretär in Dienst. In dieser Stellung baute er ein dichtes Netz von Kontakten zu Angehörigen der sozialen Eliten im Reich auf. Während des Siebenjährigen Krieges ging er nach Preußen, wurde Sekretär eines Generals und kurz darauf zum Marschkommissar bestallt. Er errang einen exzeptionellen Ruf, weil er sich in dieser Stellung ungewöhnlicherweise nicht schamlos bereicherte. Nach dem Friedensschluss von Hubertusburg reiste er im Auftrag des Baron von Hundt durch den Archipel der europäischen Freimaurerlogen als Propagandist des hierarchischen Hochgradsystem der ‚strikten Observanz'. Schließlich heiratete er im Jahr 1769 die Tochter und Erbin eines wohlhabenden Kaufmanns aus Leipzig, deren Vermögen ihm erlaubte, mehrere Güter in Sachsen zu erwerben. So wurde er erst im mittleren Alter zum Landwirt. Schon kurze Zeit später setzte er sein beachtliches propagandistisches Geschick ein, um den Kleeanbau und die Aufhebung von Trift- und Hudeberechtigungen zu verfechten. Mit der Abhandlung „Praktische Anleitung zum vorteilhaften Anbau der Futterkräuter nach bewährten Erfahrungen deutscher Landwirte" gewann er 1783 den Preis der Akademie der Wissenschaften in Berlin.[16] Im gleichen Jahr erschien seine Kampfschrift „Hutung,

---

14 Schröder-Lembke, Gertrud: Protestantische Pastoren als Landwirtschaftsreformer. In: Zeitschrift für Agrargeschichte und Agrarsoziologie 27 (1979), 94-104; Abel 1978, S. 296 (wie Anm. 2). Es handelt sich dabei um ein Phänomen, das nicht auf den Protestantismus beschränkt blieb, auch die „katholische Aufklärung" brachte Geistliche hervor, die sich publizistisch und in der Seelsorgepraxis um die Verbesserung der Landwirtschaft bemühten. Vgl. beispielsweise die Schrift des Jesuiten Bruchhausen, Anton: Anweisung zur Verbesserung des Ackerbaues und der Landwirthschaft Münsterlandes. Münster: Theising 1790.

15 Schmiedecke, Adolf: Johann Christian Schubart. Edler vom Kleefeld. Ein bedeutender Förderer der Landwirtschaft und der Bauernbefreiung. Zeitz: Zeitzer Heimat 1956; Schröder-Lembke, Gertrud: Johann Christian Schubart. Edler vom Kleefeld (1734-1787). In: Franz u. Haushofer 1970, S. 48-58 (wie Anm. 13).

16 Müller, Hans-Heinrich: Akademie und Wirtschaft im 18. Jahrhundert. Agrarökonomische Preisaufgaben und Preisschriften der Preußischen Akademie der Wissenschaften (Versuch, Tendenzen und Überblick). Berlin: Akademie 1975, S. 150-168.

Trift und Brache, die größten Gebrechen und die Pest für die Landwirtschaft".[17] Zwar wurde er wegen seiner heftigen Polemik von den benachbarten Gutsbesitzern angefeindet, war aber reichsweit äußerst populär, wie die Verleihung des Titels „Ritter des Heiligen Römischen Reiches von dem Kleefelde" durch Kaiser Joseph II. im Jahr 1784 erweist. Selbstverständlich hielt er engen Kontakt zur 1764 gegründeten Ökonomischen Sozietät in Leipzig. Im Jahr 1785 unternahm er auf Einladung des Fürsten Karl Egon von Fürstenberg eine Reise nach Österreich und Böhmen, wo er eine breite Anhängerschaft unter den Gutsbesitzern fand. Der Landgraf von Hessen-Darmstadt bestellte ihn zum Hofrat, der Herzog von Sachsen-Coburg zum Geheimrat, Katharina die Große versuchte ihn mit dem Versprechen nach Russland zu locken, ihm ein riesiges Gut zu schenken. Selbst der Tod war diesem Glückskind gnädig: Schubart starb 1787, also vor der Französischen Revolution, was ihn vermutlich davor bewahrt hat mitzuerleben, wie sich all die Potentaten von einem polemischen Feuerkopf wie ihm abgewandt hätten.[18]

Etwas weniger glamourös gestaltete sich der Lebenslauf von Johann Friedrich Mayer[19], einem Pfarrer in der Grafschaft Hohenlohe. Er gehörte zur verbreiteten Spezies der rationalistischen Geistlichen, die vor allem das weltliche Wohl ihrer Schutzbefohlenen im Auge hatten. Aufgrund eigener Erfahrung bei der Bewirtschaftung der Pfarrgüter in Kupferzell wurde er zu einem eifrigen Verfechter von Stallfütterung, Futterkräuteranbau und Hutaufhebung. Bekannt wurde er vor allem als Propagandist der Düngung mit Gips.[20] Als ein Anhänger von Katharina der Großen und von Joseph II. pflegte Mayer die vor 1789 übliche Freiheitsrethorik: Die Fürsten müssten den barbarischen Druck von den Bauern nehmen, dann würden sie dreifachen Dank ernten: Keine Aufstände mehr, stattdessen die Liebe der Untertanen und die Steigerung des nationalen Reichtums, wodurch sich das Steueraufkommen erhöhen würde. Solche Argumente bildeten die diskursive Basis für die von den

---

17 Zunächst veröffentlicht im „Leipziger Magazin", wiederabgedruckt in: Schubart, Johann Christian: Ökonomisch-kameralistische Schriften. Leipzig: Müller 1783, hier Heft 1, S. 18f.

18 Siegert, Reinhart: Der Höhepunkt der Volksaufklärung 1781-1800 und die Zäsur durch die Französische Revolution. In: Böning, Holger und Siegert, Reinhart: Volksaufklärung. Biobibliographisches Handbuch zur Popularisierung aufklärerischen Denkens im deutschen Sprachraum von den Anfängen bis 1850. Bd. 2.1. Stuttgart-Bad Cannstatt: Frommann-Holzboog 2001, S. XXV-XLIV.

19 Abel 1978, S. 315-317, 322-323, 354 (wie Anm. 2).

20 Mayer, Johann Friedrich: Die Lehre vom Gyps als einem vorzüglich guten Dung zu allen Erd-Gewächsen auf Aeckern und Wiesen, Hopfen- und Weinbergen. Ansbach: Posch 1768.

Staatszentralen ausgehende partielle Enteignung der Privilegierten zugunsten der unmittelbaren Produzenten, die dann während der napoleonischen Ära in Erwartung größerer Steuerungsfähigkeit und erhöhter Abschöpfungsquoten wirklich erfolgte.[21]

Auch Mayer war Mitglied mehrerer wissenschaftlicher Sozietäten, wie denn überhaupt für die Landwirtschaftsexperten der ersten Stunde die ökonomischen Gesellschaften den notwendigen Resonanzboden bildeten. Seit Mitte des 18. Jahrhunderts war eine wahre Welle von Gründungen durch Europa gerollt.[22] Neben der rezeptiven Teilnahme an der Agrardebatte, die im Wesentlichen durch Lektüre von Zeitschriften, gelehrten Abhandlungen, Artikeln in Lexika und Intelligenzblättern erfolgte, eröffnete sich ein Feld der aktiven Partizipation durch die Teilnahme an den Sitzungen von Assoziationen und durch eigene Veröffentlichungen. Große Bedeutung hatten die Preisausschreiben der Akademien; die prämierten Beiträge wurden häufig veröffentlicht.[23] Personen, die durch ihre Mitgliedschaft in den Sozietäten und ihre Publikationen bekannt waren als reformorientierte Landwirte, waren als Korrespondenzpartner gesucht und wurden zu Anlaufstationen von Reisenden. Agrarexpertise bildete ein hervorragendes Feld zur Akkumulation von kulturellem und sozialem Kapital. Auf regionaler Ebene kann man Verkehrskreise von Beamten, Pfarrern und Gutsbesitzern identifizieren, die in dem gemeinsamen Anliegen einer Verbesserung der landwirtschaftlichen Verhältnisse den geeigneten Gegenstand ihrer Vergemeinschaftung fanden.[24]

---

21 Zur Reformzeit vgl. Wehler, Hans-Ulrich: Deutsche Gesellschaftsgeschichte. Bd. 1: Vom Feudalismus des Alten Reiches bis zur Defensiven Modernisierung der Reformära 1700-1815. München: Beck 1987, S. 363-485; Nipperdey, Thomas: Deutsche Geschichte 1800-1866. Bürgerwelt und starker Staat. München: Beck 1983, S. 11-82; Nolte, Paul: Staatsbildung als Gesellschaftsreform. Politische Reformen in Preußen und den süddeutschen Staaten 1800-1820. Frankfurt/M.: Campus 1990.

22 Müller 1975, S. 15-42, S. 276-286 (listet alle bekannten landwirtschaftlichen Akademien in Europa mit Gründungsdaten auf) (wie Anm. 16). Vgl. auch Deike, Ludwig: Die Celler Societät und Landwirtschaftsgesellschaft von 1764. In: Vierhaus, Rudolf (Hrsg.): Deutsche patriotische und gemeinnützige Gesellschaften. München: Kraus 1980, S. 161-194; Braun, Hans-Joachim: Die Sozietäten in Leipzig und Karlsruhe als Vermittler englischer ökonomisch-technischer Innovationen. In: ebenda, S. 241-254; Schröder-Lembke, Gertrud: Oeconomische Gesellschaften im 18. Jahrhundert. In: Zeitschrift für Agrargeschichte und Agrarsoziologie 38 (1990), 15-23.

23 Eine Analyse der Inhalte dieser Preisschriften und der Publikationspraxis findet sich bei Müller 1975 (wie Anm. 16).

24 Im Hof, Ulrich: Das gesellige Jahrhundert. Gesellschaft und Gesellschaften im Zeitalter der Aufklärung. München: Beck 1982; Vierhaus, Rudolf: Umrisse einer Sozialgeschichte

Auf dieses dichte regionale Netz ‚inspirierter Laien' stützten sich noch die großen Landwirtschafts-Enquêten des frühen 19. Jahrhunderts. Die staatlicherseits mit der Expertise beauftragten Autoren der Enquêten besuchten die regional bekannten Reformlandwirte, zeichneten deren Erfahrungen auf und komponierten aus diesen empirischen Versatzstücken und allgemeineren ‚Wahrheiten' die Forderungskataloge, die in den politischen Entscheidungsprozess eingespeist wurden. Für die regionalen Gewährsleute hatte dies den prestige-steigernden Effekt, dass ihre Namen sowohl behördenintern als auch beim interessierten Publikum zirkulierten.[25]

Entsprechend der Reformprogrammatik wurden bereits seit etwa 1750 allerorten Versuche unternommen, die ländliche Sozialordnung zu reformieren. Überall im Reich traten Personen auf den Plan, die Agrarreformen als wichtigste Maßnahme innerhalb eines politischen Programms nachholender Entwicklung begriffen. Im 18. Jahrhundert wurden solche Reformanläufe normalerweise den Angehörigen der regulären Behörden überantwortet. Die preußischen Könige erließen Verordnungen, die als unbedingte Willensbekundungen des Monarchen auftraten, zur Privatisierung von gemeindlichem Eigentum, zur Monetarisierung von Diensten sowie zur Ablösung der Hörigkeit unter den Domänenbauern. Diese Dekrete wurden den lokalen Obrigkeiten schriftlich mitgeteilt und der Landbevölkerung von den Kanzeln oder den dörflichen Schultheißen öffentlich verkündet. Die performativen Akte obrigkeitlichen Reformwillens standen in krassem Widerspruch zu einer Reformpraxis im Krebsgang: Die Impulse liefen vielfach ins Leere, weil sie tiefe Eingriffe in die gesellschaftliche Ordnung und in bewährte Produktionsweisen intendierten, ohne die beträchtlichen Widerstände von Seiten der Privilegierten und der ländlichen Bevölkerung ins Kalkül zu ziehen. Zumeist scheiterten die mit der Durchführung der Reformen beauftragten Kommissionen aus vielfältigen Gründen: am hinhaltenden Widerstand der Betroffenen, an der inneren Widersprüchlichkeit des Reformpro-

---

der Gebildeten in Deutschland. In: Vierhaus 1987, S. 167-182 (wie Anm. 9); Stollberg-Rilinger 2000, S. 114-145 (wie Anm. 9).

25 Die Enquête des Freiherrn vom Stein in den westfälischen Provinzen Preußens aus dem Jahre 1801 ist dokumentiert bei Linnemeier, Bernd-Wilhelm: Landwirtschaft im nördlichen Westfalen um 1800. Eine Untersuchung des Freiherrn vom Stein aus seiner Mindener Amtszeit. Münster: Waxmann 1994. Ein ähnliches Verfahren wählte auch Johann Nepomuk Schwerz, als er zwischen 1815 und 1818 im amtlichen Auftrag die preußischen Westprovinzen bereiste: von Schwerz, Johann Nepomuk: Beschreibung der Landwirthschaft in Westfalen und Rheinpreußen. 2 Bde. Stuttgart: Hoffmann 1836.

gramms, an den Meinungsunterschieden unter den Kommissionsmitgliedern und an technischen Problemen.[26]

Um so bemerkenswerter waren die Fälle erfolgreicher Reformer, denen entsprechende Anerkennung von allerhöchster Stelle gezollt wurde. Ein Beispiel hierfür ist Johann Ernst Tiemann, Amtmann in Brackwede, dem es gelang, die Markenteilungen in der preußischen Grafschaft Ravensberg voranzutreiben. Er war der Autor des Traktats „Versuch den Eingesessenen des Königl. Preussischen Amts Brackwede in der Grafschaft Ravensberg eine einträglichere Landes-Kultur beliebt zu machen, oder Vorschläge wie die Brackwedischen Amts-Eingesessenen in wenig Jahren reich werden können", veröffentlicht in Berlin im Jahre 1785. Friedrich II. und Voltaire ehrten Tiemann durch einen Besuch im Brackweder Amtshaus, anlässlich ihrer gemeinsamen Reise von Paris nach Berlin.

Auch in Kurhannover hatte man die Durchführung der Reformen den örtlichen Amtsleuten überlassen, die jedoch als Pächter der Amtsdomänen zugleich Partei im Verfahren waren. Die Berechtigung zur Schafhude bildete einen besonders wertvollen Bestandteil ihrer Pachten, und doch sollten sie Verkoppelungen betreiben, die ja gerade auf die Abschaffung der Hudeberechtigungen abzielten. Entsprechend lau fiel ihre Unterstützung aus, ja aus den Reihen der örtlichen Amtsträger kam mit Christian Friedrich Gotthard Westfeld ein profilierter Gegner von Verkoppelungen um jeden Preis. Er trat publizistisch gegen die kritiklose Übernahme der ‚englischen Landwirtschaft' auf, deren Maximen auf die Verhältnisse in Norddeutschland nicht ohne weiteres zu übertragen seien. Den Reformautoren warf er irreführende Übertreibungen vor, was die wirklich zu realisierenden Produktivitätszuwächse betraf.[28]

---

26 Brakensiek, Stefan: Agrarreform und ländliche Gesellschaft. Die Privatisierung der Marken in Nordwestdeutschland 1750-1850. Paderborn: Schöningh 1991, S. 46-74, 409-424; Prass, Reiner: Reformprogramm und bäuerliche Interessen. Die Auflösung der traditionellen Gemeindeökonomie im südlichen Niedersachsen, 1750-1883. Göttingen: Vandenhoeck & Ruprecht 1997, S. 105-144.

27 Tiemann, Johann Ernst: Versuch, den Eingesessenen des Königl. Preußischen Amts Brackwede in der Grafschaft Ravensberg eine einträglichere Landes-Kultur beliebt zu machen, oder Vorschläge, wie die Brackwedischen Amts-Eingesessenen in wenig Jahren reich werden können. Berlin: o.V. 1785. Zur Person Tiemanns und zur Geschichte seines kleinen Werkes vgl. Asholt, Martin: Lebenslauf und Wirken Tiemanns. In: Jahresbericht des Historischen Vereins für die Grafschaft Ravensberg 74 (1982/1983), 25-29.

28 Ulbricht 1980, S. 241-250 (wie Anm. 10); Prass 1997, S. 78-79, 120-122, 218-219 (wie Anm. 26). Westfeld veröffentlichte zwischen 1792 und 1822 kürzere Abhandlungen und Buchbesprechungen in: Neues Hannoversches Magazin (Erscheinungszeitraum 1791-1813), Cellische Nachrichten für Landwirthe besonders im Königreich Hannover (Er-

1789-1806: Die doppelte Legitimationskrise des Agrardiskurses
Expertise als Versuch ihrer Überwindung

Überhaupt geriet der Agrardiskurs in den 1790er Jahren in eine Krise: Vierzig Jahre hindurch hatte der Diskurs einen allgemeinen Konsens über die Wahrheit des Reformprogramms hergestellt, nun trat eine schleichende Delegitimierung ein: Die permanente Wiederholung der immer gleichen Argumente und die unübersehbaren Probleme bei der Umsetzung des Reformprogramms erzeugten Überdruss. Überdies hatte sich die intellektuelle Avantgarde vom Rationalismus der ,praktischen Aufklärung' abgewandt. Hinzu kam, dass eine neue Fürstengeneration in die Regierung der Reichsterritorien nachgerückt war, die dem Fortschrittspathos skeptisch gegenüber stand. Die Radikalisierung der Französischen Revolution seit 1791 gab ihren Vorbehalten reichliche Nahrung.[29]

Wer unter diesen veränderten Bedingungen weiterhin als Agrarreformer auftrat, stand unter einem wesentlich größeren Rechtfertigungsdruck. Dem konnten nur noch ausgewiesene Fachleute standhalten, wie die Betreiber von Mustergütern, die empirisch nachprüfbare Ertragssteigerungen vorweisen konnten, oder Kommissionsmitglieder, die Separationsverfahren erfolgreich abgeschlossen hatten. Auch der Volksaufklärer Rudolph Zacharias Becker überzeugte als Experte der Popularisierung eine große Schar von Unterstützern, die mit ihren Spenden die riesigen Auflagen seines „Noth- und Hülfsbüchleins"[30] ermöglichten. Beckers Veröffentlichung trat nämlich derart volkstümlich formuliert und illustriert auf, dass die Angehörigen der gebildeten Stände darin ein probates Mittel sahen, den am Hergebrachten klebenden Bauern endlich von der fortschrittlichen Lehre zu überzeugen.[31]

---

scheinungszeitraum 1819-1833), und Göttingische Anzeigen von gelehrten Sachen (erscheint seit 1802).

29 Siegert 2001 (wie Anm. 18).

30 Becker, Rudolph Zacharias: Noth- und Hülfsbüchlein für Bauersleute, oder lehrreiche Freuden- und Trauergeschichte des Dorfes Mildheim. Für Junge und Alte beschrieben. Gotha: Becker 1788. Bis 1800 erfolgten 17 Auflagen mit mehr als 150.000 verkauften Exemplaren.

31 Zur Rezeptionsgeschichte vgl. Siegert, Reinhart: Aufklärung und Volkslektüre. Exemplarisch dargestellt an Rudolph Zacharias Becker und seinem „Noth- und Hülfsbüchlein". Mit einer Bibliographie zum Gesamtthema. In: Archiv für Geschichte des Buchwesens 19 (1978), Sp. 565-1348; Tölle, Ursula: Rudolf Zacharias Becker. Versuche der Volksaufklärung im 18. Jahrhundert in Deutschland. Münster: Waxmann 1994. Gegenüber der von Rudolf Schenda vertretenen Ansicht, die Landbevölkerung habe zu großen Teilen aus Analphabeten bestanden, hat sich in der Forschung eine wesentlich differenziertere (und

Das Scheitern der voluntaristischen Reformpolitik ebnete den Weg für einen Typus des Agrarexperten, der sich durch ‚Nüchternheit' und ‚Erfahrung' vor dem nun als ‚abgeschmackt' empfundenen Überschwang der Vorgänger auszeichnete. Die Agrarhausse der Zeit von 1790 bis 1810 steigerte das Bedürfnis der Landwirte nach produktivitätssteigernden Verbesserungen und es standen dadurch auch die Mittel bereit, um kostspielige Experimente zu wagen. Erst in dieser Phase verbreiteten sich im nördlichen Deutschland, nicht zuletzt durch die Übersetzung der einschlägigen englischen Schriften, detailliertere Kenntnisse über die Fruchtwechselwirtschaft und die Drillkultur.[32]

Zusammenfassend ist festzuhalten, dass den Agrarstrukturreformen vor 1807 nur in einigen eng umgrenzten Regionen Erfolg beschieden war. Lokal kam diesen Verfahren zwar große Bedeutung zu, aufs Ganze gesehen blieben sie jedoch marginal. Allerdings erwiesen die frühen Erfolge, dass die Reformen durchführbar waren und oftmals auch die vorhergesagten ökonomischen Erfolge zeitigten. Durch diese Beispiele ermutigt, zugleich durch die Niederlage gegen das napoleonische Frankreich

---

optimistischere) Sicht durchgesetzt. Schenda, Rudolf: Volk ohne Buch. Studien zur Sozialgeschichte der populären Lesestoffe 1770-1910. Frankfurt/M.: Klostermann 1970. Zur Lektüre der Landbevölkerung im 18. und 19. Jahrhundert vgl. Lichtenberg, Heinz-Otto: Unterhaltsame Bauernaufklärung. Ein Kapitel Volksbildungsgeschichte. Tübingen: Tübinger Vereinigung für Volkskunde 1970; Wiswe, Mechthild: Bücherbesitz und Leseinteresse Braunschweiger Bauern im 18. Jahrhundert. In: Zeitschrift für Agrargeschichte und Agrarsoziologie 23 (1975), 210-215; Wittmann, Reinhard: Buchmarkt und Lektüre im 18. und 19. Jahrhundert. Beiträge zum literarischen Leben 1750-1880. Tübingen: Niemeyer 1982; Ziessow, Karl-Heinz: Ländliche Lesekultur im 18. und 19. Jahrhundert. Das Kirchspiel Menslage und seine Lesegesellschaften 1790-1840. 2 Bde. Cloppenburg: Museumsdorf Cloppenburg 1988; Panzer, Arno: Entstehung und Wirkung landwirtschaftlicher Wochenblätter im 19. Jahrhundert. In: Herrmann, Klaus und Winkel, Harald (Hrsg.): Vom „belehrten" Bauern. Kommunikation und Information in der Landwirtschaft vom Bauernkalender bis zur EDV. St. Katharinen: Scripta Mercaturae 1992, S. 80-98; Herrmann, Klaus: Das Aufkommen landwirtschaftlicher Fachzeitschriften in Deutschland, in: ebenda, S. 64-79; Achilles, Walter: Bauernaufklärung und sozio-ökonomischer Fortschritt (1770-1830). In: Zeitschrift für Agrargeschichte und Agrarsoziologie 41 (1993), 174-189; Medick, Hans: Weben und Überleben in Laichingen, 1650-1900. Lokalgeschichte als allgemeine Geschichte. 2. Aufl. Göttingen: Vandenhoeck & Ruprecht 1997, S. 447-560; Messerli, Alfred: Lesen und Schreiben 1700 bis 1900. Untersuchung zur Durchsetzung der Literalität in der Schweiz. Tübingen: Niemeyer 2002.

32 So die skeptische Einschätzung bei Ulbricht 1980 (wie Anm. 10), der damit gegen die ältere Lehrmeinung argumentiert, wie sie z.B. vertreten wird von Schröder-Lembke, Gertrud: Englische Einflüsse auf die deutsche Gutswirtschaft im 18. Jahrhundert. In: Zeitschrift für Agrargeschichte und Agrarsoziologie 12 (1964), 29-36.

angetrieben, griffen die Reformbefürworter im frühen 19. Jahrhundert zu durchgreifenderen Maßnahmen.

1807-1820: Die Reformära oder die Stunde der Agrarexperten

Den Prozess der preußischen Agrarreformen und die Rolle von Experten innerhalb dieses Prozesses kann man nur deuten, wenn man die ungeheuere Wirkung von Adam Smith' „Wealth of Nations" bedenkt. Zu Beginn des 19. Jahrhunderts waren die Nachwuchsbeamten in der preußischen Staatsverwaltung geradezu beseelt vom Gedanken an liberale Reformen, die eine moderne Marktgesellschaft herbeiführen sollten. Alles sollte über den Markt gehandelt werden: gewerbliche Güter, Lebensmittel, Boden und Arbeit. Davon erhoffte man sich die Freisetzung des unternehmerischen Geistes, auch unter den Bauern. Bei den Promotoren der Reformen handelte es sich um eine kleine Elite von Juristen und Verwaltungsleuten, die vor der Wende zum 19. Jahrhundert an den preußischen Universitäten in Halle und Königsberg ausgebildet worden waren. Vor allem der Königsberger Professor Christian Jacob Kraus (1753-1807), der wichtigste deutschsprachige Verfechter der Lehren von Adam Smith, gab seinen Schülern die Umgestaltung der preußischen Gesellschaft im Sinne des liberalen Programms mit auf den Weg. Das betraf in allererster Linie die Transformation der ländlichen Welt, d.h. die Abschaffung der feudalen Abhängigkeit und die Privatisierung allen gemeinschaftlichen Besitzes. Diese wirtschaftsliberalen Bürokraten erhielten in der Krise der preußischen Monarchie in der kurzen Phase von 1807 bis 1813 die Chance, das Programm in die Tat umzusetzen. So war der Kraus-Schüler Theodor von Schön (1773-1856) maßgeblich an der Ausarbeitung des Oktoberedikts von 1807 beteiligt und blieb auch nach dem Sturz des Freiherrn vom Stein Direktor der Sektion für die Gewerbepolizei im preußischen Innenministerium.[33]

Die ‚Agenten des Wandels' in der preußischen Bürokratie, namentlich Karl August von Hardenberg, Theodor von Schön, Ludwig von Vincke, Christian Scharnweber und Johann August Sack, standen in engem Austausch mit den landwirtschaftlichen Innovatoren Gerhard Friedrich Otto von Hinüber, Caspar Voght, Heinrich von Itzenplitz und Albrecht Daniel Thaer. Diesen Experten eröffnete sich die historisch seltene Gelegenheit, unmittelbar auf die Gesetzgebung eines Staates einzuwirken und im Sinne ihrer Programmatik auszugestalten.[34]

---

33 Wehler 1987, S. 409-428 (wie Anm. 21).

34 Koselleck, Reinhart: Preußen zwischen Reform und Revolution. Allgemeines Landrecht, Verwaltung und soziale Bewegung von 1791 bis 1848. 3. Aufl. Stuttgart: Klett-Cotta 1981, S.

Die Umsetzung der Reformen wurde Spezialbehörden überantwortet, den sogenannten Generalkommissionen, die in allen preußischen Provinzen eingerichtet
wurden. Reinhart Koselleck schreibt zu den Generalkommissionen: „Da die
materiellen Rechtsbestimmungen [...] nur einen generellen Rahmen setzten, der nie
hinreichte, die mannigfach verfilzten Rechtslagen zu erfassen, waren Entschei-
dungsbereich und Macht der Kommissionen außerordentlich groß. Aber auch perso-
nalgeschichtlich machte Hardenberg eine unbürokratische Wendung; unter seinen
Regierungsbeamten ‚Mangel an praktischen Kenntnissen' befürchtend, holte er sich
– nach entsprechenden Prüfungen – ‚erfahrene und intelligente Männer' aus der
landwirtschaftlichen Praxis in den Staatsdienst."[35]

Zunächst bestanden die Generalkommissionen aus einem dreiköpfigen Kollegium,
zwei waren „in der rationellen und praktischen Landwirtschaft kundige Sachver-
ständige", denen ein in Agrarfragen bewanderter Jurist beigeordnet wurde. Diese
Sonderbehörden waren außerhalb des üblichen Instanzenzuges angesiedelt und mit
diktatorischen Vollmachten ausgestattet. Das war auf die Erfahrungen zurückzuführen, die man in der Vergangenheit mit den regulären Behörden und Gerichten gemacht hatte. Vor allem die Gerichte sahen sich in der Regel als berufene Beschützer
des Eigentums und wurden dadurch zwangsläufig zu Wahrern des Status quo. Für
die Reformer und Agrarexperten war es eine ausgemachte Sache, dass – würde man
die Ablösung der grundherrschaftlichen Bindungen und die Privatisierung gemeinschaftlichen Besitzes in die Hände der ordentlichen Gerichte legen – sich die Dauer
der Verfahren nach Jahrzehnten bemessen, wenn nicht gar völlig vereitelt werden
würde. Reformen erschienen den Befürwortern deshalb nur außergerichtlich durch-
setzbar, angeregt per Dekret, durchgeführt von Kommissionen, die mit umfassenden
Vollmachten ausgestattet waren.

Entsprechend nahmen viele Zeitgenossen die Reformen als etwas Gewaltsames
wahr. Aber nicht die mangelnde demokratische Legitimierung der Verfahren war
ihnen ein Problem, sondern die außer Kraft gesetzten Garantien des frühmodernen
‚Rechtsstaates'. Damit dieses ‚Skandalon' überhaupt eintreten konnte, mussten zwei
Faktoren zusammentreffen, der ausgesprochen lange diskursive Vorlauf, der möglichen Zweifeln an den positiven Folgen der Reformen vorbeugte, und die politische
Existenzkrise des preußischen Staates, die den normalerweise greifenden institutionellen Bremsen ihre Wirksamkeit nahm.

153-162; Klemm, Volker und Meyer, Günther: Albrecht Daniel Thaer. Pionier der Landwirtschaftswissenschaften in Deutschland. Halle (Saale): Niemeyer 1968, S. 82-92.

35 Koselleck 1981, S. 493 (wie Anm. 34).

An Radikalität war die preußische Landeskulturgesetzgebung unübertroffen: Das zeigt sich beispielsweise im Zusammenhang mit der Frage, wer das Recht hatte, ein Gemeinheitsteilungs- oder Separationsverfahren in Gang zu setzen. Die Gemeinheitsteilungsordnung von 1821 bestimmte, dass es lediglich des Antrags eines einzigen Nutzungsberechtigten bedurfte, um ein Verfahren vor der nächsten Generalkommission einzuleiten. Wenn diese dann ihrer festen Überzeugung folgte und feststellte, dass die Teilung der Landeskultur nutzen werde, gab es kein Zurück mehr, auch wenn die Mehrheit der Nutzungsberechtigten anderer Meinung war. Im Gegensatz dazu war in allen anderen deutschen Staaten die Zustimmung der Mehrheit aller ‚Interessenten' erforderlich, zumeist gewichtet nach dem Umfang ihrer Berechtigungen.[36]

Auch in diesem Zusammenhang soll eine ‚emblematische' Figur vorgestellt werden: Schon den Zeitgenossen galt Albrecht Daniel Thaer[37] als wichtigster Agrarexperte, dessen Landwirtschaftslehre sich bruchlos in das wirtschaftsliberale Paradigma einfügt. Weil die Formulierungen so prägnant sind, seien die einleitenden Definitionen aus seinen „Grundsätzen der rationellen Landwirtschaft" aus dem Jahre 1809 zitiert:

„§ 1 Die Landwirtschaft ist ein Gewerbe, welches zum Zweck hat, durch Produktion (zuweilen auch durch fernere Bearbeitung) vegetabilischer und

---

36 Schlitte, Bruno: Die Zusammenlegung der Grundstücke in ihrer volkswirtschaftlichen Bedeutung und Durchführung. 3 Bde. Leipzig: Duncker & Humblot 1886; Scharnberg, Hans-Heinrich: Die Rechts- und Ideengeschichte der Umlegung mit besonderer Berücksichtigung ihrer staatlichen Förderung durch Zwang gegen Widerstrebende. Diss. jur. Kiel 1964; Brakensiek 1991, S. 74-83 (wie Anm. 26); Brakensiek, Stefan: Les biens communaux en Allemagne. Attaques, disparition et survivance (1750-1900). In: Demélas, Marie-Danielle und Vivier, Nadine (Hrsg.): Les propriétés collectives face aux attaques libérales (1750-1914). Europe occidentale et Amérique latine, Rennes: Presse Universitaire 2003.

37 Klemm u. Meyer 1968 (wie Anm. 34); Woermann, Emil: Albrecht Daniel Thaer (1752-1828). In: Franz u. Haushofer 1970, S. 59-78 (wie Anm. 13); Klemm, Volker: Albrecht Daniel Thaer - Persönlichkeit und Werk. In: Albrecht-Daniel-Thaer-Tagung aus Anlaß des 150. Todestages von Albrecht Daniel Thaer. Bd. 1: Plenartagung. Berlin: Akademie der Landwirtschaftswissenschaften 1979, S. 27-38; Thirsk, Joan: Albrecht Daniel Thaers Stellung unter den zeitgenössischen Agrarschriftstellern Europas. In: Albrecht-Daniel-Thaer-Tagung aus Anlaß des 150. Todestages von Albrecht Daniel Thaer. Bd. 5: Landwirtschaftliche Produktion und Agrarwissenschaften im 19. Jahrhundert. Berlin: Akademie der Landwirtschaftswissenschaften 1979, S. 35-39; Achilles, Walter: Albrecht D. Thaer - Begründer der rationellen Landwirtschaft. In: Herrmann u. Winkel 1992, S. 36-45 (wie Anm. 31).

tierischer Substanzen Gewinn zu erzeugen oder Geld zu erwerben. § 2 Je höher dieser Gewinn nachhaltig ist, desto vollständiger wird dieser Zweck erfüllt. Die vollkommenste Landwirtschaft ist also die, welche den möglich höchsten, nachhaltigen Gewinn nach Verhältnis des Vermögens, der Kräfte und der Umstände aus ihrem Betriebe zieht. Nicht die möglich höchste Produktion, sondern der höchste reine Gewinn nach Abzug der Kosten – welches beides in entgegengesetzten Verhältnissen stehen kann – ist Zweck des Landwirts [...]."[38]

Die Landwirtschaft erscheint aller ethischer Bezüge entkleidet, sie ist a-moralisch. Das war unerhört, denn die ganze frühe Neuzeit hindurch galt der nüchterne, fleißige und gottesfürchtige Bauer, Pächter oder Gutsbesitzer auch als der bessere Landwirt.

Woher bezog Thaer seine Autorität, was machte ihn zum wichtigsten Agrarexperten der Reformzeit? Zunächst unterschied ihn nichts von den zeitüblichen Liebhabern der Landwirtschaft. Thaer war Arzt in der hannoverschen Residenzstadt Celle, betrieb nebenbei ein kleines Gut und zählte seit 1780 zu den rührigsten Mitgliedern der dortigen Landwirtschaftsgesellschaft. Im Jahr 1791 publiziert er seinen „Unterricht über den Kleebau und die Stallfütterung in Fragen und Antworten an den Lüneburgischen Landmann". All das bewegte sich im üblichen Rahmen. Seine exzeptionelle Stellung begründete Thaer mit seiner „Einleitung zur Kenntnis der englischen Landwirtschaft und ihrer praktischen und theoretischen Fortschritte in Rücksicht auf Vervollkommnung deutscher Landwirtschaft für denkende Landwirte und Kameralisten", die in drei Bänden zwischen 1798 und 1804 erschien. Dieses Werk verarbeitete die reiche englische Agrarliteratur und bildete einen Meilenstein für den Transfer der englischen Agrarinnovationen nach Deutschland.[39]

Auch die „Einleitung zur Kenntnis der englischen Landwirtschaft" war insofern selbstreferentiell, als sie die bereits Überzeugten in ihrer Überzeugung bestärkte. Aber Thaer ging weiter: Er systematisierte und popularisierte zum einen die empirischen Erkenntnisse der englischen Agrarschriftsteller, er adaptierte die von Wallerius und Hassenfratz entwickelte Humustheorie und integrierte sie in das übergreifende ökonomische Konzept, das sich von Adam Smith herleitete. Aufgrund dessen vertrat er ein Bild vom Landwirt als einem gewinnorientierten Unternehmer, das sich in Deutschland erst im 20. Jahrhundert mühsam und gegen beachtlichen gesellschaftlichen Widerstand durchgesetzt hat und das bis heute z.B. von Ökologen

---

38 Thaer, Albrecht Daniel: Grundsätze der rationellen Landwirtschaft (1809-1812). Bd. 1. In Auszügen abgedruckt bei Conze, Werner (Hrsg.): Quellen zur Geschichte der deutschen Bauernbefreiung. Göttingen: Musterschmidt 1957, S. 78.

39 Ulbricht 1980, S. 142-186 (wie Anm. 10).

bestritten wird, die im Bauern zwar nicht länger den Wahrer einer ‚gesunden Volks-ordnung' sehen, weiterhin jedoch den Inhaber eines gemeinwohlorientierten und landschaftspflegerischen ‚Amtes' im lutherischen Sinne des Wortes.[40]

Die Durchschlagskraft der Thaerschen Argumentation beruhte nicht allein auf seinem fachlichen Gehalt im engeren Sinne, sondern auch darauf, dass er an die seinerzeit gängigen Muster wissenschaftlicher Narration anknüpfte. Er bemühte ein historisch-genetisches Modell: Der gegenwärtige Zustand der Landwirtschaft mit der üblichen Dreifelderwirtschaft wird in einem großen Bogen von der Landnahme durch den Menschen her gedeutet. Die liberalen Agrarreformen und das System der rationellen Landwirtschaft erscheinen in dieser Erzählung als eine Folge wachsender Zivilisation.[41]

Und Thaer setzte auf die ‚exakte Naturwissenschaft'. Sein kleines Gut bei Celle baute er allmählich zu einer Versuchs- und Lehranstalt aus. Im Jahr 1804 bereitete ihm sein ehemaliger Kommilitone von Hardenberg den Weg nach Preußen. Auf der Staatsdomäne Möglin erhielt Thaer die Möglichkeit, ein eigenes, größeres For-schungsinstitut aufzubauen, an dem sowohl experimenteller Landbau betrieben als auch ökonomisches Wissen für ‚gelehrte Landwirte' vermittelt werden sollte.[42] Mit dieser ersten Gründung (und bald darauf erfolgenden weiteren in anderen deutschen Staaten) wurde die im Gang befindliche Entwicklung der Agrarwissenschaft vom deskriptiven Empirismus zum naturwissenschaftlichen Experiment sehr gefördert.[43] Bald erhielt Thaer zudem die Gelegenheit, seine Forschungsergebnisse als Professor an der neu gegründeten Berliner Universität zu vermitteln.[44]

---

40 Corni, Gustavo: Markt, Politik und Staat in der Landwirtschaft. Ein Vergleich zwischen Deutschland und Italien im 20. Jahrhundert. In: Zeitschrift für Agrargeschichte und Agrarsoziologie 51 (2003), 62-77.

41 Thaer 1809 (wie Anm. 38).

42 Böhm, Wolfgang: Die Anfänge des Feldversuchswesens in Deutschland. In: Zeitschrift für Agrargeschichte und Agrarsoziologie 38 (1990), 155-175.

43 Noack, Gisela: Zur Auseinandersetzung um den Inhalt der akademischen landwirtschaftli-chen Ausbildung. In: Albrecht-Daniel-Thaer-Tagung 1979. Bd. 5, S. 93-100 (wie Anm. 37); Hennig, Arno u. Jahreis, Gerhard: Friedrich Gottlob Schulze - Dem Begründer der universitären Landwirtschaftswissenschaften zum 200. Geburtstag. In: Zeitschrift für Agrargeschichte und Agrarsoziologie 43 (1995), 1-13; Klemm, Volker: Die Entstehung eigenständiger Landbauwissenschaften in Deutschland (1800-1830). In: Zeitschrift für Agrargeschichte und Agrarsoziologie 44 (1996), 162-173.

44 Gorr, Wolfgang: Der Beitrag Albrecht Daniel Thaers zur Entwicklung der agrarökonomi-schen Wissenschaftsdisziplinen. In: Albrecht-Daniel-Thaer-Tagung 1979. Bd. 5, S. 15-22

Im Februar 1809 wurde Thaer auf Vorschlag von Schöns zum Staatsrat bei der Sektion der Gewerbepolizei ernannt. Dadurch wurde er nicht etwa zum Vollzeitpolitiker, sondern zu einem Experten, der situativ in den politischen Entscheidungsprozess integrierbar war. Er durfte in Möglin bleiben, erhielt zusätzliche 1.000 Rt. Jahresgehalt und war lediglich verpflichtet, viermal im Jahr an den Sitzungen der Sektion teilzunehmen. In der Folge stand er zwar nicht im Zentrum der politischen Entscheidungsprozesse, galt aber als entscheidender Stichwortgeber und als die wissenschaftliche Autorität, auf die sich die Reformer um Hardenberg in ihren Auseinandersetzungen mit den Konservativen stützten. Thaer war vor allem beteiligt an der Formulierung der Gesetze zur Aufhebung der Weide- und Triftgerechtsame, zur Aufteilung der Allmende und zu den Separationen. Bis 1815 entwarf er mehrere Vorlagen für die 1821 publizierte Gemeinheitsteilungsordnung. Seine Biographen kommen zu dem Urteil, dass ihm von den anderen Mitgliedern des Staatsrates Misstrauen entgegenschlug, weil er nicht über die übliche Laufbahn in sein hohes Amt gelangt war: „Außerdem bildete damals auch in dieser Behörde ein Arzt und Landwirt als Beamter eine bisher unbekannte Erscheinung, waren doch diese Posten fast immer Juristen vorbehalten. So überraschte es nicht, dass der praktische Landwirt Thaer sich in einer ständigen latenten Opposition zu den bürokratischen, formalistischen, juristischen Spitzfindigkeiten der anderen Beamten des Ministeriums befand."[45] Im Jahre 1819 schied Thaer auf eigenen Wunsch aus seiner Stellung im Staatsrat aus; die Gründe dafür sind unbekannt, vermutlich spielten das vorrückende Alter, die Arbeitsüberlastung aufgrund der Lehrtätigkeit in Möglin und an der Berliner Universität, die Forschung auf dem Versuchsgut, die ausgedehnte schriftstellerische Tätigkeit und die Frustration über die Grabenkämpfe innerhalb der Bürokratie eine Rolle.

Übrigens hatte meines Erachtens nicht die Mitwirkung Thaers an der Gesetzgebung, sondern ein eher unscheinbares Büchlein die größte Bedeutung für den Fortgang der Agrarreformen, sein „Versuch einer Ausmittelung des Rein-Ertrages der productiven Grundstücke mit Rücksicht auf Boden, Lage und Oertlichkeit" aus dem Jahre 1812.[46] Erst seither ließ sich der Reinertrag des Bodens mit naturwissenschaftlichen Methoden bestimmen. Man verfügte nun über ein universelles Bonitierungsverfah-

---

(wie Anm. 37); Klemm, Volker: Zum Beitrag A.D. Thaers für das Entstehen einer Theorie der akademischen landwirtschaftlichen Ausbildung. In: ebenda, S. 79-86.

45 Klemm u. Meyer 1968, S. 86 (wie Anm. 34).

46 Thaer, Albrecht Daniel: Versuch einer Ausmittelung des Rein-Ertrages der productiven Grundstücke mit Rücksicht auf Boden, Lage und Oertlichkeit. In: Annalen der Fortschritte der Landwirthschaft in Theorie und Praxis 4 (1812), 361-516. Als selbständige Schrift veröffentlicht Berlin: Realschulbuchhandlung 1813 und Berlin: Reimer 1833.

ren, mit dessen Hilfe man eine ‚gerechte', auf die individuellen Bodenverhältnisse Rücksicht nehmende Privatisierung zuvor gemeinschaftlich genutzter Flächen durchführen konnte. Auf dem Thaerschen Verfahren beruhte die technische Seite des Reformprozesses sowie der Katastererhebung im Vormärz und noch die Reichsbodenschätzung im Kaiserreich.[47]

1820-1848: Die Unmöglichkeit des ‚Ausnahmezustands auf Dauer'
Die Einhegung der Agrarexperten

Die erste Generation der Experten, denen es gelang, aus der ‚gelehrten Landwirtschaft' eine Profession zu machen, bestand aus gebildeten Autodidakten. Das galt ebenso für den Arzt und rationalistischen Analytiker Thaer, wie für Johann Nepomuk von Schwerz (1759-1844), den anderen ‚Gründervater' dieser Generation, dem 1818 von König Wilhelm I. von Württemberg die Leitung des Landwirtschaftlichen Instituts in Hohenheim übertragen wurde. Schwerz war von Haus aus Pädagoge und – im Gegensatz zu Thaer – ein ‚ganzheitlich-deskriptiver' Deduktionist aus dem Geist der katholischen Romantik. Er gehört eher in die Tradition der Reiseschriftsteller mit einer auf das Binnenland gerichteten Anthropologie als in die Galerie bedeutender Naturwissenschaftler.[48]

In den Jahrzehnten nach 1800 trat der Landwirtschaftsdiskurs von seiner heroischen in die bürokratisch-pragmatische Phase. Schubart vom Kleefeld hatte seine landwirtschaftliche Leidenschaft noch ganz aus eigenem Vermögen bezahlt. Auch Thaer hatte die ersten Schritte auf dem Gebiet der Agrarforschung noch mit privaten Mitteln finanziert; im Falle von Schwerz' bildete adlige Patronage die ökonomische Grundlage. Im frühen 19. Jahrhundert erfolgten dann die Anfänge eines staatlich finanzierten, öffentlichen Forschungs- und Lehrbetriebs. Allerdings blieben diese Institutionalisierungsansätze zunächst ziemlich prekär, denn die Lehr- und Versuchsanstalten in Möglin und Hohenheim wurden jeweils wenige Jahre nach dem Tod ihrer Gründer wieder geschlossen. Offenbar hing die Existenz der frühen Gründungen noch vom Charisma der ersten Leiter ab. Gleichwohl gehörte den akademisch geschulten Agrarexperten die Zukunft: In den meisten deutschen Staaten wurden in der ersten Hälfte des 19. Jahrhunderts eigene Landeskulturbehörden geschaffen, die qualifiziertes Personal benötigten. Die Ausbildung dieses Experten-

47 Stichling, Paul: Die preußischen Separationskarten 1817-1881, ihre grenzrechtliche und grenztechnische Bedeutung. Berlin: Wichmann 1937.

48 Franz, Günther: Johann Nepomuk Hubert (von) Schwerz (1759-1844). In: Franz u. Haushofer 1970, S. 79-90 (wie Anm. 13).

Nachwuchses wurde nun auf eine professionalisierte Grundlage gestellt und ihre
beruflichen Laufbahnen einer bürokratischen Normierung unterworfen.[49]

Der weitere Vollzug der Agrarstrukturreformen wurde völlig in die Hände von professionalisierten und überwiegend ‚verbeamteten' Agrarexperten gelegt. In dem
Maße, wie sich die Entscheidungen über die konkrete Ausgestaltung der Reformen
veralltäglichte, kamen die üblichen rechtlich-bürokratischen Routinen einschließlich
der Dominanz von Juristen zum Tragen:

> „Die in der Reformverwaltung vorherrschende Abneigung gegen alle Rechts-
> verständige, die, wie Thaer warnte, nur die Tradition gegen den Sachverstand
> der Wirtschaftsreform ausspielen würden, ließ sich nicht durchhalten. 1821
> trat ein zweiter Jurist in jedes Kollegium ein, und den Technikern wurde in
> allen Rechtsfragen das Stimmrecht entzogen. Als es ihnen – weil die Streit-
> fragen nicht auseinander zu halten waren – 1844 wieder zuerkannt wurde, er-
> höhte man das Kollegium um einen weiteren Juristen, der den Stimmaus-
> schlag geben konnte. Die personalpolitischen Verfügungen zeugen schon von
> der Zwitterhaftigkeit, die dem Prozeß innewohnte, eine tiefgreifend soziale
> Revolutionierung in legalen Formen zu vollstrecken."[50]

Diese Prozesse waren nicht auf Preußen beschränkt, sie trugen sich auch in den
anderen Staaten des Deutschen Bundes in vergleichbaren Formen zu. In Hannover
beispielsweise wurden 1803/1823 Spezialbehörden geschaffen, denen die Gemein-
heitteilungen, Hudeaufhebungen und Verkoppelungen überantwortet wurden. An
der Spitze stand das Landesökonomiekollegium in Celle[51], das 1825 sieben Landes-
ökonomieräte, acht Landesökonomiekommissare und sechs besoldete Feldmesser

49 Haushofer, Heinz: Max Schönleutner und die Entstehung der Schule der rationellen Land-
    wirtschaft in Bayern. In: Zeitschrift für Agrargeschichte und Agrarsoziologie 6 (1958),
    33-38; Haushofer, Heinz: Die deutsche Landwirtschaft im technischen Zeitalter. Stuttgart:
    Ulmer 1963, S. 24-40; Haushofer, Heinz: Max Schönleutner (1777-1831). In: Franz u.
    Haushofer 1970, S. 119-131 (wie Anm. 13); Haushofer, Heinz: 175 Jahre Weihenstephan
    1803/4-1978/79. In: Zeitschrift für Agrargeschichte und Agrarsoziologie 27 (1979), 267-
    269; Büscher, Karl: Entstehung und Entwicklung des landwirtschaftlichen Bildungswe-
    sens in Deutschland. Münster, Hiltrup: Landwirtschaftsverlag 1996; Seidl, Alois: Max
    Schönleutner - Künder der rationellen Landwirtschaft in Bayern. In: Zeitschrift für Agrar-
    geschichte und Agrarsoziologie 46 (1998), 135-147.

50 Koselleck 1981, S. 494 (wie Anm. 34).

51 Festschrift zur Säcularfeier der Königlichen Landwirthschafts-Gesellschaft zu Celle am 4.
    Juni 1864. Bd. 1: Darstellung der Stiftung, Entwickelung und Wirksamkeit der Land-
    wirthschafts-Gesellschaft sowie der landwirthschaftlichen Provinzial- und Localvereine.
    Hannover: Klindworth 1864.

beschäftigte.[52] Für die Geometer schuf man einen Bewährungsaufstieg vom angelernten zum approbierten und festangestellten Vermesser und von da zum Landesökonomiekondukteur.[53] Die höheren Beamten waren durch die Bank Juristen, die jedoch ihre Karrieren zumeist außerhalb der Gerichte, in der Landeskultur- bzw. in der Allgemeinen Verwaltung durchliefen. Das Verkoppelungsgesetz von 1842 sah erstinstanzliche Entscheidungen durch eine Kommission vor, die aus einem Rechtskundigen, in der Regel der örtlichen Amtsverwaltung entstammend, und einem Techniker bestand. Die zweite Instanz bildeten die Landdrosteien (sie entsprachen den preußischen Bezirksregierungen), die dritte das Innenministerium. Wie in Preußen waren die regulären Gerichte vom Verfahren ausgeschlossen.[54]

In allen Staaten des Deutschen Bundes regelten zahlreiche spezielle Gesetze möglichst sämtliche Eventualitäten, die während eines Ablösungsverfahrens, einer Hudeaufhebung, einer Verkoppelung oder Gemeinheitsteilung auftauchen konnten. Vergleicht man die knappen Edikte des 18. mit den ausufernden Gesetzestexten des späteren 19. Jahrhunderts, so wird der ganze Bürokratisierungs- und Verrechtlichungsprozess deutlich. Die Wirkung dieser Entwicklung ist kaum zu überschätzen. Im ausgehenden Ancien Régime war es für die Landbewohner vergleichsweise einfach gewesen, die Anweisungen der Behörden durch Hinhalte-Taktiken zu unterlaufen. Wo die Mehrheit der ‚Interessenten' den Reformen ablehnend gegenüber-

---

52 Es blieben allerdings gewisse interne Hemmnisse auf dem Weg der vollständigen Bürokratisierung der landwirtschaftlichen Fachverwaltung. Vergleicht man z.B. die Einkommensverhältnisse der hannoverschen Amtsbediensteten und der Landesökonomiebeamten noch im Jahr 1867, so erweist sich im Falle der Amtleute, Amtsassessoren und Amtsvögte, dass sie überwiegend von Fixgehältern lebten (Gehälter 300 Rt. bis 1.400 Rt., Nebeneinkünfte 25 Rt. bis 178 Rt.), ihre Alimentierung mithin den modernen Formen entsprach. Dagegen erwartete man offenbar, dass sich die Aufgaben der Landesökonomiebeamten eines Tages erledigen würden, so dass man beim frühmodernen Modell des sportelabhängigen Amtsträgers blieb (Gehälter 50 Rt. bis 800 Rt., Nebeneinkünfte 200 Rt. bis 1.200 Rt.). Die Angaben finden sich bei Prass 1997, Tabelle A.11, S. 382-383 (wie Anm. 26).

53 In Preußen waren Geometer im 18. Jahrhundert selbständige Geschäftsleute, die allerdings vereidigt wurden und dadurch auf bestimmte Rechtsgrundsätze und Reglements verpflichtet wurden. Ihre Entlohnung erfolgte nach Maßgabe des Feldmesser-Reglements vom 25. September 1772. Akademisch gebildete Geometer waren bei den Markenteilungen des 18. Jahrhunderts die Ausnahme, überwiegend handelte es sich um Autodidakten aus der Schicht der dörflichen Gewerbetreibenden, der Handwerker, Gastwirte und Müller. Vgl. Brakensiek 1991, S. 84-89 (wie Anm. 26). Die Professionalisierung und Verbeamtung der Geometer erstreckte sich in Preußen über den Zeitraum von 1820 bis etwa 1840. Siehe dazu Stichling 1937, S. 28-31 (wie Anm. 47).

54 Brakensiek 1991, S. 197-199 (wie Anm. 26); Prass 1997, S. 145-157 (wie Anm. 26).

stand, unterblieben sie zumeist. Im Gegensatz dazu waren die permanent arbeitenden Landeskulturbürokratien im 19. Jahrhundert kaum zu ignorieren.[55]

Bleibt zum Abschluss die Frage, ob sich der Landwirtschaftsdiskurs im 19. Jahrhundert ganz vom Heroischen verabschiedet hat. Das war meines Erachtens nicht der Fall. Der Raum für ,heroische Expertise' verlagerte sich nur vom Feld agrarstruktureller Reformen auf das Feld der Naturwissenschaften, der Züchtungslehre in Botanik und Tiermedizin, vor allem der organischen und anorganischen Chemie.[56] Obwohl auch dieses Feld im Verlauf des 19. Jahrhunderts in bürokratischen Betrieben organisiert wurde, öffnete sich hier ein Raum für heftige Kontroversen um Wahrheit und Geltung. Das erweist sich z.B. bei der Entwicklung des Paradigmas von der Pflanzenernährung durch anorganische Stoffe.[57] Die im strengen Sinne ,wissenschaftliche Entdeckung' ist wohl Carl Sprengel[58] zuzuschreiben; gleichwohl wird dieser Gedanke bis heute mit Justus von Liebig konnotiert, dessen Leistung vermutlich eher in der Popularisierung besteht: Es war Liebig, der durch seine enthusiastische Propaganda dafür sorgte, dass dieses Paradigma die von Thaer in Deutschland verbreitete Humus-Lehre allmählich verdrängte.[59] Aber das ist bereits eine andere Geschichte, für die meine Expertise nicht ausreicht.

---

55 Brakensiek 1991, S. 411-424 (wie Anm. 26).

56 Schütt, Hans-Werner: Anfänge der Agrikulturchemie in der ersten Hälfte des 19. Jahrhunderts. In: Zeitschrift für Agrargeschichte und Agrarsoziologie 21 (1973), 83-91.

57 Stressmann, Gisela: Zur Entwicklung der Auffassungen über die Bedeutung des Humus für die Steigerung der Bodenfruchtbarkeit in der deutschen landwirtschaftlichen Literatur des 19. Jahrhunderts. In: Albrecht-Daniel-Thaer-Tagung. 1979. Bd. 5, S. 41-45 (wie Anm. 37); Neitz, Christine: Der Streit um die Notwendigkeit einer Stickstoffdüngung in der deutschen landwirtschaftlichen Literatur in der ersten Hälfte des 19. Jahrhunderts. In: ebd., S. 47-52; Böhm, Wolfgang: Die Stickstoff-Frage in der Landbauwissenschaft im 19. Jahrhundert. In: Zeitschrift für Agrargeschichte und Agrarsoziologie 34 (1986), 31-54.

58 Schmitt, Ludwig: Philipp Carl Sprengel (1787-1859). In: Franz u. Haushofer 1970, S. 145-155 (wie Anm. 13); Böhm, Wolfgang: Carl Sprengel als Wegbereiter der Pflanzenbauwissenschaft. In: Zeitschrift für Agrargeschichte und Agrarsoziologie 35 (1987), 113-119; Böhm, Wolfgang: Zum gegenwärtigen Stand der Carl Sprengel-Forschung. In: Zeitschrift für Agrargeschichte und Agrarsoziologie 41 (1993), 11-17.

59 Schmitt, Ludwig: Justus von Liebig (1803-1873). In: Franz u. Haushofer 1970, S. 156-167 (wie Anm. 13); Conrad, Willi: Justus von Liebig und sein Einfluß auf die Entwicklung des Chemiestudiums und des Chemieunterrichts an Hochschulen und Schulen. Diss. rer. nat. Darmstadt 1985; Brock, William H.: Justus von Liebig. Eine Biographie des großen Wissenschaftlers und Europäers. Braunschweig: Vieweg 1999.

ULRIKE THOMS

Arzneimittelaufsicht im frühen 19. Jahrhundert. Konflikte und Konvergenzen zwischen Wissen, Expertise und regulativer Politik.

Gemeinhin wird die Arzneimittelaufsicht als Musterbeispiel für die Entwicklung, Rolle und Bedeutung von Expertise für staatliches Handeln bemüht.[1] Fast ebenso selbstverständlich ist es, die Professionalisierung des Apothekers bzw. Pharmazeuten vorrangig an der Entwicklung juristischer Regelungen des Arzneimittelhandels festzumachen, die dem Apotheker eine privilegierte Funktion zuwies. Ihm allein schrieb man die Kompetenz zu, verantwortungsvoll mit Arzneimitteln umzugehen, daraus erwuchs sein Privileg auf den Verkauf von Arzneien.[2] Apothekenordnungen waren schon vor Beginn des 19. Jahrhunderts Teil der ersten staatlichen Regelungen der Gesundheitsfürsorge.[3]

Doch die Professionalisierung der Apotheker wie der Ärzte war kein teleologischer Prozess, der notwendig in die Anerkennung ihres ‚Expertenstatus' münden musste. Vielmehr war gerade die erste Hälfte des 19. Jahrhunderts von einer Dynamik geprägt, die von der Ausdifferenzierung der Naturwissenschaften und insbesondere von einer mächtigen Entwicklung der Chemie gespeist wurde.[4] Im Zuge dieser Entwicklung wurden Disziplinengrenzen und Befugnisse abgesteckt, das Verhältnis der Disziplinen zueinander geklärt, die Reichweite des Arbeitsfeldes, die Art der Kompetenz verhandelt. Gleichzeitig wurde auch geklärt, was Expertise eigentlich sei, wer „Sprecherrecht" in der einen oder anderen Welt habe, was jemanden zum Experten mache, wie weit seine Expertise reiche und welche Rolle Experten in Wissenschaft und Gesellschaft spielen.

Diese Aushandlungsprozesse haben sich deutlich in den Arbeiten der preußischen Pharmakopöe-Kommissionen niedergeschlagen, zu deren Geschichte Erika Hickel

---

1   Siehe nur die Ausführungen bei Feick, Jürgen: Wissen, Expertise und regulative Politik. Das Beispiel der Arzneimittelkontrolle. In: Werle, Raymund und Schimank, Uwe (Hrsg.): Gesellschaftliche Komplexität und kollektive Handlungsfähigkeit. Frankfurt/M., New York: Campus Verlag 2000, S. 208-239.

2   Abbot, Andrew: The System of Professions. An Essay on the Division of Expert Labor. Chicago, London: University of Chicago Press 1998, S. 2.

3   Adlung, A. und. Urdang, G: Grundriß der Geschichte der deutschen Pharmazie. Berlin: Julius Springer 1935, S. 7ff.

4   Vgl. nur Stichweh, Rudolf: Ausdifferenzierung der Wissenschaft. Eine Analyse am deutschen Beispiel. Bielefeld: Kleine 1982.

schon in den 70er Jahren grundlegende Arbeiten vorgelegt hat.[5] Diese Kommissionen waren zusammengesetzt aus Beamten des Ministeriums, Ärzten, Apothekern, Naturwissenschaftlern und Mitgliedern des Ministeriums. Diese Vertreter entstammen verschiedenen sozialen Welten, die ich hier vereinfachend mit ihren verschiedenen Disziplinen (Medizin, Recht, Pharmazie) bezeichnen werde. Diese sozialen Welten waren noch keineswegs vollkommen exklusiv: Vielmehr gab es Grenzgänger, die in den verschiedenen sozialen Welten verschiedene Rollen einnahmen. Die Angehörigen der Ministerien waren Verwaltungsbeamte, deren Ziel einwandfreie rechtliche Regelungen waren, Medizinern ging es um eine möglichst rasche Heilung der Kranken, während Apotheker als handwerklich ausgebildete Gewerbetreibende galten, oft allerdings mit ausgeprägtem Interesse an den Naturwissenschaften, die für ihr Gebiet immer wichtiger wurden. Aus der Verschiedenheit dieser sozialen Welten ergaben sich verschiedene Interessen und verschiedene Ansprüche an die Medizinalgesetzgebung, also auch an die Pharmakopöe. Allerdings waren sie nicht hermetisch voneinander abgeriegelt, die Grenzen waren durchlässig, ja, einzelne Personen gehörten allen dreien an. Dies gilt in herausragendem Maße für Heinrich Link (1767-1851), der promovierter Arzt war, 1783 Professor der Naturgeschichte in Rostock wurde, 1815 Professor der Naturwissenschaften und Direktor des botanischen Gartens in Berlin. Zwei Jahre später wurde er zum Mitglied der wissenschaftlichen Deputation für das Medizinalwesen ernannt, wiederum drei Jahre später zum Mitglied der Pharmakopöe-Kommision, 1823 zum Medizinalrath und 1832 zum Mitglied der Technischen Kommmission bei der Pharmakopöe-Kommission, der ansonsten nur Apotheker und Pharmazeuten angehörten.[6]

Die Pharmakopöe-Kommission beriet nicht allein über die Aufnahme einzelner Mittel in eine Liste offiziell anerkannter, von allen Apothekern zu bevorratenden Mittel. Am konkreten Objekt einzelner Arzneimittel wie der Pharmakopöe als Ganzes wurde hier auch über die Grenzen zwischen Medizin und Pharmazie und die zugestandenen Freiräume professioneller Autonomie verhandelt. Die folgenden Überlegungen verstehen sich ausdrücklich nicht als Versuch, eine Professionalisierungsgeschichte der Pharmazie zu schreiben. Zu deren vielfältigen Einzelaspekten

---

5   Hickel, Erika: Arzneimittel-Standardisierung im 19. Jahrhundert in den Pharmakopöen Deutschlands, Frankreichs, Großbritanniens und der Vereinigten Staaten von Amerika. Stuttgart: Wissenschaftliche Verlagsgesellschaft 1973; dies.: Arzneimittel-Kommissionen bei der preussischen Regierung 1798-1872. In: Rete. Strukturgeschichte der Naturwissenschaften 2 (1973), 143-167; Dies.: Die Pharmakopöe, ein Spiegel ihrer Zeit (Tschirch)? [sic]. In: Medizinhistorisches Journal 6 (1971), 207-212.

6   Vgl. Nekrolog [Dr. Heinrich Friedr. Link]. In: Notizen aus dem Gebiete der practischen Pharmacie und deren Hülfswissenschaften 15 (1851), 73-77.

hat die Pharmaziegeschichte zahlreiche Arbeiten vorgelegt.[7] Doch hinterlässt die Lektüre der Akten des Ministeriums der geistlichen, der Unterrichts- und Medizinalangelegenheiten, bzw. des Universitätsarchivs der Humboldt-Universität den Eindruck, dass es in den Beratungen der Kommissionen und den Versuchsberichten um deutlich mehr ging, als nur um einzelne Mittel. Diese waren vielmehr boundary objects im Sinne Joan Fujimuras[8] bzw. Susan Leigh Stars und James R. Griesemers, d.h. die Arzneimittel sicherten als Gegenstand gemeinsamen Arbeitens eine kohärente Kooperation über die Grenzen der sozialen Welten hinweg. Im Rahmen von Verständigungsprozessen über diese Objekte wurden auch die Anerkennung und Reichweite der jeweiligen Expertise verhandelt. Diese Prozesse waren zunächst ergebnisoffen; erst in dem Maße, wie es einzelnen Wissenschaften, Parteien und Naturforschern gelang, sich Gehör zu verschaffen, Allianzen einzugehen, ihre Ansichten publikumswirksam bekannt zu machen, wurde der Experte figuriert, dessen Ansehen in der eigenen Wissenschaft damit ebenfalls stieg.

Auf eben diese Aushandlungsprozesse im Bereich der Pharmazie richtet sich im Folgenden das Augenmerk, denn in ihnen schälten sich die Figurationen des Experten heraus. Ausgangspunkt für die Überlegungen wird eine Skizze sein, wo und wann der Pharmazie Professionalität zu- bzw. aberkannt wurde, welche Folgen die besondere Situation der Pharmazie für die Entstehung und Anerkennung der Pharmakopöen als Gemeinschaftsarbeit von Ärzten und Apothekern hatte. Darüber hinaus soll am Beispiel der öffentlichen Auseinandersetzung mit den Geheimmittelherstellern und -händlern und der staatlichen Maßnahmen gegen ihr „Unwesen" auf Probleme der Autorisierung von Expertise durch Öffentlichkeit eingegangen werden. Denn dieses Beispiel zeigt sehr deutlich, dass Zuerkennung von Expertise nicht allein im Binnensystem der Wissenschaften erfolgte, sondern auch außerhalb, so von den Laien und Patienten. Auf der Basis rationaler Argumentationen lässt sich jedenfalls nicht nachvollziehen, warum es eine so starke Nachfrage nach den Leistungen der Wunderheiler und Geheimmittelhersteller gab, obwohl deren Expertise von den offiziellen Experten, die auf „Wissenschaft", „Vernunft" und „Wahrheit" setzten,

---

7 Mit weiterreichenden Literaturverweisen Beyerlein, Berthold: Pharmazie als Hochschuldisziplin. Die Entwicklung der Pharmazie zur Hochschuldisziplin. Ein Beitrag zur Universitäts- und Sozialgeschichte. Stuttgart: Wissenschaftliche Verlagsgesellschaft 1991.

8 Fujimura Joan H.: Crafting Science: Standardized Packages, Boundary Objects and „Translation". In: Pickering, Andrew (Hrsg.): Science as Practice and Culture. Chicago, London: The University of Chicago Press 1992, S. 168-211; Star, Leigh, Griesemer, Susan and James R: Institutional Ecology, „Translations," and Boundary Objects. Amateurs and Professionals in Berkeleys Museum of Vertebrate Zoology, 1907-1939. In: Biagioli, Mario (Hrsg.): The Science Studies Reader. New York: Routledge 1999, S. 505-524.

geradewegs bestritten wurde. Dennoch gelang es auch mit regulierenden und sanktionierenden Mitteln nur mangelhaft, den exklusiven Expertenanspruch der Mediziner und Apotheker in Arzneimittelfragen zu sichern. Dies verdeutlicht, dass Expertise auch außerwissenschaftlicher Anerkennung bedarf, um Wirkung zu zeigen.

1. Die Rolle und die Entwicklung der Pharmakopöen als Expertisen

Pharmakopöen sind das klassische Instrument und die Basis zur rechtlichen Regelung der staatlichen Arzneimittelaufsicht. Die Regelungen der Pharmakopöen unterschieden sich von Land zu Land.[9] In Preußen, auf das sich die folgenden Ausführungen beziehen, stellten sie Gesetzbücher dar, welche die gängigsten und üblichsten Arzneimittel und ihre Zusammensetzung nachwiesen und festlegten. Sie schrieben fest, welche dieser Mittel die Apotheker stets vorrätig zu halten hatten und welche Qualität die bevorrateten Waren haben mussten. Sie enthielten zudem Herstellungsvorschriften für zusammengesetzte Arzneien. Als Ergänzung wurden alle drei Jahre revidierte Arzneitaxen erlassen, welche die Preise der Arzneien, der Verpackung sowie die Vergütung für die Arbeit des Apothekers festsetzten. Zusammen mit Pharmakopöe bildeten die Arzneitaxen die rechtliche Basis, auf der die Kreisphysici die Apotheken prüften. Waren einzelne Mittel nicht vorhanden, wurden sie anders als vorgeschrieben zubereitet, teurer oder billiger als in der Taxe bestimmt, verhängten sie Konventionalstrafen. Pharmakopöen waren also zentrale Instrumente staatlicher Gesundheitspolitik, welche die Qualität der Arzneien sichern und dem Betrug an Patienten vorbeugen sollten. Gleichzeitig fixierten sie aber sowohl den jeweils üblichen Arzneimittelschatz wie handwerkliche Mindeststandards für die Apotheker. Kurz: Sie spiegeln den wissenschaftlichen *state of the art*, an den sich alle Apotheker halten mussten.

Die Geschichte dieser Regelwerke reicht weit zurück: Schon die preußische Medizinalordnung von 1725 enthielt auch eine erste, wenngleich noch rudimentäre Pharmakopöe mit einer Liste staatlich anerkannter Arzneimittel. Damit stellt sie eine der ersten, gesetzlich fixierten gesundheitspolizeilichen Maßregeln dar, die das erst ein Jahr zuvor eingesetzte Oberkollegium medicum als oberste preußische Medizinalbehörde überhaupt traf.[10] Ihre Überarbeitung aus dem Jahr 1781 enthielt zudem eine „Ordnung, wonach sich die Apotheker in Unseren Landen zu achten" hatten.

---

9 Vgl. Schmauderer, Eberhard: Entwicklungsformen der Pharmakopöen. Präparative Pharmacie 5 (1969), Sonderdruck aus H. 7, 8, 10, 11, 12.

10 Vgl. Augustin, F. L.: Die Königlich Preußische Medicinalverfassung, oder vollständige Darstellung aller, das Medicinalwesen und die medicinische Polizei in den Königlich

1794 wurde eine Neuregelung erforderlich, weil sich das Allgemeine Landrecht mit den bestehenden Apotheker-Privilegien nicht mehr vertrug. Das bisherige Verfahren wurde stärker formalisiert und bürokratisiert, wobei man suchte, auch Kompetenz außerhalb des Obercollegiums einzubinden. Die daraus resultierende Pharmakopöe von 1799 hatte weitreichende Ambitionen. Vorbereitend wurde 1797 eine General-inspektion aller preußischen Apotheken durchgeführt, sodann wurde eine Kommission eingesetzt, die den Inspektionsbericht als Basis ihrer Arbeiten nutzte. Ergänzend wurde 1800 eine grundlegend revidierte Arzneitaxe und 1801 eine neue Apothekerordnung mit Ausbildungsvorschriften erlassen.[11]

Valentin Rose d.Ä. (1736-1771), Friedrich Sigismund Hermbstaedt (1760-1833) sowie Heinrich Klaproth (1743-1817) wurden in die Vorarbeiten an diesem Gesetzwerk einbezogen. Valentin Rose d.Ä. war Hofapotheker,[12] Heinrich Klaproth Apotheker und seit 1782 Dozent am Collegium medico-chirurgicum; Friedrich Sigismund Hermbstaedt zunächst Hof-, dann Generalstabsapotheker und Chemiker. Damit hatten beide wichtige Stellungen im Staat inne. Ihre Berufung in die Pharmakopöe-Kommission bestätigte aus staatlicher Sicht ihre Anerkennung als Experten. Dabei war die Pharmazie selbst zu dieser Zeit noch keineswegs von der akademischen Medizin als Profession anerkannt, war doch der Beruf des Apothekers zu dieser Zeit noch ein Lehrberuf und damit ein Handwerk. Die Lehrlinge durchliefen zunächst eine praktische Ausbildung, absolvierten eine fünfjährige „Servierzeit" als Apothekergehilfe, um dann „konditionieren" zu dürfen. Apotheker zu sein, bedeutete Arzneimittel nach ärztlicher Anweisung herzustellen. Die eigentliche Arzneimittellehre, die „Materia medica" wurde dagegen von der akademischen Medizin als ihr ureigenstes Feld betrachtet und hatte einen festen Platz im ärztlichen Ausbildungskanon.[13] Im Übrigen war der handwerksmäßig-gewerbliche Charakter des Apothekers für die Ärzte des 19. Jahrhunderts das Argument der Ärzte schlechthin, um ihm Wissenschaftlichkeit abzusprechen und die Medizin als überlegen darzustellen.[14]

Preußischen Staaten betreffenden Gesetze, Verordnungen und Einrichtungen, Bd. 2 Potsdam: Karl Christian Horvath 1818., S. 336; Winau, Rolf: Medizin in Berlin. Berlin, New York: de Gruyter 1987, S. 63-72; Münch, Ragnhild, Gesundheitswesen im 18. und 19. Jahrhundert. Das Berliner Beispiel. Berlin: Akademie Verlag 1996, S. 27ff.

11 Hickel, Arzneimittelkommissionen 1973, 147f. (wie Anm. 5).

12 Dann, Georg Edmund: Martin Heinrich Klaproth (1743-1817). Ein deutscher Apotheker und Chemiker. Sein Weg und seine Leistung. Berlin 1958, S. 29.

13 Eulner, Hans Heinz: Die Entwicklung der medizinischen Spezialfächer an den Universitäten des deutschen Sprachgebietes. Stuttgart: Enke 1970, S. 112ff.

14 Zum Gewerbsmäßigen der Apothekerarbeit vgl. Adlung/Urdang 1935, S. 98ff. (wie Anm. 3).

Dies war allerdings nicht ganz unproblematisch: Denn am ungeheuren Aufschwung der ursprünglich im Schoß der Medizin beheimateten Chemie als Wissenschaft,[15] waren die Apotheker maßgeblich beteiligt: Etwa die Hälfte der zwischen 1700 und 1775 geborenen Chemiker hatte ursprünglich eine Ausbildung als Apotheker absolviert[16] und die wichtigen pharmakologischen Entdeckungen des frühen 19. Jahrhunderts stammten nicht etwa von Ärzten oder aus Universitätskliniken, sondern von Apothekern, wie z.b. das Morphin, das der Bielefelder Apotheker Sertürner 1805 darstellte.[17]

Dennoch gelang es den Medizinern relativ lange, die Anerkennung der Pharmazie als Hochschuldisziplin zu verhindern. Zwar konnten Studierwillige an den Universitäten Chemie, Botanik und Materia medica studieren. Doch gab es keine Synthese dieser Fächer, die an medizinischen Fakultäten angesiedelt und damit auf deren klinisch-medizinische Bedürfnisse abgestellt waren. Außerdem fehlte eine praktische Laborausbildung.[18] Seit 1825 konnten Lehrlinge zwei Jahre der Servierzeit erlassen werden, sofern sie ein zweisemestriges Studium oder den Besuch einer der pharmazeutischen Akademien nachweisen konnten und im gleichen Jahr wurde ein solches Studium für die Apotheker I. Klasse, also für die Apotheker der größeren Städte, zur Pflicht.[19] Dies war nicht unproblematisch. Denn die Pharmazeuten konnten sich – sofern sie kein Abitur hatten – nach dem Edikt vom 12.10.1812 nicht regulär immatrikulieren. Auch konnten sie auf regulärem Wege keine Dozentur erhalten.[20] Der einzig mögliche Weg zu einer Universitätslaufbahn war die außerordentliche, in der Regel unbezahlte Privatdozentur, die bei entsprechenden Leistungen, Wohlgefallen der Obrigkeit und vorhandenem Bedarf nach jahre- und jahrzehntelangem Warten zu einer mit respektablen Einkünften verbundenen Professur führen konnte.[21] Andererseits war, wer vom Gymnasium kam, eindeutig und nahezu

---

15 Als Überblick dazu: Schneider, Wolfgang: Werdegang der Chemie. Entwicklung einer Naturwissenschaft. Frankfurt/M.: Haag + Herchen, 1999.

16 Beyerlein 1990, S. 17 (wie Anm. 7); siehe dazu auch: Dilg, Peter: Die Apotheke als Forschungsstätte. In: Berichte zur Wissenschaftsgeschichte 23 (2000), 303-31; Christoph und Wolf-Dieter Müller-Jahncke (Hrsg.): 2002.

17 Vgl. Krömeke, F (Hrsg.): Friedrich Wilh. Sertürner, der Entdecker des Morphiums. Lebensbild und Neudruck der Original-Morphiumarbeiten. Jena: Fischer 1925.

18 Beyerlein 1990, S. 105 (wie Anm. 7).

19 Ebenda, S. 169ff.

20 Ebenda, S. 116.

21 Auf diese Weise konnten sie trotz anerkannter wissenschaftlicher Leistungen Jahre und Jahre im Wartestand zubringen, wie etwa Dierbach, dazu Keidel, Jochen: Johann Heinrich

ausschließlich sprachlich-philosophisch ausgebildet, abgesehen von der Mathematik fehlten aber die nötigen naturwissenschaftlichen Vorkenntnisse, etwa die der Botanik.[22]

Trotz dieser Einbindung von Apothekern und Pharmazeuten in staatliche Verwaltungsprozeduren und Versorgungsaufgaben, trotz der Forderung der Apotheker nach Akademisierung ihres Faches stieß die Professionalisierung der Pharmazie zunächst auf wenig staatliche Unterstützung. Wie in den Agrarwissenschaften basierte die Gründung von Vereinen, Mitteilungsblättern und Vereinszeitschriften sowie die Einrichtung von spezifischen Ausbildungseinrichtungen, die gemeinhin als Stufen der Professionalisierung betrachtet werden, zunächst vor allem auf Eigen- bzw. Privatinitiative. Insbesondere die Ausbildung stellte ein Problem dar, daher entstanden schon seit dem späten 18. Jahrhundert eigene, private Ausbildungsinstitute, die über Anzeigen in Intelligenzblättern ihre Zöglinge rekrutierten. Ihr Ruf war eng mit der Reputation ihrer Leiter und Betreiber und ihrem Schicksal verbunden; sie wurden in der Regel geschlossen, wenn der Besitzer sich zurückzog, erkrankte oder starb. Das erste dieser Institute gründete Johann Christian Wiegleb (1732-1800) in Langensalza, 1789 folgte Sigismund Friedrich Hermbstaedt diesem Vorbild mit einer Einrichtung in Berlin, 1793 Johann Friedrich August Göttling (1755-1809) mit einer solchen in Jena. Das bekannteste dieser Institute hatte jedoch 1795 Johann Bartholomäus Trommsdorff (1770-1837) in Erfurt errichtet. Es war die erste Anstalt, an der alle einschlägigen Fächer unterrichtet wurden.[23] Ihren positiven inhaltlichen Beitrag zur Ausbildung und ihr hohes Ansehen erkannte der preußische Staat insofern an, als der Besuch die Zöglinge laut Erlass vom 30.6.1823 im Hinblick auf die Reduktion der Servierzeit dem Universitätsstudium gleichstellte.[24]

Diese Institute richteten sich zwar vor allem an die angehenden Apotheker, denen sie das nötige wissenschaftliche Handwerkszeug vermittelten. Doch hatten sich ihre Betreiber vor allem als Wissenschaftler ausgezeichnet und suchten die Apothekerkunst zur wissenschaftlichen Disziplin zu erheben. Viele berühmte Pharmakologen

---

Dierbach (1880-1845). Ein Beitrag zu Leben und Werk des Heidelberger Hochschullehrers. Stuttgart: Deutscher Apotheker Verlag 1983, v.a. S. 36ff.

22 Tatsächlich war noch 1852 keiner der an den preußischen Universitäten studierender Pharmazeut lege artis immatrikuliert, vgl. Beyerlein 1990, S. 117 (wie Anm. 7).

23 Pohl, Dieter: Zur Geschichte der pharmazeutischen Privatinstitute in Deutschland von 1779 bis 1873. Diss. Marburg 1972, S. 23, 30ff, 34ff, 38ff.

24 Ebenda, S. 190ff. Siehe den Erlass bei: Augustin, F. L.: Die Königlich Preußische Medicinalverfassung, oder vollständige Darstellung aller, das Medicinalwesen und die medicinische Polizei in den Königlich Preußischen Staaten betreffenden Gesetze, Verordnungen und Einrichtungen. Bd. 4, Potsdam: Karl Christian Horvath 1828, S. 34f. (wie Anm. 10).

und Chemiker durchliefen diese Institute.[25] Bis die Universitäten eigene pharmakologische Institute errichteten, sollte noch viel Zeit vergehen. Erst 1820, manche Autoren wollen sogar erst im pharmakologischen Institut Rudolf Buchheims das erste staatliche, pharmakologische Institut erblicken.[26] wurde an der Universität zu Breslau das erste pharmakologische Institut Deutschlands gegründet.[27] Institute wie dieses blieben zunächst allerdings Ausnahmen und eigene Lehrstühle wurden noch später errichtet, in Berlin erst 1883, obwohl hier seit dem 18. Jahrhundert eine ganze Reihe bedeutender Pharmazeuten und Chemiker gearbeitet hatte, die in der Königlichen Hofapotheke mit ihrem musterhaft eingerichteten Labor bzw. in der Akademie der Wissenschaften ein geradezu ideales Forschungsfeld vorfanden.[28] Wie in der Chemie und später auch in der Physiologie verfügten die Universitäten oftmals überhaupt nicht über Laboratorien; vielmehr wurde die Forschung in Privatlaboratorien durchgeführt, so in den Laboratorien der Apotheker. Auf diese griffen die Pharmakopöe-Kommissionen später ebenfalls zu, indem sie die Apotheker unter ihren Mitgliedern dort Versuche durchführen ließen.

Nicht minder beeindruckend war die Entwicklung der einschlägigen Fachzeitschriften, von denen schon im 18. Jahrhundert eine Vielzahl erschien. Ab der Wende zum 19. Jahrhundert nahm die Zahl der Fachblätter zu, von denen sich das seit 1794 erscheinende Trommsdorffsche Journal, das seit 1796 publizierte „Berlinische Jahrbuch für Pharmacie" und „Buchners Repertorium für die Pharmacie" mit ihrer Berücksichtigung praktischer wie der Diskussion standespolitischer Fragen rasch als die wichtigsten herauskristallisierten.[29] Auch die zeitlich nahezu parallel entstehenden berufsständischen Vereinigungen gaben eigene Zeitschriften heraus. So der schon 1801 gegründete „Apothekerverein des nördlichen Teutschland", der die

---

25 Vgl. Pohl (1972) (wie Anm. 23).

26 Bickel, Marcel H.: Die Entwicklung zur experimentellen Pharmakologie 1780-1850. Wegbereiter von Rudolf Buchheim. Basel: Schwabe 2000.

27 Schmitz, Rudolf: Die deutschen pharmazeutisch-chemischen Hochschulinstitute. Ihre Entstehung und Entwicklung in Vergangenheit und Gegenwart. Ingelheim am Rhein: Deutscher Apotheker-Verlag 1969, S. 11.

28 Andernorts errichteten die Universitäten erst im frühen 20. Jahrhundert eigene Lehrstühle, vgl. Lindner, Jürgen: Zeittafeln zur Geschichte der pharmakologischen Institute des deutschen Sprachgebietes. Anhang: Laboratorien mit pharmakologischer Arbeitsrichtung und pharmakologische Laboratorien der Industrie. Auldendorf in Württ.: Cantor 1957, S. 17; Eulner 1972, S. 117ff. (wie Anm. 12).

29 Ein Verzeichnis dieser Blätter, ihres Erscheinungsverlaufs und die Angabe der jeweils wichtigsten Themen bei Wolf, Sigrid: Das deutsche pharmazeutische Reformschrifttum und Zeitschriftenwesen im 19. Jahrhundert. Diss. nat. rer. Marburg 1971.

Keimzelle der heutigen Standesvertretung der Apotheker wurde, seit 1820 die „Pharmazeutischen Monatsblätter", die später als „Archiv der Pharmazie weitergeführt wurden.[30]

Angesichts dieser Entwicklung und auch angesichts der bahnbrechenden Innovationen von Apothekern ist es erstaunlich, wie lange den Pharmazeuten die Zulassung zu den Universitäten und ein Studium als regulärer Ausbildungsweg vorenthalten werden konnte. Abgesehen von der geringen Wertschätzung der ursprünglich allein auf Jura, Theologie und Medizin ausgerichteten Universitäten für die Naturwissenschaften spielte dabei die humanistische Universitätsreform mit ihrer Betonung der Philologie als Kernkompetenz eine entscheidende Rolle. Zudem betrachtete die akademische Medizin die materia medica als ihr ureigenstes Fach und wollte sie nicht aus ihrer Rolle als Hilfswissenschaft entlassen. Als rhetorische Strategie bediente sie sich dabei des Verweises auf die fehlende Wissenschaftlichkeit der Pharmazie: Denn nach Kant behandelt die „eigentliche" Wissenschaft ihren Gegenstand apriori und ist dabei apodiktisch; eine Naturwissenschaft sei nur dann eine Wissenschaft, wenn sie einen Anteil an reiner Mathematik besitze. Die Chemie jedoch, deren Gesetze empirisch, im Labor und durch Beobachtung gewonnen seien, wurden nicht als Wissenschaft, sondern als systematische Kunst eingestuft.[31] Hinzu kam schließlich noch das von Humboldt stark betonte Ideal der Zweckfreiheit der Wissenschaften, die nicht dem Gewinn irdischer Güter, sondern dem Wahren, Guten und Schönen zu dienen hätten. Der Apotheker jedoch, so hieß es, sei ein Gewerbetreibender, der seine Kenntnisse zunächst vor allem empirisch, als Handwerker, erlerne und gewinnorientiert sei.[32] Daher sprach man ihm letztlich das Interesse an der „Wahrheit" ab. Tatsächlich beinhaltete die Arbeit des Apothekers ja auch eine ganze Reihe praktisch-manueller Tätigkeiten, ja Dienstleistungen am Kunden, eine für „reine" Wissenschaft undenkbare Tatsache.

2. Staatlich autorisierte Experten: Die Pharmakopöe-Kommissionen

Die geschilderte institutionelle Entwicklung der Pharmazie berührt sich insofern mit der Entwicklung der Pharmazie, als dass sich die Pharmakopöen in ihren diversen

---

30 Hoff, Norbert: Pharmazeutische Vereine und Gesellschaften von 1774 bis 1872. Ihre Geschichte unter besonderer Berücksichtigung der wissenschaftlichen Leistungen. Diss. Marburg/Lahn 1972.

31 Beyerlein 1990, S. 35 (wie Anm. 7).

32 Diese Konflikte waren als Kristallisationspunkt der Professionalisierungsdebatte ein wichtiges Thema des pharmazeutischen Reformschrifttums, vgl. Wolf 1972, S. 31ff. (wie Anm. 29).

Editionen (bis 1862 gab es in Preußen allein sechs) ausdrücklich darauf berufen, dem Fortschritt der Wissenschaften zu folgen. Typisch ist die Rechtfertigung der Neuausgabe wie im Vorwort der Pharmacopöe von 1846: „Da die Wissenschaft, sowohl die medicinische als die pharmaceutische, immer neue Fortschritte macht, so ist es nöthig, dass auch neue und verbesserte Ausgaben der Pharmakopöen herausgegeben werden."[33] Indem der preußische Staat diese Formulierung hingehen ließ und Pharmazeuten und Apotheker nebeneinander als Kommissionsmitglieder nannte, gestand der Pharmazie zwar ihren Anspruch, dem Ideal der Wissenschaftlichkeit nachzustreben, faktisch zu. Indem er nur zögerlich Maßnahmen zur Schaffung von Einrichtungen zu einer wissenschaftlichen Ausbildung der Apotheker ergriff, zeigte er sich nicht bereit, daraus auch die institutionellen Konsequenzen zu ziehen. Wie noch zu zeigen sein wird, wurde zudem dem Fortschritt der Wissenschaft kein ungehinderter Einfluss auf die Pharmakopöe eingeräumt.

Erklärtes Ziel der Pharmakopöen war es, den Arzneischatz möglichst zu verringern, indem die häufig gebrauchten Arzneimittel ausgewählt und verzeichnet wurden.[34] Gemessen an der Zahl der verzeichneten Mittel, gelang dies: Waren im Preußischen Dispensatorium von 1731 allein 1.192 Mittel aufgezählt, die im Extremfall aus bis zu 170 Einzelzutaten bestanden,[35] trug an der Wende zum 19. Jahrhundert vor allem der therapeutische Skeptizismus zur Vereinfachung des Arzneischatzes bei. So verzeichnete die Preußische Pharmakopöe von 1799 nur noch 592 Medikamente aus maximal 13 Ingredienzien.[36] Der Skeptizismus führte auch dazu, dass therapeutische wie pharmazeutische Neuerungen nur mit großem Zeitverzug die Aufnahme in die verschiedenen Editionen schafften.[37]

Bemühungen, im Rahmen der Arbeiten die klinische Wirksamkeit des einen oder anderen Mittels zu klären, blieben die große Ausnahme. Dies zeigt der Quellenfundus des DFG-Projektes „Expertise und Öffentlichkeit. Frühe klinische Versuche an den Charité-Patienten in der ersten Hälfte des 19. Jahrhunderts". Er umfasst sowohl Archivalien des Geheimen Staatsarchivs aus der Provenienz des Ministeriums für geistliche, Unterrichts- und Medizinalangelegenheiten, welche die Korrespondenzen

---

33 So das Vorwort zur Pharmakopöe von 1846, hier zitiert nach Dulk, Friedr. Phil: Pharmacopoea Borussica. Die Preussische Pharmacopöe. Übersetzt und erläutert. 5. völlig umgearbeitete Aufl., Erste Abt. Leipzig: Verlag von Leopold Voss 1847, Beilage II.

34 Vgl. ebenda.

35 Kühn, Jochen: Untersuchungen zur Arzneischatzverringerung in Deutschland um 1800. Diss. Braunschweig 1976, S. 13.

36 Ebenda, S. 87.

37 Dazu Hickel 1971 (wie Anm. 5).

zu Konzessionierungsanträgen für Geheimmittel und Prüfungsverfahren neuer Mittel sowie die Protokolle der Pharmakopöe-Kommissionen enthalten wie Akten des Archivs der Humboldt-Universität. Letztere beziehen sich auf die Korrespondenz zwischen Charité-Direktion und Ministerium sowie Charité-Direktion und Kliniken und dokumentieren die Verfahren, in denen die Wirkung neuer Mittel überprüft oder neue Bereitungsweisen bekannter Mittel überprüft wurden. Von diesen Verfahren sind allerdings nur einige wenige in den Zusammenhang mit Pharmakopöe-Überarbeitungen einzuordnen. Dabei handelt es sich um die Diskussion eines Opiumsurrogats aus dem heimischen Lattich,[38] um die Frage der Wirksamkeit verschiedener Extrakte aus Sennesblättern als Abführmittel, sowie Versuche mit Extractum Aconitum bzw. Helleborum-[39] und die ideale Rezeptur von Pflastermassen. Alles dies waren nicht gerade sensationelle medizinische Probleme.

Die Pharmazeuten der Kommission waren in der Tat nicht als forschende Wissenschaftler eingesetzt, sie fungierten als technische Experten. Das scheint zunächst ein Widerspruch zu sein, doch bei näherem Hinsehen zeigt sich, dass die Kommmissionen keine eigentliche Forschung trieben, sondern trotz des Anspruchs in den Vorworten auf den aus anderen Zusammenhängen verfügbaren Erfahrungs- und Wissensschatz zurückgriffen. Es ging dezidiert nicht darum, jeweils das Allerneueste in die Pharmakopöen aufzunehmen. Wie Hermbstaedt am 30.7.1811 an das Ministerium schrieb, werde man bei der Neuaufnahme von Mitteln „nur das wirklich als gut und unentbehrlich anerkennen müssen, was sich eine Reihe von Jahren hindurch, unter der Beobachtung bewährter Aerzte, als wirklich gut bestätigt hat.''[40]

Auch daher waren „normale" Berliner Apotheker nach 1817 Mitglieder der Pharmakopöe-Kommissionen und zwar durchweg als Handlanger. Sie hatten jene Analysen durchzuführen, mit denen verschiedene Zubereitungsarten auf Einfachheit, Praxistauglichkeit und Haltbarkeit getestet werden sollten. Professionspolitisch gesehen entspricht dies dem Anspruch der Medizin, die führende Disziplin gegenüber einer als Handwerk verstandenen Pharmazie zu sein. Nur weil den Ärzten empirische,

---

38 GStA, Rep. 76 VIIIA, Nr.2238, Bl. 1ff. sowie ebenda, 1745, Bl. 66 ff. Zum Opium vgl. Trocki, Carl E.: Opium, Empire and the Global Political Economy. A Study of the Asian Opium trade 1750-1950. London, New York: Routledge 1999; Seefelder, M.: Opium: Eine Kulturgeschichte. München: DTV 1988.

39 Vgl. UAHUB, Nr.1284 Acta betreffend die Versuche mit dem Extractum aconiti und Extractum Hellebori nigri 1860-1863.

GStA, Rep. 76VIIIA, Nr. 1733, Bl. 35. Diese Ansicht ist bis heute prägend geblieben, vgl. Mieg, Harald A.: Die Expertenrolle, Working Paper/Arbeitspapier No. 3. Hrsg.: Eidgnössische Technische Hochschule Zürich, Umweltnatur- und Umweltsozialwissenschaften, in: http://www.uns.umnw.ethz.ch/uns/research/publications/wp_pdf/WP_03.pdf.

chemisch-pharmazeutische Kenntnisse und handwerkliche Fähigkeiten abgingen und sie zudem keine Laboratorien hatten, um entsprechende Prüfungen durchzuführen, ging kein Weg an den Apothekern vorbei. Doch unter Rückbezug auf das eingangs erwähnte Konzept des „Boundary Objects" lässt sich dies durchaus auch dahin gehend interpretieren, dass die konkreten Arbeitsaufgaben der Pharmakopöe-Kommissionen in Aushandlungsprozessen arbeitsteilig verteilt wurden und so die Aufteilungen rückverstärkte und stabilisierte.

Diese Prozesse waren durchaus konfliktträchtig und die Stabilisierungen des Verhältnisses von empirischen chemisch-pharmazeutischen Kenntnissen und Fähigkeiten zur angestrebten Wissenschaftlichkeit der Pharmazie höchst fragil. Dies zeigt insbesondere der von Erika Hickel aufgearbeitete Konflikt zwischen dem Pharmazeuten Heinrich Link und dem vortragenden Rat Johann Gottfried Langermann (1768-1832) im Rahmen der Arbeiten an der vierten, 1827 in Kraft getretenen Pharmakopöe.[41]

Inzwischen hatten sich im Vergleich zur Situation vom Anfang des Jahrhunderts die organisatorischen wie personellen Voraussetzungen im Ministerium und damit die Schnittstellen zwischen Experten und Verwaltung, aber auch die von außen erhobenen Ansprüche der Pharmazie gegenüber erheblich geändert: Die Pharmakopöe des Jahres 1799 war vom Obercollegium medicum bearbeitet worden, der obersten medizinischen Behörde, die ganz in der Hand von Medizinern war. Als im Zuge der preußischen Reformen das Ministerium des Innern entstand, wurde ihm 1808 die Wissenschaftliche Deputation für das Medizinalwesen beigeordnet. Diese Deputation war als wissenschaftliche Fachbehörde konzipiert, die alle wissenschaftlichen und technischen Aufgaben des Ober-Kollegiums übernahm, während die eigentliche Gesundheitsverwaltung und -aufsicht vor Ort dem Polizei-Departement zufiel. Zur Entscheidung medizinischer Sachfragen zog die Wissenschaftliche Deputation von Fall zu Fall Experten hinzu, vorrangig Professoren, die an der Berliner Charité tätig waren. Auf sie hatte man wegen des Charakters der Charité als Staatsanstalt und wegen der Abhängigkeit der Professoren vom Staat einen vergleichsweise direkten Zugriff. Als am 22.1.1810 die ersten acht Mitglieder der wissenschaftlichen Deputation formell ernannt wurden, waren fünf von ihnen Ärzte und drei Naturwissenschaftler: Zwei von ihnen, die Apotheker und Chemiker Heinrich Klaproth und

---

41 Die zweite Pharmakopöe vom Jahr 1804 sowie die dritte von 1813 waren von vornherein nur als Überarbeitungen, nicht grundlegende Reformen in Angriff genommen worden.

Sigismund Friedrich Hermbstaedt[42], waren schon Mitglieder früherer Kommissionen gewesen, neu hinzu kam der Botaniker Karl Ludwig Willdenow (1765-1812).[43]

Zunächst unterstand diese Deputation direkt dem Innenminister. Mit seiner Gründung im Jahr 1817 wurde sie dem Ministerium der geistlichen, Unterrichts- und Medizinalangelegenheiten unterstellt. In der förmlichen Instruktion vom 23. November 1817 war festgehalten, dass sie aus einem Direktor und einer Anzahl von ärztlichen Mitgliedern bestehen sollte, die auf je drei Jahre ernannt werden und wohl eine „Renumeration", doch keine regelrechte und regelmäßige Bezahlung für ihre Tätigkeit erhalten sollten.[44] Gleichwohl war der Aufgabenkatalog der Deputation umfassend: Neben der Prüfung der Ärzte und Apotheker hatte sie zahlreiche Gutachten anzufertigen und eben auch die Pharmakopöe zu erarbeiten.

Die dritte, 1813 vorgelegte Pharmakopöe war nicht grundlegend überarbeitet worden; einem Vorschlag Ernst Horns folgend, waren von Klaproth neben einigen wenigen Ergänzungen und Streichungen nur offensichtliche Errata und die in den kritischen Besprechungen bemängelten Fehler beseitigt worden.[45] Doch da eindeutige Bestimmungen fehlten, hatten sich seit 1820 Beschwerden und Eingaben gehäuft, vor allem wegen einer verbindlichen Gehaltskontrolle der verdünnten Blausäure, die für die praktischen Apotheker zentral war und mit dem Aufkommen hochwirksamer Monosubstanzen in der Folgezeit noch an Bedeutung gewann.[46] Aufgrund der Beschwerden wurde 1820 eine eigene Phamakopöe-Kommission einberufen, zu der nun mit Johann Christian Carl Schrader (1762-1826) und Johann

---

42 Vgl. Mieck, Ilja: Sigismund Friedrich Hermbstaedt (1760-1833). Chemiker und Technologe in Berlin. In: Technikgeschichte 32 (1965), 325-382.

43 Zu seiner Person vgl. Lehmann, Herbert: Das collegium medico-chirurgicum in Berlin als Lehrstätte der Botanik und Pharmazie. Diss. Berlin 1936, S. 40ff.

44 Zur Berufung der ersten Mitglieder Müsebeck, Ernst: Das Preußische Kultusministerium vor hundert Jahren. Stuttgart, Berlin: J. G. Cotta'sche Buchhandlung Nachfolger 1918, S. 164. Tatsächlich wurden schon nach der ersten Amtsperiode bis 1820 die Mitglieder nicht wieder- oder neu ernannt, sondern führten ihre Geschäfte bis zu ihrem Tode weiter fort. Dadurch wurden die Grenzen zwischen ordentlichen/nicht ordentlichen Mitgliedern aufgehoben.

45 Siehe das Schreiben Horns vom 16.11.1811, in: GStA, Rep. 76VIIA, Nr. 1733, Bl. 47, die Rekapitulation der Ereignisse und Beschlüsse seitens der Wissenschaftlichen Deputation vom 23. Sept. 1812, ebenda, Bl. 96ff., sowie die Protokolle der Sitzungen der Wissenschaftlichen Deputation ebenda, Bl. 53 passim; Klaproths Stellungnahme vom 2. 4. 1812, ebenda, Bl. 81.

46 Vgl. die Eingaben verschiedener Bezirksregierungen in GStA 76VIIIA, Nr. 1734, Bl. 84f., 97.

Heinrich Ludwig Staberoh (1785-1858) zwei tätige Apotheker Berlins stießen.[47] Ihre Aufgabe war die Durchführung chemischer Analysen und die Zubereitung von Musterpräparaten, die nicht eigens honoriert wurde.

In der Folgezeit kam es zwischen Kommission und Ministerium immer wieder zu erheblichen Konflikten über Ziel- und Zwecksetzungen der Arbeit. 1824 legten die Experten Langermann, dem zuständigen Staatsrat im Kultusministerium und Leiter der Medizinalabteilung, selbst Jurist und Mediziner, den Entwurf der neuen Pharmakopöe vor. Er war höchst unzufrieden mit dem Ergebnis der Arbeiten, über die er Altenstein gegenüber festhielt: „So macht man keine Pharmakopöe!"[48] Ihm ging es darum, die Pharmakopöe zentral auf die Praxis der Apotheken und ihrer Überwachung auszurichten, gleichzeitig aber auch mit der Entwicklung von Handel und Gewerbe in Einklang zu bringen. Deswegen wollte er weitere Berater auch aus der Arzneimittelgroßherstellung hinzuziehen.[49] Zudem sollte die Pharmakopöe eine Liste der Höchstdosen und jener Mittel enthalten, die ihrer Giftigkeit wegen separat aufzubewahren waren. Vor allem jedoch wünschte er, dass sie, um den Anforderungen der neuen Zeit zu genügen, eindeutige Herstellungsvorschriften sowie Vorschriften zur Prüfung der industriell hergestellten Arzneien enthalten sollte.[50] Die zahlreichen Verbesserungsvorschläge Langermanns behandelte die Kommission jedoch nur schleppend, wie Erika Hickel vermutet, weil sie sich in ihrer Unbhängigkeit bedroht sah, doch stets versichernd, Langermanns Monita genügen zu wollen.[51] Zwischen den Apothekern und Langermann kam es schließlich zu ernsthaften Misshelligkeiten, da erstere Absprachen offenbar nicht einhielten. Schließlich schrieb Langermann, diese Verhaltensweisen „mußten mir alle Lust benehmen, die Arbeiten mit ihnen fortzusetzen" und stellte dem Minister anheim, sie einem anderen, der vielleicht sachkundiger sei, zu übertragen.[52]

Tatsächlich führte der Minister die weiteren Verhandlungen dann mit Heinrich Link. Dieser warf Langermann vor, erstens die Arbeiten behindert und zweitens den

---

47 Bereits am 27.12.1819 ordnete Altenstein eine Neuauflage der Pharmacopoe an und beauftragte Link, Hermbstaedt und Schrader mit der Durchsicht der geltenden Pharmacopoe., vgl. GStA, Rep. 76VIIIA, Nr. 1734, Bl. 77.

48 Vgl. seinen Bericht an den Minister vom 2. Juli 1825 in: GStA, Nr. 1735, Bl. 46-59, das Zitat Bl. 57; vgl. Links Bericht an den Minister vom 6.2.1825, ebenda, Bl. 27-28.

49 Langermann hatte schon 1824 eine Konsultationsreise zu berühmten Pharmazeuten und Pharmakologen beantragt, vgl. GStA, Rep. 76 VIIIA, Nr. 1735, Bl. 46.

50 Siehe seine Ausführungen in GStA, Rep. 76VIII, Nr. 1735, Bl. 54ff.

51 Vgl. das Schreiben Links an den Minister Altenstein vom 12.7.1826, ebenda, Bl. 39f.

52 Ebenda, Bl. 58.

Ärzten allzu große Freiräume eingeräumt zu haben. Link betrachtete die Pharmako-
pöe als Gesetzbuch vor allem für die Apotheker, deren Freiraum er verteidigte.
Ihnen wollte er Anwendung und Auswahl von Prüfungsmethoden überlassen und die
Zubereitung von Arzneien ganz auf die Apotheken beschränkt wissen.[53] Mit anderen
Worten: Für ihn waren sie wegen ihres Fachwissens Experten in eigener Sache und
zur freien Entscheidung fähig; Langermann stufte sie dagegen als Handwerker, als
Anwender eines festgeschriebenen Wissenskanons ein. Mit dieser Ansicht schaffte
er es nicht, tragfähige Allianzen zwischen den beteiligten Arbeitsgruppen zu bilden.
Dies gelang erst, als er den Weg freimachte und Link das Ruder und die fernere
Koordination bis hin zum Druck übernahm. Die Konsequenzen waren weitreichend.
Zwar wurde die Pharmakopöe alsbald gedruckt, doch verzögerte sich der förmliche
Erlass der Pharmakopöe schließlich bis ins Jahr 1832 hinein.[54] Zu dieser Zeit war
die Pharmakopöe inhaltlich jedoch schon wieder überholt.

3. Öffentlich legitimierte Expertise: Die Pharmakopöe-Kommentare und ihre
    Autoren

Der Bedarf an einsehbaren und nachvollziehbaren Regelungen, die dem wissen-
schaftlichen Fortschritt folgten, war aber bei allen Beteiligten schon früh vorhanden.
Jenseits der staatlichen Ebene und der Kommissionsarbeit wurde er in Form von
Kommentaren und Übersetzungen umgesetzt.[55] Die bekanntesten stammten von Carl
Wilhelm Juch,[56] Friedrich Dulk[57] und dem Berliner Apotheker Staberoh.[58] Die

---

53 Vgl. die Ausführungen im Schreiben Links vom 6.2.1825, in: GStA, Rep. 76VIIIA, Nr.
    1735, Bl. 27-28.

54 Siehe nur die Diskussionen mit dem Verleger, dessen Absatz darunter litt, in: GStA, Rep.
    76VIIIA, Nr. 1736, Bl. 53-55. Die endgültige Inkraftsetzung erfolgte erst mit
    Zirkularreskript vom 19.12.1831, vgl. ebenda, Bl. 57.

55 Im Überblick behandelt bei Hickel 1973, S. 197-200, (wie Anm. 5).

56 Juch, Carl Wilhelm: Pharmacopoea Borussica oder Preußische Pharmacopoé [sic]. Aus
    dem Lateinischen übersetzt und mit Anmerkungen und Zusätzen begleitet. Nürnberg:
    Verlag der Steinischen Buchhandlung 1805.

57 Dulk, Friedr[ich]. Phil. Pharmacopoea Borussica. Die Preußische Pharmakopöe. 4. Aufl.,
    übersetzt und erläutert, Erster Theil: Einfache Mittel, Leipzig: Verlag von Leopold Voß
    1828.

58 Preussische Pharmacopoe. Vierte Ausgabe. Uebersetzung der lateinischen Urschrift von
    H. Staberoh. Berlin: Carl Friedrich Plahn 1827.

„Neben-Pharmakopöe" des Berliner Apothekers Julius E. Schacht,[59] der als Kommissionsmitglied in die Arbeiten an der Pharmakopöe involviert war, wurde sogar vom Ministerium zum Gebrauch für die Apotheker förmlich zugelassen.

Ein weiterer Grund für die Entstehung der Kommentare war die große inhaltliche Knappheit der Pharmakopöen, die von den Kommissionen von vornherein als Gesetzbücher konzipiert wurden, während die größere Ausführlichkeit etwa der französischen Pharmakopöen im Hinblick auf die enthaltenen Gehaltsangaben für Präparate, physikalischer Prüfungsmethoden und Definitionen pharmazeutischer Prozeduren zu ihrer Benutzung als Lehrbücher führte.[60] Wie lang anhaltende Streitigkeiten unter den Pharmaceuten zeigten, war die Konzeption der Pharmakopöe nicht unumstritten. Für ihre Befürworter war die lateinische Sprache ein Symbol für die wissenschaftliche Dignität der Pharmazie, teils sah man darin auch einen Schutz vor unerlaubter Zubereitung der Arzneien durch Laien.[61] Hinzu kam, dass viele Pharmazeuten nur unzureichend Latein sprachen.[62] Zugleich gab es einen weitreichenden Streit darum, wie ausführlich die Erläuterungen zu sein hätten; solange sie knapp blieben, gab es einen Bedarf nach ergänzenden Informationen.

Kommentare wie Ergänzungen waren gegenüber den Pharmakopöen durchaus kritisch und wurden als Arbeitsprogramm für die künftigen Neubearbeitungen verstanden. In der Praxis erlangten diese Werke eine so große Bedeutung, dass sie auch als „Nebenpharmakopöe" bezeichnet wurden,[63] ja man sprach von der „offiziellen

---

59 Schacht, Julius E.: Praeparata chemica et pharmaca composita in Pharmacopoea Borussicae editionem sextam non recepta, quae in officinis Borussicis usitata sunt. Berolini: Gaertner 1847.

60 Hickel (1973), S. 18 (wie Anm. 5).

61 Vgl. das Sitzungsprotokoll der Pharmakopoe-Commission vom 8.3.1842, in: GStA, Rep. 76VIIIA, Nr. 1745, Bl. 36.

62 Vgl. nur die Circularverfügung vom 21.1.1850, das allen Apothekern und Apothekengehilfen den Besitz der lateinischen Pharmakopöe vorschrieb, weil die Visitationen zeigten, dass sie kein Latein konnten, vgl. GStA, Rep. 76VIIA, Nr. 1741, Bl. 15. Schon am 16.11.1811 hatte Horn darauf aufmerksam gemacht, dass „es eine Menge von Ärzten, Apothekern und Chirurgen giebt, welche von der lateinischen Sprache wenig oder nichts verstehen", weswegen eine Übersetzung „zweckmäßig" sei. GStA, Rep. 76VIIIA, Nr. 1733 Bl. 47.

63 Vgl. die Äußerungen in den Monita zur 6. Ausgabe der Pharmacopöe aus dem Jahr 1857, in: GStA, Rep. 76VIIIA, Nr. 1741, Bl. 121: „Die Neben-Pharmakopöe und Arzneitaxe von Schacht und Voigt sind für den Apotheker und für den beamteten Arzt eine Notwendigkeit geworden, umso mehr, als sie durch Ministerial-Verfügung zum Gebrauch zugelassen sind. Seitdem nun vollends Schacht und Voigt unter die Preise ihrer

Pharmakopöe" und den „offiziösen" Pharmakopöen von Schacht und Voigt.[64] Das Ministerium erkannte den Expertenstatus der Kommentare, die doch die Pharmakopöe als Expertise durchaus infrage stellten, insofern an, als es den Gebrauch des Kommentars von Schacht durch Ministerialverfügungen förmlich gestattete[65] und insbesondere Dulk seiner besonderen Wertschätzung versicherte.[66]

Die „Nebenpharmakopöen" belegen die wachsende Bedeutung der wissenschaftlichen pharmazeutischen Öffentlichkeit, die intensiv an den Diskussionen der Kommissionen teilnahm. Sie äußerte sich im großen Interesse, das durchsickernden Informationen aus den Beratungsgremien zuteil wurde, darüber hinaus in zahlreichen Rezensionen und Kommentaren, die die Kommissionen in die Revisionen der folgenden Pharmakopöen einbezogen. Wie groß der Stellenwert der Öffentlichkeit war, lässt sich auch daran ablesen, dass 1825 infolge der öffentlichen Kritik über das, was über die neu zu erlassende Pharmakopöe nach außen gedrungen war, diese nicht veröffentlicht wurde, sondern gleich in Überarbeitung ging.

Als das Ministerium im Jahr 1841 an die Vorarbeiten für die fünfte Pharmakopöe ging, wurden die Arbeiten schließlich mit einer systematischen Sammlung von Meinungen und einer systematischen Sichtung der einschlägigen Literatur sowie der Einholung von Gutachten aller Regierungen und Medicinalkollegien eingeleitet.[67] Öffentlichkeit war also spätestens jetzt als konstitutives Element, ja Voraussetzung für eine sachkundige Expertise gedacht und wurde in sie integriert. Der Kultusminister Eichhorn selbst machte gar den Vorschlag, „die neue Pharmakopöe dem Publicum zunächst als Entwurf zu übergeben."[68] Dieser Vorschlag wurde zwar von

---

Arzneimittel die Positionen der Königlichen Arzneitaxe mit aufgenommen haben, wird letztere höchstens noch für die Taxe der Gefäße und Arbeiten benutzt, die Bezeichnung auf dem Titel: „Anhang zur amtlichen Ausgabe der Preußischen Arzneitaxe" ist zur Zeit nicht mehr der Wahrheit entsprechend."

64 Vgl. GStA, Rep. 76VIIIA, Nr. 1750, Bl. 16.

65 Ebenda.

66 Vgl. den Brief von Ladenberg, Schulze und Trüstedt vom 21.3.1840 anläßlich der 4. Auflage, in: GStA Rep . 76VIIIA, Nr. 404 [unfol.].

67 Tatsächlich kaufte das Ministerium eine ganze Reihe einschlägiger Publikationen und machte sie den Kommissionsmitgliedern frei zugänglich, vgl. Sitzungsprotokoll vom 16. November 1841, in: GStA Rep. 76VIIIA, Nr. 1745, Bl. 2. Mit Reskript vom 30.8.1841 wurden von den Regierungen und Medicinalcollegien Gutachten zu den Mängeln der geltenden Pharmakopöen eingefordert, vgl. GStA, Rep. 76VIIIA, Nr. 1737, Bl. 31 Diese Gutachten wurden dann zusammengestellt und als Grundlage für die weiteren Beratungen gedruckt, vgl. GStA, Rep. 76VIIIA, Nr. 1745, Bl. 7-30.

68 GStA Rep. 76VIIIA, Nr. 1745, Bl. 99.

der Kommission abgelehnt, die wegen der eingeholten Gutachten keine „hinreichende Veranlassung" mehr dazu sah, zumal nunmehr alle drei Jahre Supplemente erscheinen und so die eingelaufenen Meinungen und Urteile laufend einfließen sollten.[69]

Diese Praxis der Einholung von Expertise in (begrenzten) wissenschaftlichen und administrativen Öffentlichkeiten etablierte sich. Am 20.12.1855 wies Minister von Raumer den stellvertretenden Direktor der Medizinal-Abtheilung, den Geheimen Ober-Regierungsrat Lehnert an, der Erarbeitung einer neuen Pharmakopöe habe die Revision der Pharmakopöe von 1846 vorauszugehen, dabei „werden die über dieselbe öffentlich erschienenen Kritiken, die Fortschritte in den verschiedenen Zweigen der Heilkunde, so wie die für eine genaue Auflage der Pharmacopöe ausgesprochenen Wünsche zu berücksichtigen und die Pharmacopöen von anderen Ländern zu vergleichen sein."[70] Entsprechend wurden Gutachten der Medizinalräte sämtlicher Regierungen eingefordert, die der Kommission wiederum als Grundlage zu ihren Beratungen dienen sollten.

Was die Reichweite der Expertise angeht, wurden die Grenzen innerhalb der Kommissionen allerdings immer klarer gezogen: Schon 1832 war eine technische Kommission für pharmazeutische Angelegenheiten eingesetzt worden, die getrennt von der ärztlichen Sektion tagte. Beide kamen dann regelmäßig zu so genannten Plenarsitzungen zusammen.[71] Die Entscheidung über Aufnahme oder Nichtaufnahme bestimmter Mittel trafen die Ärzte, die Pharmazeuten hatten lediglich die chemisch-technischen Fragen zu klären, wie Gehaltsbestimmungen, ideale Bereitungsweisen, Ausbeuten etc. Wiederholt kam es bei Grenz- und Kompetenzüberschreitungen von Pharmazeuten zu Auseinandersetzungen, selbst zu Rücktritten einzelner Mitglieder der ärztlichen Kommission.[72]

4.   Infragestellung von Expertise durch die öffentliche Resonanz auf Geheimmittel

Deutlich einiger, wenngleich aus unterschiedlichen Motiven, waren sich Pharmazeuten und Mediziner in der Geheimmittelfrage, die die Zuerkennung unterschiedlicher Expertise durch verschiedene Adressatenkreise noch deutlich hervortreten lässt.

---

69 Ebenda.

70 GStA, Rep. 76VIIIA, Nr. 1750, Bl. 1.

71 Hickel, Arzneimittelkommissionen 1973, S. 163ff. (wie Anm. 5).

72 Vgl. den Brief von Wolff vom 28.5.1860 an Ober-Regierungsrat Lehnert und sein Austrittschreiben vom 14.12.1860 an Minister von Bethmann-Hollweg, in: GStA Rep. 76VIIIA, Nr. 1750, Bl. 105 bzw. 127.

Bei ihnen handelt es sich um Mittel, deren Zusammensetzung neu erfundene oder ererbte Fabrikationsgeheimnisse darstellten. Einige von ihnen beruhten auf volksmedizinischen Kenntnissen, andere auf jahrhundertealter Übung und Brauchtum, andere wieder auf purer Scharlatanerie.[73] Ihr Verkauf war schon nach dem Medizinaledikt von 1725 an eine Prüfung von Unbedenklichkeit und billigem Preis durch das Oberkollegium gebunden.[74] Schon früh suchte der Staat also seine Einwohner vor Missbräuchen zu schützen, zugleich aber auch, Bewährtes nutzbar zu machen. Daher vergab der Preußische König bis ins 19. Jahrhundert hinein Privilegien für Geheimmittel, einzelne, besonders erfolgversprechende kaufte er sogar an.[75] Trotz der frühen gesetzlichen Regelungen und der Konzessionspflicht blieben die Geheimmittel ein ständiges Ärgernis für die Behörden, mit dem sich die dortigen Experten laufend zu beschäftigen hatten. Denn der Handel mit diesen Mitteln schoss ins Kraut, es wurden Mittel verkauft, die gegen nahezu jedes Leiden helfen sollten.[76] Dies geschah nicht zuletzt mittels umfangreicher Werbung, teils über Zeitungen und Zeitschriften, teils über Flugzettel und Broschüren, teils aber auch nur durch Mund-zu-Mund-Propaganda.[77]

Die Behörden wurden vor allem im Rahmen der Konzessionierung mit ihnen konfrontiert, denn es wurde eine kaum abnehmende Flut von Genehmigungsgesuchen eingereicht, in denen sich Hersteller und Verkäufer als Experten darstellten: Durch eigene Erfahrung, durch langjähriges Probieren, durch Erbe am Wissen der ein-

---

73 Zu ihrer Vorgeschichte v.a. Wahrig-Schmidt (2002).

74 Allg. Königliches Preußisches und Churfürstl. Brandenburgisches allgemeines und neugeschärftes Medizinal-Edict und Verordnung auf Sr. Königl. Majest. Allergnädigsten Befehl herausgegeben von Dero Obercollegio Medico. Berlin 1725, S. 15f.

75 So etwa das Matthieusche Bandwurmmittel, vgl.: Bewährtes Mittel gegen den Bandwurm In: Medicinische Ephemeriden 1 (1800), H. 2, 113-116; Matthieus Mittel gegen den Bandwurm. In: Hufelands Journal der practischen Heilkunst 10,2 (1800), 199-200.

76 Ernst, Elmar: Das „industrielle" Geheimmittel und seine Werbung. Arzneifertigwaren in der zweiten Hälfte des 19. Jahrhunderts in Deutschland. Würzburg: jal-verlag 1975.

77 Zu den Geheimmmitteln vgl. vor allem: Probst, Christian: Fahrende Heiler und Heilmittelhändler. Medizin von Marktplatz und Landstraße. Rosenheim 1992, S. 108ff; Bernschneider-Reif, Sabine: Laboranten, Detillatores Balsamträger: Das laienpharmazeutische Olitätenwesen im Thüringer Wald vom 17. bis zum 19. Jahrhundert. Frankfurt/M. u.a.: Lang 2001, S. 333f; Wahrig-Schmidt, Bettina: Arkana, Panazeen und Privilegien. Hierarchien der Wissenden und Hierarchien des Wissens. In: Engel, Gisela, Britta Rang, Klaus Reichert und Heide Wunder in Zusammenarbeit mit Jonathan Elnken (Hrsg.): Das Geheimnis am Beginn der europäischen Moderne. Frankfurt/M.: Vittorio Klostermann 2002, S. 466-480.

schlägig ausgewiesenen Vorfahren, mitunter aber auch durch Kauf seien sie im Besitz eines Rezeptes, das sich in der Praxis als unfehlbar erwiesen habe.[78]

Apotheker wie Ärzte sahen von jeher in dieser „Medizin von der Landstraße" eine empfindliche Gefährdung nicht nur ihrer Einkünfte, sie waren auch düpiert durch die darin liegende Infragestellung ihrer ärztlichen Kompetenz. Den Geheimmittelverkäufern fehlte es in der Tat nicht an Selbstbewusstsein über die eigenen Fähigkeiten. So wurden etwa als Indikationen der sogenannten Langischen Pillen unter anderem Lähmungen, alle Gattungen von Gliederkrankheiten, Hüft- und Kreuzschmerzen, rheumatische Kopf- und Gichtschmerzen, Hämorrhoidalbeschwerden, Hypochondrie, Schwindel, Gehörlosigkeit, Engbrüstigkeit, Krätze, Grind, Durchfall, Krämpfe, Grippe angegeben – die ganze Liste ist mehr als eine Seite lang und ist beileibe kein Einzelfall.[79]

Den Medizinern, die nach einer zielgerichteten, rationellen Therapie der Krankheiten suchten, konnte dies nur verdächtig scheinen, die Apotheker stießen sich an der unliebsamen Konkurrenz, die ihnen durch diese Mittel erwuchs und der Staat wollte das Publikum vor Übervorteilung durch überhöhte Preise schützen. Dabei ließ er sich allerdings auf manchen Kompromiss ein, wenn etwa eine arme, sonst aus Staatsmitteln zu unterhaltende Witwe um eine Verkaufskonzession für ihr nach einem ererbten Rezept bereitetes Geheimmittel nachsuchte und man so um die Ausgaben für eine Unterstützung herumzukommen hoffte,[80] oder wenn aus den Einnahmen Wohlfahrtseinrichtungen wie Waisenhäuser unterstützt werden konnten – oder wenn die Bevölkerung eines ganzen Ortes vom Verkauf von Olitäten abhing, der dem Staat satte Steuereinnahmen brachte.[81]

Entsprechend waren die verschiedenen, abgegebenen Expertisen eingefärbt. Behördlicherseits allerdings setzte man alles daran, den Eindruck eines für alle Produzenten formal gleichen Verfahrens zu erwecken. Die Aktenbände des Geheimen Staatsarchivs mit Genehmigungsgesuchen von Herstellern bzw. mit Verfahren

---

78 Vgl. die 15 erhaltenen Aktenbände „betr. die zur Prüfung und Approbation eingereichten Arcana, Heilmittel" für den Zeitraum 1836-1905, GStA, Rep. 76 VIII A, Nr. 2116 -2131.

79 Vgl. Notizen aus dem Gebiete der practischen Pharmacie und deren Hülfswissenschaften, 15 (1851), 266f.

80 So unterzeichnete der Kultusminister noch 1859 ein Routineschreiben mit der Ablehnung weiterer Versuche mit den Unterleibspillen der armen Witwe J. H. Heinz nicht, sondern ließ die Pillen entgegen aller üblichen Praktiken untersuchen, vgl. GStA, Rep. 76VIIIA, Nr. 2127 [unfol.].

81 Dies war immer wieder die Basis von Ausnahmeregelungen, vgl. Bernschneider-Reif (2001), 78-80, 108-112 (wie Anm. 75),

gegen unrechtmäßig verkaufte Geheimmittel zeigen, dass das Ministerium auch die abstrusesten Gesuche mit großem Gleichmut behandelte und sie einem gleichförmigen bürokratischen Verfahren zuführte, indem auf die Eingabe üblicherweise mit einem uniformen Brief geantwortet wurde. Gleichwohl war die Tendenz prinzipiell und weiter zunehmend ablehnend. Andererseits zeigt sich aber auch die Ohnmacht, mit der das Ministerium letztlich einem kaufwilligen Publikum gegenüberstand. Mochte man es auch aufklären, mochte man das vermeintliche Geheimnis auch als Unsinn entlarven und dies mit wissenschaftlichen und nachvollziehbaren Argumenten begründen, so akzeptierte das Publikum die ihm in alter, volksaufklärerischer Manier wieder und wieder dargebrachte und demonstrierte Expertise nicht, sondern setzte auf die – in den Augen des Ministeriums nur behauptete, nicht wissenschaftlich erwiesene – Expertise der Geheimmittelproduzenten und gab Unsummen für wirkungslose Mittel aus. Es waren nicht nur medikale Kulturen, Erfahrungshorizonte, Kommunikationsmöglichkeiten und -kanäle von Laien und Ärzten zu verschieden, es herrschte auch ein tiefes Misstrauen bei den einfachen Leuten, dass Apotheker und Ärzte, die doch auch nicht helfen konnten, sie aus purem Eigennutz zum Gebrauch der eigenen, für sie zu teuren Dienste bringen wollten. Diese Perspektive nährten die sogenannten Pfuscher aus eigenem Interesse nur zu gern. Doch erkannten sie zunehmend, dass sie gegen die anerkannte Expertise der Ärzte nicht viel ausrichten konnten. Daher suchten sie bei ihnen nach Koalitionen, nach Akzeptanz, indem sie beim Ministerium ein Gesuch auf Prüfung durch Ärzte in einem Krankenhaus stellten. Dies hätte zu einer Gleichstellung ihrer Mittel mit herkömmlichen Medikamenten geführt.[82] Zudem ließ sich mit diesem Etikett trefflich werben.

5.   Zusammenfassung und Ausblick

Abschließend lassen sich drei Punkte zusammenfassen: Erstens: Auf dem Feld der Arzneimittelkontrolle gab es nicht den Experten schlechthin, es gab verschiedene Experten. Mediziner, Pharmazeuten, Apotheker konkurrierten um die Entscheidungskompetenz und ihre Anerkennung durch den Staat, in der Verwaltung saßen Spezialisten für rechtliche Fragen. Diese Entwicklung ist unter anderem Folge der Ausdifferenzierung der Wissenschaften Pharmazie und Medizin mit verschiedenen, hoch spezialisierten Zuständigkeitsbereichen zu interpretieren. Der Staat bediente sich aus dem Arsenal an Expertise je nach Bedürfnis; er musste angesichts der angestrebten professionellen Anerkennung weder von Apothekern, Pharmazie noch Medizin Verweigerung fürchten.

---

82 Vgl. exemplarisch den Fall der „Bielefelder Tropfen" vom November/Dezember 1857, in: GStA Rep. 76VIIIA, Nr. 2127 [unfol.].

Zweitens: Bedingt auch durch den Wissenszuwachs arbeiteten Medizin und Pharmazie zunehmend arbeitsteilig, wobei ihre sozialen Welten, die Arbeitsweisen und Ziele immer weiter auseinander drifteten. Dennoch waren diese Expertengruppen mit ihren je spezifischen Kenntnissen und Fähigkeiten in der gemeinsamen Arbeit an den boundary objects Arzneimittel und Pharmakopöe miteinander verbunden und zwar umso enger, je größer die Spezialisierung wurde. An dieser Schnittstelle band der Staat ihre Expertise in die Arzneimittelpolitik ein. Dabei gelang es den Ärzten, durch die geschickte Schließung von Koalitionen und Allianzen langfristig eine Leitfunktion zu übernehmen, die durch ihre Stellung an den Universitäten und das Renommee der Medizin als Wissenschaft noch untermauert wurde, während die (natur)wissenschaftlich, stark chemisch ausgerichteten Pharmazeuten und erst recht die Apotheker als Arzneimittelhändler bis zur zweiten Hälfte des 19. Jahrhunderts als Empiriker galten. Die Pharmazie geriet dadurch zunächst in die Stellung einer untergeordneten, „technischen" Hilfswissenschaft, was sie zunächst zwar die Anerkennung als Wissenschaft kostete, ihr langfristig jedoch eine erfolgreiche Professionalisierung in einem der Medizin komplementären Bereich ermöglichte.

Drittens hat schließlich die Problematik der Geheimmittel gezeigt, dass die Anerkennung sowohl der Mediziner wie Pharmazeuten trotz ihrer angestrengten und gleichlaufenden Bemühungen um Anerkennung als Experten gegenüber den einfachen Leuten nicht durchgehend erfolgreich war, einerseits, weil auch die Experten an Grenzen in der Behandelbarkeit von Krankheiten stießen, was ihre Wertschätzung minderte, andererseits aber auch, weil die üblichen aufklärerischen, auf Vernunft und Wahrheit setzenden Kommunikationsmittel und -wege in der Vermittlung der Expertise an das „einfache Volk" versagten.

Zumindest in der Arzneimittelkontrolle lässt sich also gar nicht von „dem" Experten oder „der" Expertise sprechen, sondern von einem höchst fragilen Begriff. Expertise ist nicht statisch, sie wird in der jeweiligen historischen Situation jeweils neu figuriert. Statt von historischer Statik auszugehen, sind die jeweiligen Allianzen und Strategien zu analysieren, welche die Experten eingehen und nutzen, um sich auf ihren Feldern erfolgreich als Experten darzustellen und so die Basis für eine friedliche Zusammenarbeit herzustellen oder Konfliktsituationen für sich auszunutzen. Es geht also darum, die Regeln für dieses interaktionistische Rollenspiel vor verschiedenen Publica zu untersuchen und zu beschreiben, also für das Verhalten des Mediziners gegenüber anderen Medizinern, bei denen er als Experte in bestimmten Fragen anerkannt sein möchte, für das Verhalten der Mediziner gegenüber dem Staat, der eine gutachtliche Äußerung von ihm verlangt, für das Verhalten der Mediziner gegenüber dem Patienten, dessen Vertrauen er braucht, um ihn erfolgreich zu behandeln, und so auch für den Apotheker, den wissenschaftlichen Pharmazeuten. Alle diese Rollen, Handlungsfelder und Ebenen schließen sich nicht aus, sie sind komplementär. Der Arzt kann nicht behandeln ohne den Apotheker, der ihm die Mittel herstellt, der Apotheker braucht die Einsicht des Arztes in Krankheitsprozesse. In den Aushandlungsprozessen werden diese Kooperationen durch das immer exaktere Abstecken professioneller wie wissenschaftlicher Grenzen routinisiert. Im Laufe weiterer Forschungen ist insbesondere zu untersuchen, wie weit der Einfluss der Öffentlichkeit reicht, wie sie in diesem Mit- und Gegeneinander verschiedener Erwartungen, Realitäten und Konstrukte zur Herausbildung von Figurationen des Experten beiträgt, welche Erwartungen etwa die der 1842er Pharmakopöe vorangegangenen Gutachten äußerten. Hier wird dann aber weniger nach dem idealisierten Bild der Öffentlichkeit des 18. Jahrhunderts als einer Gedankenfigur, einer Abstraktion zu fragen sein, als nach den Folgen ihrer konkreten Artikulationen aus den verschiedenen Segmenten, Ebenen oder Autores et Publica einer bereits stark ausdifferenzierten, segregierten, doch dabei höchst realen und wirksamen Öffentlichkeit.

STEFAN HAAS

Der Experte und die Verwaltung des Todes. Symbolische und mediale Strategien medizinischer Entscheidungsexperten und administrativer Implementationsexperten am Beispiel des Diskurses über den Scheintod im frühen 19. Jahrhundert

In dem amerikanischen Spielfilm „Terminator 3" von 2003 rettet ein aus der Zukunft kommender, von Arnold Schwarzenegger dargestellter Kampfroboter den zukünftigen Anführer der Menschheit im Kampf gegen die Übermacht der Maschinen vor einem überlegenen weiblichen Kampfdroiden. Während der Terminator nur versucht, seinen Auftrag, John Connor zu beschützen, durchzuführen, will dieser, von menschlichen Gefühlen geleitet, versuchen, den drohenden Angriff der sich verselbstständigenden Computer zu verhindern. Um seiner Forderung, die die primäre Direktive des Roboters, den Menschen zu beschützen, gefährdet, Nachdruck zu verleihen, hält er sich eine Pistole an die Schläfe und droht, sich selbst zu töten. Während der Terminator als Maschine nur seiner programmierten Aufgabe nachgehen kann, wird die Differenz des Menschseins dort deutlich, wo dieser mit dem Selbstmord drohen und damit den souveränen Willen des Einzelnen, Entscheidungen über das eigene Leben zu treffen, veranschaulichen kann. Der Mensch ‚lebt', so die Aussage des erfolgreichen Science-Fiction-Films, im Gegensatz zu den bloß ‚funktionierenden' Maschinen, weil er sich dieses Leben nehmen kann.

Doch bedeutet dies im Umkehrschluss auch, dass der Einzelne über seinen eigenen Tod bestimmen kann? Im Gegensatz zur Ankündigung, sich selbst zu töten, ist die Aussage, selbst tot zu sein, diskursiv widersinnig. Der Tod obliegt nicht dem eigenen Willen, sondern tritt, in dem Moment wo er begegnet, als Differenz zum Individuum auf. Er scheint ein natürliches Ereignis zu sein und ist doch hochgradig kulturell mit Bedeutungsstrukturen verdichtet, die selbst ebenso wie die Bestimmungen von Sterben und Tod kulturell variabel und daher vielfältig sind. Kultur kann dabei beschrieben werden als eine diskursiv verdichtete Form der Sinn- und Bedeutungsgenerierung in einer an sich bedeutungslosen Welt. Auch die Identität des Einzelnen kann als ein solch diskursives Geflecht aufgefasst werden. Erst in diesem Geflecht erhalten Ereignisse und Strukturen eine Bedeutung. Für das Individuum ist sein eigener Tod kein Ereignis, da er das Ende der Befähigung ist, Ereignisse zu erleben und diesen diskursiv einen Sinn zuzuschreiben. Der Tod ist für den Einzelnen die Situation, in der er sich selbst nicht mehr definieren kann, in der der Entwurf von Wirklichkeit über diskursive Praktiken – wie die oben ausgeführte Androhung der Selbsttötung, von der behauptet wird, sie definiere das Individuum als Menschen – unmöglich ist.

An die Stelle der souverän vorgenommenen Beschreibung des eigenen Zustandes muss die Definition durch einen Anderen treten. Dergestalt taucht als erste wichtige Frage jene nach dem agierenden Subjekt dieser diskursiven Praxis der Zuschreibung des Todes als eines mit eigener Bedeutung versehenen und vom Leben abgegrenzten Phänomens auf. Diese Entscheidung als Setzung einer Differenz von Tod und Leben muss entlang von Kriterien ausgeführt werden, die eine gesellschaftlich legitimierte Entscheidung allererst möglich machen. Die oben ausgeführte Unfähigkeit des Betroffenen, einen diskursiven Selbstentwurf zu äußern, ist für die Gesellschaft, die mit dem Tod umgehen muss, wenig hilfreich. Sie kann diese Definition nicht in ihren Diskurs aufnehmen, weil der Einzelne, der diese Unfähigkeit in den Diskurs einbringen könnte, nicht mehr Diskursteilnehmer ist. Die Gesellschaft muss ein Schweigen voraussetzen, denn solange der Einzelne zu dementieren in der Lage ist, dass er tot sei, ist er es nicht. Der Tote wird zum Definitionsereignis, an dem er selbst nicht mehr beteiligt ist. Die Definition des Todes ist eine Zuschreibung von außen, die die Anwendung diskursiver Formationen voraussetzt. Die Gesellschaft der Überlebenden steht damit vor der Schwierigkeit, ein Schweigen so zum Sprechen zu bringen, dass Sie Kriterien zu entwickeln vermag, um mit ihrer Hilfe eine diskursive Setzung zu vollziehen. Dieses Schweigen des Toten ist mehrdeutig, denn die Zeichen des Todes könnten auch auf etwas anderes verweisen. Es bedarf einer mit Legitimation ausgestatteten Instanz, die die körperlichen Zeichen als hinweisende Symbole auf ein Verdecktes zu deuten vermag. Wenn auch stoffliche Verwesung das deutlichste Zeichen des Todes ist, so gibt es bis zu dessen Einsetzen eine Phase, in der eine Fülle mehrdeutiger Zeichen diskursiv erklärt und in Entscheidungshandeln transformiert werden müssen. Da diese Deutungen von Zeichen aber soziales Handeln legitimieren, Handeln wie Vorbereitungen zum Begräbnis oder Versuche der Heilung, sind sie für die jeweilige Gesellschaft in hohem Grade bedeutsam. Dieser zeitliche Zwischenraum zwischen Sterben und Verwesung ist es, der einen ‚natürlichen‘ Umgang mit dem Tod entlang ‚natürlicher‘ Kriterien schwierig macht und der Spielraum für kulturelle Praktiken lässt. Jede Epoche und jede Kultur ist daher genötigt, Strategien zu entwickeln, mit diesem Zwischenraum von Sterben und Verwesen umzugehen.[1] In diesem Zwischenraum bilden sich diskursive Praktiken und kulturelle Strategien, die von als kompetent angesehenen sozialen Entscheidungsträgern vollzogen werden müssen. Es bedarf der Experten und der Verfahren, Expertensysteme zu entwickeln und in die soziokulturelle Praxis zu implementieren. Damit ist der Tod ein beredtes Paradigma für die Analyse der Bedeutung und Struktur von Expertensystemen.

---

1   Vgl. die Beiträge in Schlich, Thomas (Hrsg.): Hirntod. Zur Kulturgeschichte der Todesfeststellung. Frankfurt/M. 2001.

Der Tod ist ein Übergang in ein Unbekanntes und als solcher ist er in allen Kulturen primär mit Angst besetzt. Doch richtet sich diese Angst nicht nur auf das, was danach kommt oder was von dort, wenn es denn ein dort gibt, wohin der Gestorbene geht, zurückkommt, vor den Geistern und Dämonen eines Schattenreichs. Der Übergang selbst ist – wie jeder Übergang – besetzt mit tiefgreifenden Unsicherheiten. Im Moment einer Initiation beispielsweise wird – wie Victor Turner herausgearbeitet hat[2] – die Existenz des Einzelnen aufgehoben. Er befindet sich in einem undefinierten Zwischenzustand, nicht mehr das eine – aber auch noch nicht das andere. Gefährlich für die Gemeinschaft muss dieser Einzelne separiert werden, indem er aus dem Dorf ausgeschlossen, indem er mit Farben und Narben kenntlich gemacht wird. Der Übergang, das undefinierbare Zwischen macht Angst. So ist es auch mit dem Tod. Wann ist ein Mensch tot, wo genau liegt der Moment dieses anderen Zustandes. Dies zu klären ist eine Frage für Experten – für Schamanen, Zauberer, Häuptlinge oder – in einer säkularisierten Welt mit moderner epistemischer Kultur – Wissenschaftler. Aber diesen Moment festzulegen ist nicht nur eine Frage diskursiver Spielerei, nicht allein eine kulturalistische Zuschreibung, in Raum und Zeit variabel und zwischen verschiedenen Kulturen und Epochen unterschiedlich. Die Festlegung selbst gefährdet den Festlegenden. Der Festgelegte kann wiederkehren, als Wiedergänger in einer mystischen Kultur oder als bohrendes schlechtes Gewissen, ob die eigene Entscheidung die richtige war, in einer säkularisierten Kultur eines modernen Rationalismus. Um diesen Komplex von Expertensystemen als Entscheidungsträger, Kultur als Bedeutungsstruktur und Ängste als Motivation zu untersuchen, ist der zwischen 1704 und 1860 breit geführte Diskurs um den ‚scheinbaren Tod', der die letzten Reste an Lebendigkeit verdeckt, ein beredtes Paradigma.

Der folgende Text stellt nicht den Entscheidungsexperten allein in den Vordergrund, sondern sieht im neu geschaffenen medizinischen Expertensystem ein wesentliches Werkzeug der frühmodernen Gesellschaft, mit Ängsten in einer Zeit des epochalen Wandels umzugehen. Es stellt sich daher die Frage, wem diese Experten, die die Entscheidung über die Differenz von Leben und Tod zu treffen hatten, von Nutzen waren und wer ihre Etablierung förderte. Am Paradigma des Scheintods geht der Beitrag der Frage nach, warum und vermittels welcher Strategien und kulturellen und kommunikativen Praktiken die preußische Verwaltung des frühen 19. Jahrhunderts eine Symbiose mit den Ärzten als Vertreter der Erfindung eines neuen Todesfeststellungsverfahrens einging. Als Leitfrage wird formuliert: Welche ordnungs-

---

2   Zur Theorie der ‚liminalen Phase' als entscheidendem Element in Initiationsritualen vgl. Turner, Victor: The Ritual Process. Structure and Anti-Structure. New York 1995, Kap. 3, sowie ders.: The Forest of Symbols. Aspects of the Ndembu Ritual. 10. Aufl. Ithaca, London 1994, Kap. 4.

stiftende Formation definiert unter Verwendung welcher diskursiven Formationen Tod als ein medial kommunizierbares Ereignis? In diesem Fragenetz wird sich dann der Experte als eine Virtualität entwickeln lassen, die erst konstruiert und dann mehr als eine mediale Strategie denn als intentionales Subjekt eingesetzt wird.

Um dies nachzuweisen wird in einem ersten Schritt die Erfindung und Findung des neuen Kriterienkatalogs des Todes skizziert. In einem zweiten wird die Implementation dieses Konstrukts untersucht, wobei der Schwerpunkt auf der Rolle der preußischen Administration liegt, die die Etablierung des Konstrukts in der soziokulturellen Wirklichkeit vorantrieb. In einem abschließenden dritten Argumentationsschritt werden mediale und symbolische Vermittlungsstrategien herausgearbeitet.

1. Die Erfindung eines neuen Kriterienkatalogs des Todes

Zwischen 1740 und 1860 gab es eine bis dahin unbekannte Verdichtung des Diskursfeldes Scheintod.[3] Diese Verdichtung ist derart signifikant, dass die Frage nach deren Ursachen erlauben sollte, in einer Analyse des Diskurses um den Scheintod Einblicke in die Tiefenstruktur in den sich verschiebenden Ordnungsmustern an der Schnittstelle von medizinischem Diskurs und sozialer Praxis zu erlauben. Die Veränderungen des medizinischen Blicks auf Wirklichkeit, die von einer Rationalisierung und Szientifizierung von Auffassungsweisen geprägt waren, ließen den Tod als ein Ereignis erscheinen, das unter Ablehnung traditioneller Definitionen vom Begriff des Lebens abgegrenzt werden musste. Zwar lassen sich vereinzelt Belege ermitteln, die bereits im 17. Jahrhundert vor einer Fehldiagnose bei der Entscheidung zwischen ‚tot' und ‚lebendig' warnen[4], eine diskursive Verdichtung setzt aber mit der Arbeit des in Paris tätigen dänischen Anatomen Jacques Bénigne Winslow

---

3 In diesem Kontext verdankt der vorliegende Text wertvolle Hinweise Miriam Schall, die sich in ihrer an der Universität Münster eingereichten Magisterarbeit mit dem Thema Scheintod auseinandergesetzt hat.

4 Belege in Stoessel, Ingrid: Scheintod und Todesangst. Äußerungsformen der Angst in ihren geschichtlichen Wandlungen (17.- 20. Jahrhundert). Köln 1983. Die in der Literatur häufig anzutreffende Einschätzung, das Scheintodproblem sei ein in allen Epochen der Menschheitsgeschichte anzutreffendes, differenziert nicht hinreichend die diskursiven Bedingungen, in denen über eine fehlerhafte Diagnose des Todes eines Menschen berichtet wird. Besonders in historisch weniger versierten Arbeiten wird das Scheintodproblem beispielsweise als „uralt" klassifiziert: Haedicke, Johannes: Über Scheintod, Leben und Tod. Ein Beitrag zur Lehre von dem Leben und der Wiederbelebung. Zugleich eine Anleitung bei der Ausbildung von Rettungspersonal und Hebammen. Ober-Scheiberhau 1923, S. 11.

ein.[5] Er legte bereits vor 1750 eine Arbeit über Anzeichen des Todes vor, die ihre breite Wirkung im medizinischen Diskurs durch die Schriften und Vorträge seines Schülers Jacques-Jean Bruhier fand.[6]

Der Scheintod ist ein Ereignis der Unsicherheit. Es wurde von jenen, die vor dem Scheintod als einer falschen Diagnose warnten, unterstellt, dass die Zeichen, die auf den Tod hinwiesen, das verborgene Leben verschleierten. Die vermeintlich eindeutige Differenz von Leben und Tod wurde durch die Annahme eines uneindeutigen Zwischenstadiums problematisch. Man kann dies als eine Verunsicherung über Eindeutigkeit lesen, als eine Übergangsphase in der Geschichte des Wissens, in der ein traditionelles kulturelles Ordnungsmuster zur Behandlung und korrekten Lektüre von Zeichen kritisch wird, und ein neues sich noch nicht hinreichend etabliert hat. Erschwert wurde die Durchsetzung der von Winslow und seinen Schülern propagierte Form der Lektüre der Zeichen des Todes durch ihre Einbettung in epochale strukturelle Wandlungsprozesse, die zur Mitte des 18. Jahrhunderts das traditionell religiös geprägte Verhältnis des Menschen zum Körper, zum Leben und zur Natur grundlegend verändert und ihrerseits Unsicherheit hervorriefen. In dieser „Dechristianisierung"[7] gingen traditionelle Ordnungsvorstellungen und soziale Praktiken verloren, wie beispielsweise die Beerdigung der Toten in der Mitte der Gemeinschaft auf den Kirchhöfen, die seit dem späten 18. Jahrhundert durch Friedhöfe ersetzt wurden und vor die Tore der Städte und Dörfer verlegt worden waren.

Das Aufeinandertreffen von traditionellen und neuen Semantiken der Krankheit und des Todes produzierte im 18. Jahrhundert ein Vakuum an Eindeutigkeit, in dem eine Fülle unterschiedlichster Vorstellungen und Lösungskonzepte entwickelt wurden,

---

5   U.a. Benigne-Winslow, Jacques: Dissertation sur l'incertitude des signes de la mort et l'abus des enterremens et embaumemens précipités. Paris 1742.

6   Siehe beispielhaft Bruhier, Jacques-Jean: Abhandlung von der Ungewissheit der Kennzeichen des Todes, und dem Missbrauche, der mit uebereilten Beerdigungen und Einbalsamierungen vorgeht. Leipzig, Coppenhagen 1754.

7   Für das Diskursfeld ‚Scheintod' Milanesi, Claudio: Mort apparente, mort imparfaite. Médicine et mentalités au XVIIIe siècle. Paris 1991; Krochmalnik, Daniel: Scheintod und Emanzipation. Der Beerdigungsstreit in seinem historischen Kontext. In: Trumah. Zeitschrift der Hochschule für jüdische Studien Heidelberg 6 (1997), 107-149; Gross, Dominik: Die Behandlung des Scheintods in der Medizinalgesetzgebung des Königreichs Württemberg (1806-1918). In: Würzburger medizinhistorische Mitteilgen 16 (1997), 15-33; Kessel, Martina: Die Angst vor dem Scheintod im 18. Jahrhundert. Körper und Seele zwischen Religion, Magie und Wissenschaft. In: Schlich, Thomas und Wiesemann, Claudia (Hrsg.): Hirntod. Zur Kulturgeschichte der Todesfeststellung. Frankfurt/M. 2001, S. 133-166.

von denen nicht von vornherein feststand, welche sich durchsetzen würden.[8] Traditionellerweise galt als primäres Zeichen des Todes die fehlende Atmung. Ein Aussetzen des Pulses, die Verfärbung und Temperaturabnahme der Haut bis hin zu Fleckenbildung und Totenstarre wurden als eindeutige Hinweise angenommen, die von jedem ohne weitergehende Ausbildung und Messinstrumente sinnlich wahrgenommen werden konnten und eine vermeintlich sichere Diagnose begründeten.[9] Nicht immer waren Ärzte vor dem 18. Jahrhundert nötig, um einen Tod zu bestätigen. Angehörige und Nachbarn konnten diese Aufgabe ebenso übernehmen wie Geistliche oder als Heilpersonen Ausgewiesene. Die Beerdigung erfolgte in der Regel aus der Angst vor Ansteckung heraus umgehend.

Eingebettet blieb die Semantik des Todes auch in regionale Bräuche wie der Angst vor den Wiedergängern. So wurden Zeichen wie eine ausbleibende Leichenstarre beispielsweise als Hinweis auf den bevorstehenden Tod eines nahen Angehörigen ausgelegt.[10] Der medizinische Diskurs über den Scheintod kritisierte solche Praktiken als abergläubisch, wusste sie aber auch in den eigenen Deutungshorizont zu integrieren, beispielsweise wenn Bruhier den Nachzehrerglauben, bei dem angenommen wurde, dass der begrabene Tote Kleidung verspeiste, nicht als Existenz eines Wiedergängers, sondern als Verzweiflungstat scheintot begrabener Personen auffasste.[11]

Im medizinischen Diskurs zwischen 1740 und 1860 wurden die Anzeichen des Todes in breiter Form diskutiert und Methoden entwickelt, eine eindeutige Lektüre zu etablieren. Ausgestattet mit einem an den Naturwissenschaften orientierten Sprachinstrumentarium und einem dem Mechanismus verhafteten Körper- und Wirklichkeitskonzept ordnete man Leben und Tod als sich ausschließende Stadien, in deren Übergang es aber eine Phase der Unsicherheiten gebe. Der Düsseldorfer Arzt J. P. Brinkmann, der 1772 einen „Beweis der Möglichkeit, dass einige Leute lebendig können begraben werden" publizierte, ordnete den Tod nach „Staffeln" und „Arten".[12] Der Wunsch, das Leben zu verlängern, schlug sich in der Begrifflichkeit

---

8   Zum Funktionswandel der Semantik von Krankheiten im medizinischen Diskurs des 18. und 19. Jahrhunderts vgl. grundlegend Hess, Volker: Von der semiotischen zur diagnostischen Medizin. Die Entstehung der klinischen Methode zwischen 1750 und 1850. Husum 1993.

9   Stoessel 1983, S. 29 (wie Anm. 4); Kessel 2001, S. 136 (wie Anm. 7).

10 Schürmann, Thomas: Nachzehrerglauben in Mitteleuropa. Marburg 1990, S. 28.

11 Bruhier 1754, S. 216 (wie Anm. 6).

12 Brinkmann, J. P.: Beweis der Möglichkeit, dass einige Leute lebendig können begraben werden, nebst der Anzeige, wie man dergleichen Vorfälle verhüten könne. Düsseldorf u.a. 1772, S. 90-94.

nieder, wo nur der „vollkommene Tod" als tatsächliches Lebensende klassifiziert wurde, wohingegen die vorherigen Stufen als „unvollkommener Tod" dem Leben zugeschlagen wurden.[13] Gestützt wurden die Auseinandersetzungen um den ‚Scheinbaren Tod' auf eine angenommene „Lebenskraft", deren Suche ein großer Teil der medizinisch wissenschaftlichen Forschung um 1800 galt. Nicht nur Brinkmann, sondern auch Christoph Wilhelm Hufeland, als Leibarzt des preußischen Königs und Professor der Medizin in Berlin einer der einflussreichsten Mediziner seiner Zeit, räumte den „Lebenskräften" einen bedeutenden Raum in der Unterscheidung von Leben und Tod ein. Diese Lebenskräfte waren selbst nicht sinnlich wahrnehmbar, es galt aber als möglich, sie vermittels einer korrekten Lektüre der Zeichen an der Oberfläche des Körpers aufzuspüren. Im Umkehrschluss bedeutete dies aber auch, dass das eigentlich lebensstiftende Element sich prinzipiell jenseits der empirischen Wahrnehmbarkeit verbarg. Die Lebenskraft wurde von Hufeland als ein Prinzip angesehen, das sich soweit verselbständigen konnte, dass selbst die korrekt wahrgenommenen und gedeuteten Zeichen des Todes keine Eindeutigkeit in der Aussage zuließen, dass keine „Lebenskraft" mehr vorhanden sei:

> „Die Grenzlinie zwischen Leben und Tod scheint bei weitem nicht so bestimmt und entschieden zu seyn, als man gewöhnlich glaubt und nach den gewöhnlichen Begriffen von Tod und Leben erwarten könnte. Es existiert ein Zustand, der auf keine Weise Leben, aber eben so wenig Tod genannt werden kann; ein Zustand, in welchem unsre Sinne nicht nur keine Spur von Leben entdecken können, sondern auch die Lebenskraft wirklich nicht lebt, und ohne Wirksamkeit, ohne Einfluß auf den mit ihr verbundenen Körper ist."[14]

Wo die sinnliche empirische Wahrnehmung im Moment der Diagnose nicht vermochte, eine Entscheidung über die Differenz von Leben und Tod zu treffen, und keinerlei Messinstrumente zum Nachweis einer noch existenten Lebenskraft zur Verfügung standen, weil ihre Praxistauglichkeit wie die des Thanatometers des an der Charité tätigen Friedrich Naase nicht nachgewiesen werden konnte[15], blieb nur

---

13 Ebenda, S. 94.

14 Hufeland, Christoph Wilhelm: Über die Ungewissheit des Todes und das einzig untrügliche Mittel sich von seiner Wirklichkeit zu überzeugen und das Lebendigbegraben unmöglich zu machen. Weimar 1798, S. 5.

15 Naase nahm an, dass der Tod dann eingetreten sei, wenn sich die Temperatur des Magens auf 13 Grad Celsius reduziert habe, zu deren Nachweis er ein spezielles Thermometer – das Thanatometer – konstruierte und in Praxisversuchen erprobte. Den Hinweis auf die diese Versuche dokumentierende Akte verdanke ich Miriam Schall. Vgl. Universitätsarchiv Humboldt-Universität Berlin, Charité-Direktion, Nr. 1300, Bl. 6-9: Friedrich

die Selbstäußerung des Lebens oder des Todes als probates Mittel einer Entscheidungsfindung. Das Verhüllte zu enthüllen, vermochte in dieser Auffassung kein Experte, sondern nur die Zeit, die das Tatsächliche erkennbar machen konnte, indem sie entweder den scheinbar Toten wieder aufwachen ließ, oder sich der körperliche Verfall unzweideutig und empirisch nachweisbar bemerkbar machte.[16] An die Stelle eines Arztes als Entscheidungsexperte, der die Zeichen des Todes adäquat zu interpretieren versteht, trat der Mediziner als Sozialhygieniker, der eine gesellschaftlich korrekte, dem Stand der wissenschaftlichen Erkenntnis angemessene Form des Umgangs mit den vermeintlich Verstorbenen etablieren sollte.

Um Zeit als Selbstenthüllung von Leben und Tod einzusetzen, bedurfte es der Durchsetzung einer neuen sozialen Strategie des Umgangs mit den Leichnamen vermeintlich Verstorbener. Zwar blieb die Zeitdauer, bis sich eine eindeutige Entscheidung treffen ließ, umstritten, als Kompromiss schälte sich aber zu Beginn des 19. Jahrhunderts eine dreitägige Aufbahrung des Toten heraus, um „dem verborgenen Leben die Möglichkeit zu geben, wieder zu erwachen, freilich der seltenste Fall; aber zweitens, der eben so wichtige und jedes Mal zureichende, dem in diesem Mittelzustande, vielleicht mit Bewusstsein sich Befindenden und so auch seinen Angehörigen, die Beruhigung und Sicherheit zu geben, nicht lebendig begraben zu werden."[17] Diese Praxis aber griff tief in die Gewohnheiten einer dörflichen Bevölkerung ein, die aus Tradition und Angst vor Krankheiten den Körper verstorbener Verwandter und Nachbarn umgehend beerdigte. Ein Konflikt bahnte sich an, den die Mediziner nicht allein zu lösen vermochten. Es bedurfte solcher Experten, die sich auf die Etablierung und Durchsetzung neuer Normen und Verhaltensweisen spezialisiert hatten.

Der Scheintod selbst ist nur vermeintlich das Problem, das es zu lösen galt. Vielmehr stellt er eine Konzeption dar, vermittels der in einer Zeit fundamentalen Wandels der Wissensdiskurse mit Unsicherheit und Angst in der Festlegung einer unzweifelhaften Differenz von Leben und Tod umgegangen werden konnte. Wenn auch in jüngster Zeit die Annahme, ein neuer Umgang mit dem Tod im 18. und

---

Naase: Bericht über die in dem Charite-Krankenhaus angestellten Versuche mit Maßes Thamatometer, 25. August. 1841.

16 Zur Bedeutung der Fäulnis als eindeutigem Kennzeichen des Todes vgl. exemplarisch Kaiser, Karl Ludwig: Welche Mittel hat der Staat zu ergreifen, um zu verhüten, dass Jemand lebendig begraben werde? In: Zeitschrift für die Staatsarzneikunde 11 (1831), 100-132.

17 Amtsblatt der Regierung Münster 1833, 22. Juni, Aufruf des kgl. Leibarztes Ch[ristoph] W[ilhelm] Hufeland an seine Mitbürger in Berlin wegen Errichtung von Leichenhäusern, S. 224.

frühen 19. Jahrhundert sei das Resultat einer durch die genannte Veränderung der Wissensordnung ausgelösten Verunsicherung und Angst, durch eine breite Analyse von Testamenten relativiert wurde[18], so bleibt der Scheintoddiskurs ein zentrales Element im Wandel sozialer Praktiken im Umgang mit Sterben und Tod. Die Mediziner, die sich selbst im 18. Jahrhundert in einem strukturellen Umbruchsprozess der Professionalisierung befanden, definierten die Zeichen des Todes neu. Sie entwickelten eine Semantik, die nur der naturwissenschaftlich Gebildete zu entschlüsseln vermochte. Damit wurde die Übergabe der Entscheidungsmacht über einen Menschen im Übergang vom belebten Körper zum Leichnam von jenen Gruppen gefordert, die diese Aufgabe bislang ausübten: Den Geistlichen, den nicht professionalisierten Heilberufen und den dem Toten im Alltag verbundenen Verwandten und Nachbarn. Um aber diesen Anspruch auf Verschiebung in der Zuschreibung von Entscheidungskompetenz durchzusetzen, bedufte es der Implementation in die soziale Praxis, deren Durchführung den Medizinern aber trotz der Verfügungsgewalt über eine Fülle von periodisch erscheinenden Medien des Aufklärungsdiskurses nicht hätte gelingen können.

In diese Situation eines Vakuums, in dem ein vielstimmiger Chor die Melodie für eine neue Todesmusik sucht, tritt Anfang des 19. Jahrhunderts eine neue Ordnungsmacht, die sich selbst in ihrer Formierungsphase befindet: Das moderne politisch-administrative System. Verwaltungen übernehmen im Kontext der verschiedenen Reformvorhaben in den deutschen Staaten nach 1806 zunehmend mehr soziale Politikfelder, die bislang von kirchlichen oder gemeindlichen Trägerschaften geregelt wurden. In einer sich rasch wandelnden Welt zu Beginn der Modernisierung ist es ihre Aufgabe, Entscheidungen zu treffen, die die Wirklichkeit zu regeln vermögen. Ihre Mittel sind vielfältig: Es sind Wege der Verordnungen und der Gesetze, aber auch der sich zunehmend ausdifferenzierenden Implementationsstrategien.[19] Wo traditionelle Regelsysteme und Diskurse nicht mehr funktionieren, sahen sie es als ihre Aufgabe an, Entscheidungen verbindlich zu treffen und Rechtskodifizierungen vorzubereiten und später zu implementieren. Es ist dieses politisch-administrative System, das mit den Medizinern gemeinsam eine neue Semantik des Todes als vermeintlich ‚natürliche' Ordnung durchsetzen wird.

---

18 Bourgeon, Jean-Louis: La Peur d'être enterré vivant au XVIIIe siècle: Mythe ou réalité? In Revue d'histoire moderne contemporaine 30 (1983), 139-153.

19 Zur Bedeutung des politisch-administrativen Systems als Implementationsinstanz vgl. Haas, Stefan: Die Emergenz der Politik. Kulturelle Praktiken und kommunikative Strukturen in der Implementation der preußischen Verwaltungsreformen in der ersten Hälfte des 19. Jahrhunderts. Habilitationsschrift Universität Münster, erscheint 2004.

2. Entscheidungsexperten und Implementationsexperten

Im Mittelpunkt des Scheintoddiskurses des späten 18. und frühen 19. Jahrhunderts
stand die Möglichkeit einer Fehleinschätzung der Differenz von Leben und Tod in
Folge eines Unfalls. Die Einsicht, dass in manchen Unfällen ein Tod nicht von einer
tiefen Ohnmacht hinlänglich unterschieden werden konnte, oder die Hoffnung, dass
es Wege geben könne, den letzten Funken Lebenskraft so zu wecken, dass der Ver-
unglückte ins Leben zurückgeholt werden könne, bestimmten die Diskussionen.
Dieser Diskurs schloss an frühneuzeitliche Vorstellungen an, die sich aus der Angst
speisten, den ‚angestrebten' Tod, der mit Vorbereitung und priesterlichem Segen
einherging, durch einen plötzlichen Tod nicht vollziehen zu können. Von solchen
Ängsten löste sich der im späten 18. Jahrhundert zunehmend säkularisierte Diskurs
und stellte ihn in den Kontext eines naturwissenschaftlich orientierten Weltbildes.
Eine Soziogeneaologie des Scheintods blieb als Subtext im Diskurs enthalten: Neu-
geborene waren dem Risiko eines scheinbaren Todes angeblich stärker ausgesetzt
als Ältere und auch Frauen galten als von Krankheiten, die den „Tod verlügen
können", gefährdet.[20]

Neben unterschiedlichsten Rettungsmaßnahmen, die im medizinischen Diskurs am
Ende des 18. Jahrhunderts diskutiert wurden, blieb die Aufbahrung des Leichnams
die zentrale Maßnahme, um dem Faktor Zeit jenen Raum zu geben, der nötig war,
um den Leichnam ruhen und sich natürlich entwickeln zu lassen. Um der Angst vor
Ansteckung entgegenzuwirken und um eine Aufbahrung auch für Familien niederer
Sozialschichten, die nicht über hinreichend häuslichen Platz verfügten, zu ermöglichen, wurde der Ruf nach speziellen Räumlichkeiten zur Aufbahrung der Toten,
nach Leichenhallen, die Hufeland als „Asyl des verborgenen Lebens" bezeichnete[21],
am Ende des 18. Jahrhunderts laut. Das politisch-administrative System unterstützte
jedoch zunächst diese Strategie nicht, weswegen auf eine private Finanzierung zu-
rückgegriffen werden musste. 1792 war auf Hufelands Initiative das erste Leichen-
haus in Weimar entstanden, das aber nicht verwendet wurde und rasch wieder
verfiel.[22] Die privaten Spendengelder und mit ihr die sie stiftende bürgerliche

---

20 Frank, Johann Peter: System einer vollständigen medizinischen Polizey, Bd. 4: Von
    Sicherheitsanstalten, in so weit sie das Gesundheitsweisen angehen. Mannheim 1788, S.
    723.

21 Amtsblatt der Regierung Münster 1833, 22. Juni, Aufruf des kgl. Leibarztes Ch[ristoph]
    W[ilhelm] Hufeland an seine Mitbürger in Berlin wegen Errichtung von Leichenhäusern,
    S. 224.

22 Fischer, Norbert: Vom Gottesacker zum Krematorium. Eine Sozialgeschichte der Fried-
    höfe in Deutschland seit dem 18. Jahrhundert. Köln, Weimar, Wien 1996, S. 22-24.

Gesellschaft waren kein ausreichender Partner, die im medizinischen Diskurs veran-kerten Forderungen bis in die Tiefen der Provinzdörfer durchdringend zu etablieren. Die Mediziner beduften mithin der Kooperation eines starken Implementations-akteurs, und sie fanden ihn in den reformierten Verwaltungen des frühen 19. Jahr-hunderts.

Doch selbst mit deren Hilfe gestaltete sich der Vollzug der medizinischen Erkennt-nis in die alltägliche soziokulturelle Praxis schwierig. Im Oktober 1839 beispiels-weise bestritt ein Landrat, dass die dreitägige Frist als Kriterium ausreichend sei:

„Immer bleibt daher die Frage stehen: Thut die Landes-Polizei-Verwaltung genug, indem sie vor Ablauf der 72 Stunden in der Regel keine Beerdigung gestattet und das Volk über die Anzeichen des wirklichen Todes belehrt? Kann sie die Untersuchung, ob bei Ablauf der 72 Stunden die untrüglichen Zeichen des Todes sich eingestellt haben, der eigenen Sorgfalt der Angehöri-gen überlassen?"[23]

Zwei Jahre zuvor hatte der Landrat von Borghorst, die Berichte der ihm unterstellten Bürgermeister zusammenfassend, angemerkt, dass die Errichtung von Leichenhäu-sern in den einzelnen Gemeinden nicht durchführbar sei, da es keine geeigneten Räumlichkeiten hierfür gebe:

„Die angetroffene Anordnung zur Todtenschau kann nicht zu Stande gebracht werden, da dagegen noch Vorurtheile herrschen die die Todtengrä-ber in der Regel zu diesem Geschäfte nicht geeignet, sondern qualifizierte, zuverlässige und dazu geeignete Personen aber nicht ausfindig zu machen sind und die Gemeinde zur Besoldung eines Leichenbeschauers sich gutwil-lig nicht verstehen wird."[24]

Da die dreitätige Aufbahrung nicht durchzusetzen war, hatte die preußische Ver-waltung bereits in den 1820er Jahren versucht, Ausnahmeregelungen festzusetzen. Die gesetzte Frist durfte unterschritten werden, wenn ein Arzt oder Wundarzt be-zeugte, dass die Leiche „alle Spuren des wirklichen Todes an sich trage".[25] Da aber nicht an allen Orten ein Arzt vorhanden war, durften auch der Bürgermeister oder Beigeordnete „mit zwei erfahrenen Männern" die Verantwortung übernehmen und

---

23 StA Münster Regierung Münster 6639, fol. 56-57, 31 Okt. 1839.

24 StA Münster Regierung Münster 6639, fol. 49-50, 8. April 1837: Landrat Borghorst an Regierung Münster.

25 Amtsblatt der Regierung Münster 1827, S. 307, 12. Sept. 1827, Regierung Münster Verordnung die Beerdigung der Verstorbenen betreffend.

ein vorzeitiges Bestatten erlauben.[26] Die letzten Ausführungen verdeutlichen, dass es der preußischen Administration nicht allein um die Durchsetzung der Ärzte als Entscheidungsexperten ging. Sie verfolgte scheinbar andere Ziele und es bleibt die Frage, welche Motivation sie dazu antrieb, die Ärzte als Entscheidungsexperten zu akzeptieren und sie als systemimmanenten Bestandteil einer neuen Verwaltung des Todes anzusehen.

Ein Blick auf ein weiteres zentrales Feld der Veränderungen im Umgang mit den Toten ermöglicht es, eine Antwort auf diese Frage zu entwickeln. Neben den Leichenhäusern, deren Zweck es auch war, die Leichname ruhen zu lassen und dem Zugriff der Verwandten und Nachbarn zu entziehen, zugleich aber der Gefahr einer Ansteckung entgegenzuwirken, waren besonders die Verlagerung der Friedhöfe vor die Tore der Städte eine weitere einschneidende Maßnahme in der traditionellen Praxis des Umgangs mit den Verstorbenen. Waren diese bislang auf den Kirchhöfen in der Mitte der sozialen Gemeinschaft beerdigt worden, so wurde über das Argument der Hygiene eine Verlagerung des Beerdigungsplatzes begründet. Diese Anleihe im medizinischen Diskurs erklärt jedoch nicht die Ausgestaltung von Friedhöfen, wie sie beispielsweise eine Verordnung des Großherzoglich Bergischen Administrations-Kollegium der Provinzen Münster, Lingen und Tecklenburg 1808 zur Zeit der französischen Besetzung vorschrieb:

> „Dabey wird das Begraben in der Reihe, ohne Unterschied des Ranges und Standes dergestalt eingeführt werden, dass Leichensteine nicht Statt finden, da solche das Reihe-Begraben stören, und zu vielen Raum nehmen. Nur allein für diejenigen, welche auf diesem neuen Kirchhofe erbliche oder eigene Familienbegräbnisse oder besondere Stelen angewiesen erhalten, wird die Setzung eines Leichensteins zwar gestattet, jedoch mit der ausdrücklichen Bestimmung, dass derselbe nicht flach seyn, und den Raum nicht beengen darf, sondern aufrechtstehende, mit einem schmalen, die Gränzen [sic] des Leichenplatzes oder der Gruft nicht überschreitenden Piedestal anzulegen ist."[27]

Diese Regelungen wurden in den folgenden Jahren weiter ausgearbeitet. 1817 bestimmte beispielsweise eine Verordnung der Regierung Cöslin, dass jeder neue Friedhof so weit wie möglich außerhalb der Städte und Dörfer liegen müsse. Es sollte ein

---

26 Ebenda.

27 StA Münster Regierung Münster 6639, fol. 22, 6. Mai 1808: Großherzogl. Bergisches Administrations-Collegium der Provinzen Münster, Lingen, und Tecklenburg, Verordnung.

„erhaben und trocken, wo möglich nach der Mitternacht oder Morgengegend gelegener Platz gewählt werden, so dass die Winde die Ausdünstungen der Gräber überall zerstreuen können [...] Niedrige morastige Gründe taugen zur Anlegung eines Kirchhofs nicht, weil die Leichen sonst leicht im Wasser zu liegen kommen, die Verwesung dadurch zwar befördert, jedoch auch durch die fäulige Auflösung, welche sich unter der Erde weiter verbreitet, die sehr üble Ausdünstung, besonders zur Frühjahrs- und Sommerzeit, sehr vermehrt, auch bei Überschwemmungen zur Ausspülung der Leichen Gelegenheit gegeben wird, wenn die Gruben nicht tief genug gemacht werden."[28]

Auch in Cöslin wurde festgelegt, dass die „Gruben [...] nach der Reihenfolge gemacht werden" mussten.

Mit solchen Regelungen hatte sich der Blick auf die Toten verschoben. Für die Anlage eines Friedhofs waren nicht mehr sie und ihre Totenruhe ausschlaggebend, sondern der Blick der Lebenden, die nicht gestört werden durften. Aus diesem Grund durfte ein Friedhof nicht in der Nähe eines fließenden Gewässers angelegt werden, da bei Hochwasser die Leichen ausgeschwemmt werden konnten. Im Amtsblatt der Regierung Potsdam wurde 1828 ein Reglement aus Koblenz abgedruckt, nach dem die Wahl des Begräbnisplatzes so erfolgen müsse, dass die häufigste Windrichtung die Ausdünstungen der Leichen nicht vom Friedhof in Richtung Stadt trage.[29]

Die preußische Verwaltung übertrug das medizinische Problem, das aus einem Gefühl kollektiver Angst heraus motiviert war, in die ihr eigene Sprache einer rationellen Administration. Für sie war ein Friedhof kein Ort der Erinnerung, sondern eine Maschine, deren Aufgabe die Verwesung der Leichen war: „Die polizeiliche Fürsorge fordert geräumige zur völligen Verwesung der Körper geeignete und mit lebendigen Hecken, Zaunwerk oder Mauern wohl eingefriedigte [sic] Begräbnisplätze."[30] Um dies umzusetzen, transformierte sie das Problem in eine berechenbare und damit administrierbare Aufgabe:

„Wo ein nasser oder tonartiger Boden die Erweiterung des bisherigen Kirchhofes nicht erlauben, oder Mangel an Luftzug herrscht, muss ein neuer

---

28 Amtsblatt der Regierung Cöslin, Nr. 28, 23. Juli 1817, fol. 25-28: Regierung Cöslin, Verordnung betreffs polizeiliche Einrichtung der Kirchhöfe und Beerdigung der Körper.

29 Amtsblatt der Regierung zu Potsdam und der Stadt Berlin, 17. Juli 1829, fol. 39-44, Instruktion übe die Errichtung der Begräbnisplätze oder Kirchhöfe und deren polizeiliche Beaufsichtigung.

30 Amtsblatt der Regierung Münster 1818, 3. Aug., S. 261-265.

Platz gefunden werden; diese müssen nicht unter 500 Schritte von Wohnungen entfernt sein, in niedrigen und morastigen Torf- und reinen Tonböden findet erst in 25 bis 30 Jahren eine gänzliche Verwesung statt, auch in Lehmböden erst nach 20 Jahren. Am geeignetsten sind Kalkböden, nächst diesem Sandböden, weil da in 10 Jahren eine Verwesung bewirkt wird. Da über die Hälfte der Sterbefälle unter 12 Jahren erfolgt, rechne man für ein Grab 7 Fuß Länge und 5 Fuß Breite, da im Durchschnitt von 30 Menschen jährlich einer stirbt, hat eine Gemeinde von 600 Seelen jährlich 20 Sterbefälle. Für diese ist ein Flächenraum von 700 Quadratfuß jährlich um im Sandboden bei zehnjährigem Umlaufe von 7000 Quadratfuß in Moor- oder Tonböden aber der dreifache Raum zum Begräbnisplatz erforderlich."[31]

Vollzogen wurde das Programm zur Änderung des Begräbniswesens mit der Einführung eines administrativen Aktes. Um begraben werden zu dürfen, musste der jeweiligen Ortspolizeibehörde in einem Zeitraum von 72 Stunden nach Eintritt des Todes ein „ärztliches Attest" vorgelegt werden, das diese Behörde zu überprüfen hatte.[32] Solche „Begräbniszettel" waren bereits im 18. Jahrhundert gefordert und teilweise eingeführt worden.[33] Mit einem formularähnlichen, schriftlichen Medium formulierte die Verwaltung die Rechtmäßigkeit einer von ihr angeordneten Definition. Diese Definition machte aus dem Tod einen verwaltbaren Akt, dessen Kriterien sie dem medizinischen Diskurs entnommen hatte und dessen Vertreter sie sich im Vollzug der Verordnungen bediente, indem diese den aufgestellten Katalog am Einzelfall zu überprüfen und zu bestätigen hatten.

Aber die Implementation dieses Programms gestaltete sich schwerer, als es zunächst erwartet worden war. Immer wieder gab es Anfragen und Beschwerden lokaler Amtsträger, dass die Bevölkerung nicht willens war, sich an die neuen Verordnungen zu halten. 1833 schrieb der Landrat aus Welheim unter Bezugnahme auf eine Beschwerde des Ortsbeigeordneten Brinkmann, dass man fast jede Leiche „befestigen" müsse, damit diese nicht heimlich von den Nachbarn des Verstorbenen beer-

---

31 Ebenda.

32 StA Münster Regierung Münster 6639, fol. 46, 5. Okt. 1831: handschriftlicher Randvermerk zum Amtsblatt unter Bezugnahme auf eine Bekanntmachung vom 12. Sept. 1827.

33 Pfeiffer, Johann Friedrich von: Grundsätze der Universal-Cameral-Wissenschaft oder deren vier wichtigsten Säulen nämlich der Staats-Regierungskunst, der Policey-Wissenschaft, der allgemeinen Staats-Oekonomie, und der Finanz-Wissenschaft zu akademischen Vorlesungen und zum Unterricht angehender Staatsbedienten gewidmet, 2 Teile. Frankfurt/M.: Eßlingersche Buchhandlung 1783 (Fotomechanischer Nachdruck Scientia: Aalen 1970). Zitierte Begriffe Bd. 1, S. 628.

digt werde.[34] Auch musste man einen Aufseher bezahlen: „Dieses Geschäft sei also nicht blos widerwärtig, sondern auch zeitraubend und stehe daher zu wünschen, dass der Missbrauch auf irgend eine Weise beschränkt werde."[35]

In einem Bericht von 1837 über das Lebendigbegraben bestritt der Landrat von Borghorst, dass spezielle Maßnahmen notwendig seien.[36] Die ihm unterstellten Bürgermeister hatten die Ausführung besonderer Vorkehrungen zur Vermeidung des lebendig Begrabenwerdens verneint. Im Gegensatz zur wissenschaftlichen Fundierung der administrativen Maßnahmen war der Landrat, selbst verwurzelt in dem Gebiet, das er verwaltete, der Meinung, dass das Lebendbegraben nicht vorkommen könne, da zu jedem Kranken ein Geistlicher gerufen werde, der aus seiner Praxis die Krankheit zu beurteilen im Stande sei. Bei plötzlichem Tod aber würde der Geistliche einen Arzt hinzuziehen, „der dann die geeigneten Mittel zur Wiederbelebung und überhaupt zur Behandlung der Leiche zu treffen hat".[37]

Die genuine Motivation der im Übergang zur Moderne befindlichen administrativen Systeme war nicht die Durchsetzung naturwissenschaftlich legitimierten ärztlichen Wissens. Vielmehr standen sie als Verwaltung vor der Aufgabe, neue Entscheidungsfelder, die traditionellerweise in anderen Händen gelegen hatten, wie im Fall des Beerdigens in jenen der Kirchen, zu besetzen. Um Entscheidungen zu treffen, bedienten sie sich im medizinischen Diskurs entwickelter Entscheidungsstrukturen und transferierten sie in ihre eigenen Entscheidungsprozesse. Selbst akademisch gebildet und weitgehend an einem rationalistischen Weltbild orientiert, bestanden zwischen dem Diskurs, den die Administration sprach, und jenem der Mediziner vielfältige Schnittmengen. Sie waren aber nicht identisch. Wo es den Verwaltungsbehörden opportun erschien, traditionelle Entscheidungsverfahren zu belassen, griffen sie diese vorläufig nicht an, solange ihre eigene Ordnung von Wirklichkeit dadurch nicht tangiert war. Den medizinischen Diskurs und seine Träger setzten sie als Experten in individuellen Entscheidungsprozessen wie der Feststellung einzelner Todesfälle ein. Sie legitimierten damit ihr eigenes Entscheidungshandeln, ordneten dies aber in symbolische und mediale Strategien ein, die ihrer Ordnung und damit ihrer Konstruktion von Wirklichkeit entsprachen. Mediziner waren für sie Experten, solange eine Synthese mit dieser Ordnungsform möglich war. In analoger Form

---

34 StA Münster Regierung Münster 6639, fol. 47, 4. Mai 1833: Landrat Welheim an Regierung Münster.

35 Ebenda.

36 StA Münster Regierung Münster 6639, fol. 49-50, 8. April 1837: Landrat Borghorst an Regierung Münster.

37 Ebenda.

setzten die Mediziner Verwaltungsstrukturen ein, um ihre Entscheidungsrichtlinien in die gesellschaftliche Praxis zu implementieren. Nutzten sie die Administration als Implementationsexperten, so waren diese für die Verwaltungen virtuelle Entscheidungsträger, die die Oberfläche bildeten, unter der sich ein Subtext einer verwaltungsspezifischen Wirklichkeitsordnung entwickeln sollte. Deutlich wird diese wechselseitige Stabilisierung von politischer Herrschaft und medizinischem Expertenwesen auch entlang der symbolischen und medialen Strategien, die im Implementationsprozess des Scheintoddiskurses entwickelt wurden.

3. Symbolische und mediale Strategien in der Implementation der Maßnahmen gegen den Scheintod

Zur Implementation des Scheintoddiskurses unterstütze das politisch-administrative das medizinische System, in dem es Anreize für die betroffene Bevölkerung schuf, wie die 1802 vom Generaldirektorium gestiftete „Rettungsmedaille".[38] Sie wurde solchen Personen verliehen, die eine lebensrettende Tat vollbracht hatten. Diente dieser Orden zunächst nur der persönlichen Erinnerung, so sollte die 1833 neu gestiftete, modifizierte Rettungsmedaille öffentlich getragen werden.[39] Die Überreichung einer solchen Auszeichnung wurde nicht nur in den einschlägigen Ordensjournalen publiziert, sondern auch im Amtsblatt der lokalen Öffentlichkeit bekannt gemacht. Weit verbreitet war dieses symbolische Medium jedoch nicht: Die Rettungsmedaille erhielten in ganz Preußen 1839 67, 1844 41 und 1845 62 Personen. 46 erhielten 1839 das Allgemeine Ehrenzeichen.[40] Ähnlich wie das symbolische Medium des Ordens waren auch die vielfältigen Publikationsorgane, über die der administrative wie medizinische Diskurs verfügten, nicht ausreichend, um eine flächendeckende Implementation eines gewandelten Umgangs mit den Leichen – denn um diese ging es primär, und nicht so sehr um die Form des Totengedenkens – zu implementieren.

1831, zwei Jahre bevor die neue Rettungsmedaille eingeführt wurde, zu einer Zeit, als die Maßnahmen zum Umgang mit dem Scheintod im medizinischen Diskurs bereits breit diskutiert und die administrativen Entscheidungen zu ihrer Implemen-

---

38 [0]Gritzner, Maximilian: Handbuch der Ritter- und Verdienstorden aller Kulturstaaten der Welt innerhalb des 19. Jahrhunderts. Leipzig 1893 (Nachdruck Graz: Akademische Druck- und Verlagsanstalt 1962), S. 383.

39 Preußische Gesetzessammlung 1833, 1. Febr., Nr. 1451: Urkunde über die Stiftung eines Verdienstehrenzeichens für Rettung aus Gefahr.

40 Aus der jährlichen Uebersicht der im Geschäftskreise der Generalordenskommission eingetretenen Veränderungen, Berlin (Berlin Geh. Staatsarchiv VIII b 6).

tation bereits seit längerem über Gesetze und Verordnungen realisiert worden waren, schrieb Karl Ludwig Kaiser in der Zeitschrift für Staatsarzneikunde über die Frage „Welche Mittel hat der Staat zu ergreifen, um zu verhüten, dass Jemand lebendig begraben werde?"[41] Als Amtsphysikus war er Arzt einerseits und damit Teil des medizinischen Diskurses, andererseits Mitglied des Verwaltungsapparates und damit positioniert an der Schnittstelle beider, hier behandelter Teilsysteme. Ausgangspunkt seiner Überlegungen war die Feststellung, dass die Gesetze bislang völlig uneffektiv gewesen seien. Viele der Vorschläge, die aus dem medizinischen Diskurs gemacht wurden, scheiterten in seinen Augen daran, dass „es denen, die Vorschläge gaben, an Mitteln fehlte", diese durchzuführen. Die beschlossenen Verordnungen allerdings seien nicht hinreichend bekannt und würden „gar nicht gehandhabt".[42] Als Vollzugs-akteur hielt er einzig das politisch-administrative System für befähigt: „Die Sorge, daß Niemand lebendig begraben wird, kann und darf nur eine Angelegenheit des Staates seyn; dieser hat die Vorrichtungen zur Verhütung des Lebendigbegraben-werdens zu bestimmen, und der Einzelne, der nie genügende Einsicht der Sache als Laie sich erwerben kann, in dieser Beziehung daher sich vom Staate bevormunden lassen muß, hat der Staatsbestimmung nur Folge zu leisten."[43]

Vollzugsdefizite wurden in den 1830er und 1840er Jahren vielfach beklagt, auch von Seiten der Landräte, die, wie oben erwähnt, die Notwendigkeit neuer Maßnah-men bestritten und traditionelle Verfahren der Feststellung des Todes präferierten. Dies war nicht verwunderlich. Der Tod, so vielschichtig und heterogen wie er im Scheintoddiskurs behandelt wurde, war eine Informationseingabe in ein sich neu ordnendes System mit unklarem, unzuverlässigem und mehrdeutigem Charakter und die Aufgabe der Verwaltung war es, die Spannweite der Deutungsmöglichkeiten zu verkleinern und die Zahl der möglichen handlungsleitenden Einschätzungen von Ereignissen zu reduzieren. Dazu war sie auf der Suche nach verlässlichen Kriterien. Diese wurden vom medizinischen Fachdiskurs aber nicht eindeutig zur Verfügung gestellt, da er selbst ambivalent war. Da die Verwaltung eine Ordnungsmacht mit dem Anspruch war, ihre Ordnungsvorstellungen vor Ort durchzusetzen, entschied sie sich nicht zuletzt aus dem Konfliktpotential dieser Lösung heraus für das dreitä-gige Aufbahren. Die Rolle der Mediziner wurde dabei auf jene der Entscheidungs-experten reduziert, die eine Entscheidung entlang der Differenz Leben und Tod zu fällen hatten. Wo diese nicht hinreichend über eine sichere Entscheidungsgrundlage verfügten, wurde der Faktor Zeit als Mittel, eine Entscheidung herbeizuführen, in das Vorgehen integriert. Dergestalt lagerte Verwaltung *Entscheidungen* aus, den

---

41 Kaiser 1831 (wie Anm. 16).

42 Ebenda, S. 103.

43 Ebenda.

Umgang mit dem Toten aber bestimmte sie entlang der für sie grundlegenden Operation: Sie ordnete ihn als ein vermittels symbolischer Medien konstituiertes Verfahren.

Das wesentliche Medium der frühmodernen Verwaltungen, eine ihrer Funktionsweise adäquate Strategie zu formulieren, war das Formular. Formulare reduzieren Mehrdeutigkeit. Sie tun dies am effektivsten, wenn sie als binäre Tabellen entwickelt werden. Im Kontext des Scheintoddiskurses wurden von der Verwaltung Totenscheine eingeführt. Vertraten die Mediziner deren Einführung, weil sie ein probates Mittel waren, um sie in der Konkurrenz zu anderen als Entscheidungsexperten in der Gesellschaft legitimiert erscheinen zu lassen, so verfolgte die Verwaltung den Zweck, einerseits Entscheidungen auszulagern, andererseits die Dateneingabe auf das von ihr verwaltbare Minimum zu reduzieren. Um die konkrete Gestaltung der Totenscheine oder ‚Totenzettel', wie sie auch bezeichnet wurden, gab es im frühen 19. Jahrhundert breite Diskussionen. Ein Vorschlag von 1828 beispielsweise sah einen zweispaltigen Vordruck vor, in dem vorgegebene Felder auszufüllen waren, von denen nicht abgewichen werden konnte.[44] Zunächst sollte auf das Formular eine laufende Nummer eingetragen werden, die der Verwaltung erlauben sollte, ihre lineare Ordnung, wie sie bereits an der Gestaltung der Friedhöfe behandelt wurde, zu bewahren. Als Daten des Verstorbenen wurden Vor- und Zuname, Alter, Stand, ob verheiratet oder nicht, seine Kinder, eine zeitliche Angabe mit Sterbetag und –stunde, die Ursache des Todes aufgenommen. Zusätzlich wurde eine Angabe verlangt, ob es sich dabei um eine epidemische Krankheit gehandelt und ob im Falle eines krankheitsbedingten Todesfalles ärztliche Hilfe stattgefunden habe. Umstände, Art und Dauer dieser Hilfe interessierten nicht, der Schein sah lediglich die binäre Eingabe ‚ja' oder ‚nein' als Antwort auf diese Frage vor. Vermittels dieser Angaben definierte das Formular, das als „Todten-Schein" bezeichnet wurde, einen Menschen als tot. Seine Aufgabe war die Reduktion von Mehrdeutigkeit und Vielfalt, indem es die mannigfaltigen Stufen und Phasen eines Übergangs vom Leben in den Tod, die im Scheintoddiskurs diskutiert worden waren, auf die Eingabe ‚tot' reduzierte und damit letztlich nur eins bestimmte: Die Legitimität der Beerdigung des Leichnams. Mit den Totenscheinen wird der Tod dergestalt vom Leben diskursiv abgegrenzt, dass er als legitime Bestattung einen einzuhaltenden Ablauf administrativer Handlungen und damit ein Verfahren abschließt.

Im neu zu etablierenden Ordnungssystem einer Verwaltung des Todes wurde damit ein wesentliches neues Element eingeführt: Das Verfahren. In diesem wurde mittels eines Mediums, das der Welt des politisch-administrativen Systems entstammte,

---

44 Eisner: Ueber Todtenscheine und Sterbelisten. In: Zeitschrift für die Staatsarzneikunde, Ergänzungsheft 9 (1828), 117-123.

dem tabellarischen Vordruck, eine Entscheidung kommunizierbar, die legitime Folgewirkungen einleitete. Der Mediziner als Experte war nur der Punkt, an den die Verwaltung eine Entscheidung auslagerte, die sie vermittels ihrer Verfahren und Medien zuvor als eine rein binäre Entscheidung festgelegt hat. Die Informationseingabe in das System wurde durch das Formular reduziert und auf Angaben eingeschränkt, die symbolisch in dem Sinne wirkten, dass sie auf die Legitimation einer Verfahrenskette verwiesen. Für das administrative System war der Mediziner damit der Entscheidungsexperte, der vermittels medialer und symbolischer Strategien, die eine vorgängige Ordnung bestätigten und damit Wirklichkeit schufen, die binäre Entscheidung zwischen Leben und Tod traf. Diese Strategien, die in der Verwaltung des Todes im frühen 19. Jahrhundert entwickelt wurden, entstammten den Strukturen der frühmodernen Administration. Deren Aufgabe war es, eine sich wandelnde Welt zu organisieren. Definiert man Organisation als Reduktion der Spannweite von Handlungs- und Bezeichnungsmöglichkeiten, waren die Totenscheine ein symbolisches Medium zur Implementation einer binären Logik, in der der Scheintod nicht mehr vorkam. Dem medizinischen System jedoch gelang es, mittels solcher symbolischer Medien ihre alleinige Entscheidungsgewalt gegen Konkurrenten wie den Theologen durchzusetzen. Für sie agierte die Verwaltung als Implementationsexperte ihres Anspruchs auf Entscheidungsgewalt. Mittels dieser Kooperation stabilisierten sich die beiden historisch relativ jungen Teilsysteme eines professionalisierten Medizinalwesens und eines modernen politisch-administrativen Systems im frühen 19. Jahrhundert wechselseitig.

In einer an sich sinnlosen Welt wandelnder symbolischer Ordnungssysteme legitimiert der Experte, aus der Notwendigkeit heraus, dass Ordnung geschaffen werden muss, Entscheidungen. In diesem Sinn sind Experten modale Virtualitäten, die von einem mit Ordnungsmacht ausgestatteten Teilsystem der Gesellschaft konstruiert werden, um Entscheidungen zu legitimieren. Im frühen 19. Jahrhundert ist eine der zentralen Ordnungsmächte das politisch-administrative System. Es lagert Entscheidungen aus, um Legitimität zu gewinnen. Diese Entscheidung produziert Wahrscheinlichkeit in dem Sinn, dass es dem jeweiligen System plausibel erscheint, dass die Erwartung eines Ereignisses oder Nicht-Ereignisses eintritt. Mehr ist es aber nicht. Der wissenschaftliche Experte ist nicht primär eine Institution, die aus dem Fortschritt des Wissens resultiert, er ist eine historisch entstandene und damit veränderbare Instanz in einem Gefüge von institutionalisierten Verfahren, die einer sich formierenden Epoche der Moderne erlaubten, eine ihren Diskursen adäquate Ordnung von Wirklichkeit zu implementieren. Der Experte ist definiert durch diese Einbettung in ein formalisiertes, epochenspezifisches Entscheidungs- und Handlungsnetz, und damit eine Formation, die vom Fluss der Geschichte durch eine andere, ebenso kontingente abgelöst werden könnte.

Karl Hildebrandt

Experten wider Willen. Statistische Projekte und ihre Akteure um 1800

1. Einleitung

Die Statistik im Zeitalter der Aufklärung als disziplinäre Produktionsstätte von
Expertisen und somit die damaligen statistischen Werke selbst als Expertisen zu
betrachten, ist eine heikle Sache. Es gab keinen originären Wissensbereich, über den
die Vertreter des Faches allein verfügten. Statistik ist und war Methode, Disziplin
und – in ihrer Ergebnisform – wissenschaftliches Produkt zugleich. Ihr Datenmaterial fand sich überall: In verschiedenen Wissens- und Handlungsgebieten wie dem
politischen und wirtschaftlichen Alltag und in den Händen vielfältiger wissenschaftlicher Disziplinen wie der Geographie und der Jurisprudenz. Aus sich selbst heraus
konnte diese Statistik nicht ent- und nicht bestehen, sie blieb stets gebunden an eine
„datenorientierte Praxis".[1] Sie schöpfte ab, was ihr beliebte – entsprechend ergaben
sich gerade in der Entstehungszeit des Faches am Ende des 18. Jahrhunderts viele
Felder der Wissenskonkurrenz.

Worin also bestand die Expertenfunktion eines statistischen Autors am Übergang
vom 18. zum 19. Jahrhundert? Welche Wandlungen werden entlang dieses Epo-
chenschnitts sichtbar angesichts der zunehmenden Ausdifferenzierung wissenschaftlicher Disziplinen? Welches ist jeweils der Maßstab, der eine statistische
Arbeit ggf. zur Expertise macht? Welche Rolle spielen die Faktoren Sammlung,
Auswahl und Darstellung des Datenmaterials? Wie gestaltete sich das Verhältnis
zwischen Expertentum und bürokratischer Beamtenschaft unter den Bedingungen
des sich etablierenden modernen Verwaltungsstaates, der auch und gerade in umfassenden staatlichen Statistikprojekten um 1800 sein Wirken manifestierte? Diesen
Fragen geht der vorliegende Beitrag überwiegend anhand von französischen und
deutschen Quellen nach.

2. Definitionen

Mit Blick auf die hier behandelte Epoche um 1800 müssen jedoch vorab zwei
Begriffe von „Statistik" voneinander getrennt werden. Zum einen gab es die „alte"
Statistik im Verständnis des 18. Jahrhunderts. Sie lässt sich mit aller Vorsicht
definieren als die sich zur wissenschaftlichen Disziplin verdichtende, beschreibende
Staatenkunde, deren Aufgabe es war, auf empirisch-deskriptivem Wege für ein ge-

1 Vgl. Nikolow, Sybilla: Statistiker und Statistik. Zur Genese der statistischen Disziplin in
   Deutschland zwischen dem 18. und 20. Jahrhundert. Diss. phil. TU Dresden 1994, S. 8.

gebenes Territorium bzw. politisch definiertes Gemeinwesen all jene Informationen und Daten zu sammeln und anzuordnen, die in Bezug standen zu dessen physischer, ökonomischer, politischer, rechtlicher, religiöser und sozialer Verfasstheit. Die wissenschaftliche Tradition dieser Disziplin war vor allem juristischer und literarischer Art. Als Hauptvertreter seien die Göttinger Professoren Gottfried Achenwall (1719-1772) und August Ludwig Schlözer (1735-1809) genannt.

Unser heutiges Statistik-Verständnis hat mit jener beschreibenden Disziplin nur teilweise zu tun. Es hat seine wissenschaftlichen Wurzeln noch stärker in der Tradition der so genannten „politischen Arithmetik". Deren Anfänge liegen im England des 17. Jahrhunderts mit Autoren wie John Graunt (1620-1674) und William Petty (1623-1687) und werden für die deutschen Territorien vor allem und fast ausschließlich mit den Namen Kaspar Neumann (1648-1715) und besonders Johann Peter Süßmilch (1707-1767) verbunden. Die politische Arithmetik und die sich aus ihr entwickelnde „moderne" Statistik lässt sich begrifflich fassen als die Anwendung mathematischer Methoden und Berechnungen auf Zusammenhänge des politischen, ökonomischen, und sozialen Lebens. Neben der Ermittlung komplexer Einzeldaten, z.B. der Bevölkerungszahl eines Landes, stand vor allem die Suche nach Regel- und Gesetzmäßigkeiten im Vordergrund, wie bei Geburts- und Mortalitätsraten oder der Frage nach der durchschnittlichen Lebenserwartung. Der praxisbezogene Einsatz dieser Disziplin erweiterte sich enorm gegen Ende des 18. Jahrhunderts. Ihren komplexesten Ausdruck fand diese Entwicklung in Condorcets (1743-1794) Ansätzen einer „mathématique sociale".[2]

Deskription versus mathematische Berechnung, Empirie versus Analyse heißen etwa Gegensatzpaare, in die man die „alte" und die „neue" Statistik kleiden kann. Die namentliche Enteignung der Statistik im Sinne des 18. setzte am Anfang des 19. Jahrhunderts ein. Die Übernahme des Namens durch die mathematisch geprägte Disziplin zog sich über die folgenden Jahrzehnte hin und erreichte um 1840 eine gewisse Konsolidierung mit den Arbeiten des Belgiers Adolphe Quételet (1796-1874).

Im vorliegenden Beitrag geht es im wesentlichen um die „alte", empirisch-deskriptive Statistik und dabei um die Frage, inwieweit diese Disziplin mit ihrer Methodik

---

2   Vgl. zu Condorcet und zur politischen Arithmetik in Frankreich vor und um 1800: Condorcet, [Jean Antoine Nicolas de Caritat de]: Arithmétique politique. Textes rares ou inédits (1767-1789). Ed. crit. commentée par Bernard Bru et Pierre Crépel. Paris: éditions de l'INED 1994 (= Librairie du Bicentenaire de la Révolution Française) sowie Brian, Eric: La mésure de l'Etat. Administrateurs et géomètres au XVIIIe siècle. Paris: Editions Albin Michel 1994 (dt. Ausg. Wien; New York: Springer 2001).

ein wissenschaftliches Instrument sein konnte zur systematischen Produktion gesell-schaftspolitisch wie ökonomisch relevanter Expertisen.

3. Das Schlözersche Ideal einer Experten-Republik

Der französische Statistiker und Schlözer-Übersetzer Denis François Donnant (1769-1809) war ein vorausblickender Mann. Als hätte er geahnt, dass man sich gut 200 Jahre nach seiner Arbeit einmal auf einer von Medizinhistorikern veranstalteten Tagung auch für sein Wirkungsfeld interessieren würde, definierte er 1804 seine Disziplin folgendermaßen: „La statistique peut être comparée à l'anatomie; c'est l'art de disséquer un corps social pour en examiner séparément toutes les parties."[3] In Donnants zeittypischer Metaphorik wurde also der Staat einer Vivisektion durch die Statistiker, einem momentanen Schnitt in seiner Geschichte unterzogen – für die Kritiker der Methodik lieferte das Bild einen denkbar günstigen Ansatzpunkt ihrer Polemik, sahen sie doch in den Werken der Statistiker Chimären, die mit der Realität eines lebendigen Staatskörpers nichts zu tun hatten.[4] Die statistische Anatomie galt ihren Befürwortern als Voraussetzung der politisch-ökonomischen Staatsmedi-

---

3 Vgl. Donnant, Denis François: Théorie élémentaire de la Statistique, par D. F. Donnant, Sécretaire perpétuel de la Société académique des Sciences de Paris, membre de l'Athenée des Arts, du Conseil d'Administration de la Société d'encouragement, de la Société de Statistique, etc., etc. Paris: A l'imprimérie de Valade 1805. In-8°, S. 33f. Diese erste französische Theorie der Statistik existiert noch in zwei etwas früheren Textfassungen: zum einen als Aufsatz unter gleichem Titel in den Archives statistiques 2 (1804), S. 353-416 (Definition hier auf S. 380); zum anderen als Manuskript und Einsendung zu einer 1803 gestellten Preisfrage der Turiner Akademie der Wissenschaften unter dem Titel „Mémoire, Sur cette question proposée par la Classe de littérature et beaux arts de l'académie de Turin: Démontrer si la science économique connue sous le nom de Statistique est une science nouvelle, et quels sont les avantages que les états peuvent en tirer ?" (Archivio Accademico Torino Ms. 203/4, 30 Bl. rev., 1 Bl. r.; Definition hier S. 13). Die Autorenschaft Donnants für dieses Manuskript und die textliche Übereinstimmung mit seiner Theorie der Statistik wird nachgewiesen in Hildebrandt, Karl: Le concours de l'Académie de Turin sur la statistique (1803-1805). In: Martin, Thierry (Hrsg.): Arithmétique politique dans la France du XVIIIe siècle. Paris: éditions de l'INED 2003 (= Classiques de l'Economie et de la Popultaion ; Etudes et Enquêtes historiques), S. 453-490.

4 Vgl. dazu u.a. Nikolow, Sybilla: A. F. W. Crome's Measurements of the „Strength of the State": Statistical Representations in Central Europe around 1800. In: Klein, Judy L. and Morgan, Mary S. (Hrsg.): The Age of Economic Measurement. Durham; London: Duke University Press 2001 (= Annual Supplement to Vol. 33 History of Political Economy), S. 23-56, hier S. 45.

zin. Letztere lieferte der ersteren einen wesentlichen Teil ihres wissenschaftlichen Arbeitsauftrages und ihrer Daseinsberechtigung.

Doch wer waren nun die tatsächlichen Akteure, die bei der Erarbeitung einer Statistik tätig werden sollten? Immer wieder wurden von den Autoren der Zeit die Fragen nach der Erfassung, Auswahl, Anordnung und Darstellung statistischer Daten diskutiert. Im Gegensatz zu früheren empirischen Landesbeschreibungen oder Vorgaben zur Datensammlung durch Reisende in den frühneuzeitlichen Apodemiken, wurden solche methodischen Fragen am Ende des 18. Jahrhunderts unter dem disziplinären Dach der Statistik nun zunehmend problematisiert. Die Debatte betraf sowohl die quantitative wie auch die qualitative Dimension der zu erstellenden Werke.

Häufig scheiterten statistische Enqueten in der Praxis an Inkompetenz oder mangelnder Kooperationsbereitschaft der beauftragten Datensammler. Doch bereits in der theoretischen Konzeption gingen die Vorstellungen weit auseinander. In einer Rezension August Ludwig Schlözers von 1808 zu Donnants französischer „Théorie élémentaire de la statistique" werden die gegensätzlichen Ansätze deutlich:

> „Weiter hin erschrickt man über die Forderungen, die Herr D. [...] in der Folge an den Statistiker, und an die Vollständigkeit einer Statistik macht: wobey sich der Unterschied zwischen Schlözer's und Donnant's Theorie am deutlichsten zeigt. Jener hatte in seinem Ideal, das er sich von einer vollkommnen Reichs-Statistik träumte, angenommen, daß wohl 20gerley Landesbeschreibungen vorausgehen müßten, deren jede ihren eignen Mann erforderte, den Mathematiker (zum Messen), den Physiker (mit seinen vielen Abtheilungen, Zoologen, Mineralogen, etc.), den eigentlichen Geographen, den Oeconomen, den Arzt u.s.w. Nun trete der Statistiker als der 21ste Mann auf, und hebe aus jenen 20 Beschreibungen nur diejenigen Facta aus, bey denen er Einfluß in das Wohl des Volkes wittert."[5]

Während Donnant den statistischen Autor selbst als enzyklopädischen Datensammler sah, erstrebte Schlözer in seiner Theorie die systematische Akkumulation von multidisziplinärem Expertenwissen. Aus diesem sollte der ausgebildete Statistiker als eigenständiger Wissenschaftler dann die für ihn relevanten Informationen abschöpfen. Das Ergebnis wäre eine Expertise par excellence, für deren Qualität nach Schlözers Zählweise 21 Fachwissenschaftler aus verschiedenen Einzeldisziplinen bürgen könnten. Doch sowohl die wissenschaftsorganisatorische Realität wie auch die politisch-administrativen Notwendigkeiten des beginnenden 19. Jahrhunderts sahen völlig anders aus. Keiner wusste das besser als Schlözer selbst, der herausra-

---

5   Vgl. Göttingische gelehrte Anzeigen (1808), 137-140, hier 139.

gende Vertreter der deutschen Universitätsstatistik, dem die Disziplin erst ihren präzisen Platz in einem Gesamtkonzept politischer Wissenschaften verdankte, sowie erfolgreiche Herausgeber und Autor statistisch geprägter Periodika wie der „Staatsanzeigen". Sein Konzept des vereinigten Fachexpertenwissens zugunsten der Statistik formulierte er denn in der Rezension zur Arbeit Donnants – ein Jahr vor seinem Tod – auch nur noch konjunktivisch und nannte es ein „Ideal", von dem er „träumte".

4. Die Arbeiten der französischen Revolutionsstatistik

Weit entwickelt und dennoch weit entfernt von Schlözers späten Idealen war ein herausragender Schauplatz statistischer Realitäten um 1800: Das Großprojekt der französischen Revolutions- bzw. Departementalstatistik. „Connaître la France" hieß eine der pragmatischen Parolen, mit welcher der französische Innenminister Jean-Antoine Chaptal (1756-1832) in den Jahren 1800 bis 1804 sein Engagement für die (nach-)revolutionäre Regierungsstatistik überschrieb. Für das Ziel einer vollkommenen Landeskenntnis zum Nutzen der Regierung wie des Volkes sollten „le plus de faits positifs" in umfassenden, nach einheitlichem Muster aufgebauten Statistiken der einzelnen, neu errichteten Departements vereinigt werden. Diese statistische Sammelleidenschaft in beschreibenden Texten und in zunehmendem Maße Tabellen erstreckte sich nach den Vorgaben des Ministers bis hin zu quantitativen Angaben über die „Federn der Gänse, der Enten, der Hühner".[6] Das Verständnis und der Beteiligungswille nahmen schnell ab in den ausführenden Präfekturen, in wissenschaftlichen Kreisen und in der zu befragenden Bevölkerung angesichts dieses exzessiven, enzyklopädischen Ideals. Das scheinbar uferlose Dateninteresse der Pariser Zentralregierung wurde zunehmend als unsinnig verhöhnt, als praktisch untauglich verworfen und als obrigkeitliches Kontrollinstrument verdächtigt. Auch Chaptal sah das Problem ausufernder, unzuverlässiger und heterogener Datenmengen, ohne ihm grundsätzlich begegnen zu können. Das 1800 gegründete Pariser „Bureau de statistique" entwickelte sich dessen ungeachtet zum Herzstück eines in diesen Ausmaßen für die Verwaltungsgeschichte bis dahin unvergleichlichen bürokratischen Apparates[7] – hier den Sitz der wahren Statistik-Experten zu vermuten,

---

6 Zitiert in Bourguet, Marie-Noëlle: Déchiffrer la France. La statistique départementale à l'époque napoléonienne. Paris: Ed. des Archives Contemporaines 1988 (= Ordres Sociaux), S. 69.

7 Zum Pariser Bureau de statistique vgl. insgesamt Bourguet 1988, S. 99-106 (wie Anm. 6). Preußen erhielt erst Ende Mai 1805 das Königliche Statistische Büreau in Berlin; doch schon der Einmarsch der französischen Truppen im Frühjahr 1806 beendete zunächst alle Aktivitäten, das reiche Material der Behörde wurde nach Kopenhagen verbracht, bis zur

war dennoch nur teilweise zutreffend.[8] Pflichtkorrespondenzen, ausgefüllte Fragebögen und Tabellenvorlagen, statistische Jahrbücher – dieses und vieles mehr hatten die lokalen Administrationen aus ganz Frankreich nach Paris zu senden. Teilweise taten sie es auch in der gewünschten Weise; oft aber fehlten vor Ort die personellen und intellektuellen Ressourcen oder auch der schlichte Wille, den Vorgaben der statistischen Zentralbehörde bzw. des Innenministeriums nachzukommen.[9] Zwischen 1798 und 1805 erschienen in Paris u.a. 48 offizielle Departementalstatistiken, also für knapp die Hälfte aller Departements, aus denen dann wiederum die für wichtig befundenen Daten für eine französische Nationalstatistik in ersten „großen Summen" gezogen wurden.[10]

Wiederbelebung im Herbst 1810. Vgl. u.a. Behre, Otto: Geschichte der Statistik in Brandenburg-Preußen bis zur Gründung des Königlichen Statistischen Büros. Unveränd. Neudr. der Ausg. Berlin 1905. Vaduz: Topos-Verlag 1979 sowie Klueting, Harm: Die Lehre von der Macht der Staaten. Das außenpolitische Machtproblem in der „politischen Wissenschaft" und in der praktischen Politik im 18. Jahrhundert. Berlin: Duncker und Humblot 1986 (= Historische Forschungen, 29), speziell S. 295-299.

8   Der erste Chef des Bureau entsprach tatsächlich beinahe dem Schlözerschen Ideal eines professionellen Statistikers: Im Amt selbst wie auch noch in den Jahren danach war der Jurist Adrien-Cyprien Duquesnoy (1759-1808) die graue Eminenz der französischen Regierungsstatistik, trieb ihre konzeptuelle und praktische Entwicklung voran, war Herr über das landesweite Korrespondenznetzwerk in Sachen Datenerhebung, fungierte als entscheidender Mittler und „Übersetzer" zwischen der mehr oder minder anonymen statistischen Sammelarbeit im ganzen Land und dem Informationsinteresse seitens der Regierung; vgl. Hildebrandt, Karl: Die Anatomen des Staates. Französische und deutsche Statistik im Zeitalter der Aufklärung - ihre Widerspiegelung im akademischen Preis-fragengeschehen. Magisterarbeit, Histor. Inst. der Univ. Potsdam, 2000 (Ms.), S. 12. Als konturloser Beamter ohne jeglichen wissenschaftlichen Esprit wurde dagegen etwa Duquesnoys Nachfolger Alexandre de Ferrière beschrieben; vgl. u.a. Perrot, Jean-Claude: L'âge d'or de la statistique régionale française (an IV-1804). Paris: Société des Etudes Robbespierristes 1977, S. 63f.

9   Vgl. Bourguet, Marie-Noëlle: Décrire, Compter, Calculer: The Debate over Statistics during the Napoleonic Period. In: Krüger, Lorenz, Daston, Lorraine J. and Heidelberger, Michael (Hrsg.): The Probalistic Revolution. Bd. 1: Ideas in History. Cambridge, Mass. (u.a.): MIT-Press 1987, S. 305-316, hier S. 306.

10 Zu diesen Versuchen, zentral organisierte nationale Statistiken zu erarbeiten, zählten Arbeiten wie Herbin, Pierre-Etienne; Peuchet, Jacques; Sonnini, Charles N. (u.a.): Statistique générale et particulière de la France et de ses colonies: avec une nouvelle description topographique, physique, agricole, politique, industrielle et commerçiale de cet état [...]. 7 Bde, Paris: Buisson 1803. In-8° + 1 Atlas in-4°; sowie unter der nominellen Herausgeberschaft von Alexandre de Ferrière die Archives statistiques de la France. 7

Die französische Regierungsstatistik um 1800 stand vollends unter dem Primat der Praxis. Die Theoretisierung der Statistik als Methode und Disziplin erfolgte hier – ganz im Gegensatz zu den deutschen Verhältnissen – erst aus den Erfahrungen der praktischen Arbeit heraus.[11] Mit der Episode der Pariser „Société de Statistique" wurde dabei das Schlözersche Ideal von Statistik als Ergebnis multidisziplinärer Fachkompetenz tatsächlich ansatzweise erfüllt. In dieser frühesten statistischen Spezialgesellschaft versammelten sich im Februar 1803 42 Mitglieder. Ob es je mehr als diese Sitzung, das Programm und eine Mitgliederliste gab, bleibt ungewiss. Dennoch ist diese wissenschaftsgeschichtliche Randerscheinung ein aussagekräftiges Dokument für den damaligen konzeptionellen Horizont der französischen Statistik.[12] Zu den Mitgliedern zählten nicht nur fast sämtliche französische Autoren, die bis dahin schon mit statistischen Werken hervorgetreten waren und in den Folgejahren hervortreten würden, sondern des Weiteren Mathematiker, Mediziner, Naturwissenschaftler, politische Ökonomen, Historiker, Geographen, Literaten, Publizisten, Staatsfunktionäre, Militärs u.a.[13] Die Ziele der Gesellschaft richteten sich auf eine positive Fixierung der Prinzipien der Statistik, auf die Umsetzung der Idee, nach deutschem Muster einen speziellen Lehrstuhl für den Unterricht dieser Wissenschaft einzurichten. Außerdem sollten neue statistische Arbeiten erstellt und die bereits existierenden miteinander verglichen werden. Schließlich galt es aus den gewonnenen Fakten, Schlussfolgerungen und Resultate zu deduzieren, die wiederum anderen Wissenschaften hilfreich sein könnten. Die „Modernität" der Gesellschaft, mit der die französische Statistik auch aus der politischen Alltagsdynamik des

---

Lief., 3 Bde, Paris an XII (1804) - an XIII (1805) und die Analise de la statistique générale de la France, 3 Bde. Paris: Bailleul an XII (1803-1804).

11 Bedeutend für diesen Prozess war hier vor allem auch die Zeitschrift Annales de Statistique ou Journal général d'économie politique, industrielle et commerciale; de géographie, d'histoire naturelle, d'agriculture, de physique, d'hygiène et de littérature. Hrsg. von Louis J. P. Ballois [Bd. 1-6]; une société de gens de lettres [Bd. 7-8]; Alexandre de Ferrière [Bd. 9]. 33 Lief., 9 Bde, Paris: Impr. de Valade an X [1802] - an XII [1804].

12 Im Falle einer Sozietät, die offenbar nie zu einer alltäglichen Arbeit übergegangen ist, sind Mitgliederlisten, Programme und Statuten die einzigen auswertbaren Dokumente ihres Ansatzes und Anliegens und damit sinnvoll auszuwerten. In ihrer Quellenbasis unzureichend erscheinen mir sozietätsgeschichtliche Beiträge, die das reale Wirken von Sozietäten nur anhand solcher Dokumente aufarbeiten wollen und dabei Gefahr laufen, Anspruch und Wirklichkeit, Form und Inhalt zu verwechseln.

13 Es fehlten einzig Chaptal als Innenminister und „Herr der Regierungsstatistik" sowie de Ferrière als damaliger Chef des Bureau de statistique; vgl. die Mitgliederliste der Gesellschaft in: Annales de statistique 4 (1803), S. 508-511 - bzw. überarbeitet in Hildebrandt (2003), S. 484f. (wie Anm. 3).

großen Regierungsprojektes gehoben werden sollte, zeigte sich besonders in der beabsichtigten Organisationsform: Die Mitglieder teilten sich in sechs thematisch ausgerichtete Kommissionen auf, womit das bis dahin vorherrschende Prinzip der Territorialität zugunsten fachspezifischer Ausrichtungen aufgegeben wurde.[14] Disziplinäre Sach- und Fachkompetenz sollte an die Stelle von additivem, enzyklopädischem Sammlertum treten und damit Statistiken ermöglichen, die qualitativ und methodisch weiter gingen als Reiseberichte oder andere literarische, empirisch beschreibende Textgattungen. Trotz ihrer interdisziplinären Zusammensetzung entsprach auch die „Société de Statistique" nicht dem Ideal Schlözers, das den Statistiker als 21. Wissenschaftler sah, der die Resultate von zwanzig Vertretern anderer Fächer verwertete. Stattdessen sollten die einzelnen Kommissionen der Gesellschaft in sich mit ihren jeweils vertretenen Fachwissenschaftlern für ein thematisches Feld verantwortlich sein, um dann Ergebnisse unmittelbar in eine Gesamtstatistik einfließen zu lassen bzw. sie auch als thematische Spezialstatistiken darstellen zu können. Aber auch der anspruchsvolle Ansatz der Pariser Sozietät blieb ein uneingelöstes Ideal.

5.   Der Statistiker als Gelehrter und / oder Staatsdiener

Im Alltag der französischen Regierungsstatistik fungierten, wie bereits erwähnt, die lokalen Administrationen als ausführende Organe. Die Präfekten der Departements, oftmals aus anderen Teilen der Nation auf ihrem Posten angelangt, widmeten sich selbst den auferlegten Pflichten bzw. delegierten sie innerhalb der Beamtenschaft ihrer Behörden sowie an lokale Gelehrte weiter. Die nach Paris übersandten Ergebnisse waren von sehr unterschiedlicher Qualität, je nachdem auf welche Interessen und Kompetenzen bzw. auch auf welchen politischen Willen zur Zusammenarbeit mit den Zentralbehörden die Pariser Vorgaben vor Ort trafen.[15] Oft waren es Experten wider Willen, die die statistische Erfassung ihres Territoriums anhand älterer Dokumente und neuer Enqueten zu übernehmen hatten.

Das Isère-Departement mit seiner Hauptstadt Grenoble wählte einen einzigartigen Weg, um sich des keineswegs von allen Lokalbehörden für sinnvoll angesehenen Zwanges zur Departemental-Statistik zu entledigen: Sie leitete den Auftrag weiter an

---

14 Es gab Kommissionen für Topographie, die sich nochmals in physikalische und medizinische Topographie unterteilte, für statistische Meteorologie und Naturgeschichte, für Bevölkerungsfragen und öffentliche/staatliche Unterstützungseinrichtungen, für Ackerbau und ländliche Ökonomie, für industrielles Gewerbe, Handel und öffentliche Arbeiten sowie schließlich für Unterrichtswesen und bildende Kunst.

15 Vgl. dazu auch Bourguet 1988, S. 306 (wie Anm. 6).

die Grenobler „Société des sciences et des arts", die daraus 1803 eine akademische Preisaufgabe machen sollte.[16] Für zahlreiche europäische ökonomische, patriotische und gelehrte Gesellschaften zählte die Sammlung lokaler bzw. regionaler statistischer Daten zum Kernbereich ihrer Beschäftigungen.[17] Mit den akademischen Preisfragen wiederum stand den Sozietäten ein für das Zeitalter der Aufklärung überaus charakteristisches Instrument der Wissenssammlung und -produktion zur Verfügung, mit welchem es gelang, anhand von einzelnen Fragestellungen aus einem quasi universellen Themenspektrum ein zunehmend breiteres Publikum in öffentliche Debatten einzubeziehen. Experten- wie praktisches Alltagswissen wurden mittels der Preisfragen aktiviert, um in den einzusendenden anonymen Preisschriften zur Lösung zeitgenössisch relevanter Probleme beizutragen.[18] Beide genannten Wissenskategorien konnten durchaus identisch sein angesichts der noch relativ geringen disziplinären Ausdifferenzierung der Wissenschaften im 18. Jahrhundert, so dass sich hier die Frage nach Experten und Expertisen tatsächlich noch einmal anders stellen sollte als für die Zeit ab ca. 1830. So konnten bei der Lösung ökonomischer Probleme die Alltagserfahrungen eines Kaufmanns, eines Handwerkers, eines Landwirtes oder des für die Aufklärung zum Topos gewordenen allwissenden Pfarrers ein Höchstmaß an Expertenwissen darstellen. Akademische Preisfragen lieferten ein Mittel, solches Wissen – etwa über die Publikation hervorragender Preisschriften – allgemein(er) verfügbar zu machen.

Auch für das Anliegen der empirisch-deskriptiven Statistik schien der Rückgriff auf lokale Erfahrungsschätze ein durchaus probates Mittel, das im Übrigen seit Mitte des 18. Jahrhunderts in verschiedenen obrigkeitlichen Enqueten, privaten Initiativen und zahlreichen Preisfragen zu vornehmlich ökonomisch ausgerichteten Territorial-

---

16 Vgl. zur Einbindung gelehrter und/oder ökonomischer Gesellschaften in administrative Arbeiten speziell Hammermayer, Ludwig: Akademiebewegung und Wissenschaftsorganisation. In: Amburger, Erik; Ciesla, Michal; Sziklay, László (Hrsg.): Wissenschaftspolitik in Mittel- und Osteuropa: wissenschaftliche Gesellschaften, Akademien und Hochschulen im 18. und beginnenden 19. Jahrhundert. Berlin: Camen 1976 (= Studien zur Geschichte der Kulturbeziehungen in Mittel- und Osteuropa, 3), S. 1-84, hier S. 7 + 11.

17 Vgl. dazu u.a. die ersten Teile des Kapitels „Science for the Fatherland" in Lowood, Henry E.: Patriotism, profit, and the promotion of science in the German enlightenment. The economic and scientific societies, 1760-1815. New York; London: Garland 1991, hier S. 221-247.

18 Vgl. knapp zum Preisfragengeschehen allgemein Hildebrandt, Karl: Die ökonomische Entdeckung der Bergwelt in akademischen Preisfragen. In: Bertrand, Gilles; Guyot, Alain (Hrsg.): Discours sur la montagne (XVIIIe-XIXe siècles) : rhétorique, science, esthétique. Bern (u.a.): Peter Lang 2003 (= Compar(a)ison. An International Journal of Comparative Literature, 2001, 1/2), S. 215-247, hier S. 216-218.

beschreibungen über den europäischen Kontinent hinweg mit verschiedenem Erfolg angewendet worden war.[19] Doch die Grenobler Preisfrage von 1803 sollte von ihrem inhaltlichen Umfang her in neue Dimensionen vorstoßen. Für die Ausrichtung stiftete der damalige Präfekt des Isère-Departements, kein geringerer als der berühmte Mathematiker und später auch als Statistiker tätige Jean Baptiste Joseph Fourier (1768-1830)[20], in seiner administrativen Funktion 600 Francs für eine Generalstatistik des Departements sowie, als Mitglied der gelehrten Sozietät, sechs mal 50 Francs für Spezial- bzw. Teilstatistiken. Die personelle Konstellation schien günstig, denn mit dem beständigen Sekretär der Gesellschaft, dem Juristen Jacques Berriat Saint-Prix (1769-1845), stand ein erfahrener Lokalstatistiker bereit, der sich der Durchführung des Preiswettbewerbes annehmen konnte. Aus seiner Feder stammte dann auch der extrem detaillierte Preisfragentext, der im Pariser „Fachorgan" „Annales de statistique" als ein „excellent guide pour ceux qui s'occupent de statistique" gelobt wurde und der hier als epochentypischer thematischer Leitfaden einer deskriptiv orientierten Statistik wiedergegeben werden kann (s. Anhang).[21]

Der Fortgang des Wettbewerbes geriet zum wissenschaftssoziologischen Kriminalfall und gewissermaßen auch zur Farce.[22] Im Dezember 1805 konnte die Gesellschaft ihren Preis vergeben. Er ging an die „Mémoire sur la Statistique de l'Isère" mit der Devise „Notre seul desir est d'être utile", die in vier Bänden 1119 unterschiedlich große, mit Streichungen, Verbesserungen usw. durchzogene Manuskriptseiten umfasste. Wer jenen vom Autor angestrebten Nutzen haben wollte, musste zunächst eisern und mühselig lesen.[23] Eine zweite Einsendung war zuvor ausgeschlossen worden, weil ihr Autor nach Meinung der Preisfragenkommission durch Nennung seiner beruflichen Funktion indirekt das Gebot der absoluten Ano-

---

19 Vgl. für Preisfragenbeispiele Hildebrandt 2003, S. 221-223 und S. 226f. (wie Anm. 18); außerdem das Kapitel „La statistique et l'arithmétique politique dans les prix académiques" in Hildebrandt (2003), S. 475-483 (wie Anm. 3).

20 Zu den späteren Arbeiten und Konzepten Fouriers als Statisitker vgl. u.a. Brian 1994, S. 344 (wie Anm. 2).

21 Vgl. Annales de statistique 8 (1803), S. 77.

22 Als Gesamtdarstellung dieses Preiswettbewerbes vgl. Hildebrandt 2000, S. 15-33 (wie Anm. 8). Vgl. zu Teilaspekten auch Chagny, Robert: La statistique du département de l'Isère dans la première moitié du XIXe siècle. In: Savoie, Dauphiné, Piémont. Aspects d'histoire économique et sociale au XIXe siècle. Actes des journées franco-italiennes d'histoire tenues à Conflans les 19-20-21 octobre 1979, org. par le Centre de recherche d'histoire de l'Italie et des pays alpins. Grenoble: 1980. S. 45-63.

23 Die Devise hatte der Autor dem Vorwort seiner Schrift entnommen. Vgl. Bibliothèque municipale de Grenoble (= BMG), Ms. U. 1503-1505, Bl. 3.

nymität verletzt hatte. Ihr Verfasser war der Amerikareisende und Literat François M. Perrin-Dulac (gest. 1824), den der Präfekt Fourier selbst als verantwortlichen Beamten für die Wiederherstellung des Landwegenetzes nach Grenoble geholt hatte. Fourier hatte Perrin-Dulac persönlich mit der statistischen Arbeit betraut, was im überschaubaren politischen und literarisch-gelehrten Milieu der Stadt sicher nicht unbemerkt geblieben war. Der Ausschluss vom Wettbewerb musste also auch als Affront gegen die Präfektur gelten.

Und der gekrönte Preisträger? Wohl einzigartig im europäischen Preisfragengeschehen handelte es sich dabei in einer Person um den Verfasser der Preisfrage, ein Mitglied der Preisfragenkommission und einen aktuellen beständigen Sekretär der fragenden gelehrten Sozietät, also um Berriat Saint-Prix selbst.[24] Man „übersah" in seinem Falle nicht nur das Gebot der Anonymität, sondern auch jene fast überall gängige Regel der Preisfragenprogramme, die ausdrücklich die Mitglieder einer Gesellschaft von der Teilnahme ausschloss.[25] Dem Autor war es hier gelungen, sich unter Ausnutzung seiner sozialen und institutionellen Stellung gewissermaßen selbst als Experten zu generieren – einer urteilenden, unabhängigen Instanz oder einer wie auch immer gearteten kritischen Öffentlichkeit hatte es dazu nicht bedurft. Betrachtet man, wie die „Statistik-Experten" im Rahmen dieses Preiswettbewerbes hervorgebracht wurden, so muss unbedingt angemerkt werden, dass die Preisfrage faktisch kein „normales" Publikum gefunden hatte. Dies geschah zwar auch bei anderen Preisaufgaben aus verschiedenen Gründen regelmäßig, doch im vorliegenden Fall hatte offenbar der schiere Umfang und die Komplexität des Arbeitsauftrages alle potentiellen Kandidaten abgeschreckt und überfordert. In dieser Größenordnung war eine Preisfrage nicht mehr vereinbar mit dem aufklärerischen Grundgedanken der allgemeinen Wissenssammlung, zu der fast jeder mit seinen partiellen Kenntnissen beitragen konnte. Nur ein Lokalgelehrter mit jahrelangen Vorarbeiten und ein dienstlich abgestellter Beamter konnten bzw. mussten sich einer solchen Aufgabe stellen.[26]

---

24 Aimé-J. Champollion-Figeac umschrieb 75 Jahre später die Augenwischerei zurückhaltend: „Am Ende der Sitzung verbreitete sich das Gerücht, daß der anonyme Autor der 'Statistique de l'Isère' Berriat Saint-Prix war." [Übers. K.H.]; vgl. Champollion-Figeac, Aimé-Louis: Chroniques Dauphinoises et documents inédits relatifs au Dauphiné pendant la Révolution. 2 Bde. Reprint Marseille: Lafitte 1973. Reprint d. vierbändigen Ausg. Vienne, 1880-87, hier Bd. 2, S. 63.

25 Vgl. auch die Bestimmungen am Ende des Grenobler Preisfragenprogramms selbst, s. Anhang.

26 Allerdings hatten auch die mit der Aufgabe ausgeschriebenen Teilstatistiken keine Beantworter gefunden.

In ihrer methodischen und stilistischen Ausrichtung unterschieden sich die zwei Preisschriften deutlich, obwohl sich beide Autoren relativ eng an die Fragen- und Tabellenvorgaben der Pariser Regierungsstatistiker hielten. Der engagierte, kritisch-moralisierende Diskurs des auswärtigen Auftrags-Statistikers Perrin-Dulac steht insgesamt im Gegensatz zur bedeutend neutraleren Schilderung des einheimischen Kenners Berriat Saint-Prix. Das „Inventar" des Letzteren kontrastiert mit dem „Kommentar" des Ersteren.

Fourier seinerseits ignorierte schlussendlich das Ergebnis des Preiswettbewerbes, wie ihn überhaupt die damalige Form der empirisch-deskriptiven Statistik als wissenschaftliches Anliegen offenbar in keiner Weise interessierte. Er ließ die fertig gestellte Arbeit seines vorab (unabhängig vom Wettbewerb) erwählten „Experten" Perrin-Dulac 1806 in zwei Bänden drucken und als Departemental-Statistik nach Paris schicken[27], während das monumentale, weiter durch den Autor vervollständigte Manuskript von Berriat Saint-Prix ungenutzt in Grenoble verblieb.

6.   Der bürokratisierte Staat und seine Experten

Die vermehrten obrigkeitlichen Statistikprojekte an der Wende vom 18. zum 19. Jahrhundert, die nicht nur für Frankreich oder Preußen charakteristisch waren, gerieten zum Testfall für die Entstehung des modernen, bürokratischen Verwaltungs- und Beamtenstaates.[28] Dieser versuchte, sich ein Informationsmonopol anzueignen, das nur über die kontinuierliche Zuarbeit aus einem zunehmend komplexen Netz von Datensammlern zu unterhalten war. Die individuelle Leistung der Informanten, konnte in einem System reglementierter Korrespondenzen, vereinheitlichter Fragenkataloge und tabellarischer Vorgaben kaum mehr eine Rolle spielen. Der statistische Autor des 18. Jahrhunderts sah sich abgelöst durch den anonymisierten statistischen Datenlieferanten. Das Honorationssystem der „République des Lettres", das für den Autor einer gekrönten Preisschrift symbolischen sozialen wie auch materiellen Gewinn vorsah, galt nicht mehr. Die Bindung zwischen Hersteller, geschriebenem Produkt und zustehendem Verdienst wandelte sich qualitativ.

---

27 Dies führte zu einem Eklat mit dem Innenminister Champagny, denn im napoleonischen Empire war die Statistik bereits wieder zum „Staatsgeheimnis" erklärt worden und insofern lag auch das absolute Kontroll-und Druckmonopol für offizielle Departemental-Statistiken bei der Pariser Zentralbehörde.

28 Staatliche Großprojekte demographischer Art hatte es schon länger gegeben, wie z.B. die schwedischen Bevölkerungsstatistiken aus der Mitte des 18. Jahrhunderts. Vgl. dazu die historisch wie bibliographisch hervorragenden Internetseiten http://www.ddb.umu.se/tabellverk/Introduktion/history.htm (Stand: 28. 9. 2003).

Diese Verschiebung kultureller Muster verlief nicht reibungslos, wie sich auch noch am Grenobler Preiswettbewerb zeigen lässt. Fouriers Auftrags-Statistiker Perrin-Dulac wandte sich nach dem Druck seiner Arbeit in der Hoffnung auf einen neuen Posten wiederholt an den Innenminister Jean Baptiste Champagny (1756-1834), um eine Audienz bei Napoleon erhalten und ihm sein Werk „zu Füßen" legen zu können. In der Struktur des bürokratischen Verwaltungsstaates war solches Verhalten jedoch inzwischen fehl am Platz. Champagny lehnte Perrin-Dulacs Audienzwunsch ab und klärte ihn auf, dass es sich bei der erarbeiteten Statistik eben um kein Werk „fait de votre seul mouvement" handele, sondern um einen schlichten Dienst- und Regierungsauftrag, den er als Staatsbeamter zu erledigen habe.[29]

Die Loslösung vom individuellen Verdienst im System der zeitgenössischen Statistik wurde als Bestandteil eines gesamtgesellschaftlichen Wertewandels innerhalb des sich entwickelnden modernen Verwaltungsstaates gesehen. Dieser Wandel wurde durchaus bewusst wahrgenommen, ebenso wie der Verlust an individuellen Ausdrucksmöglichkeiten im methodischen Korsett einer zunehmend normierten statistischen Disziplin. Beide Prozesse wurden als unmittelbar zusammengehörig betrachtet. Im deutschen Raum lieferte der sogenannte „Tabellenstreit" der Jahre 1806-1811 eine Plattform für entsprechende Diskussionen.[30] Der „Streit" wurde vornehmlich von Göttingen aus geführt durch einige romantisch geprägte Philosophen und Historiker sowie als Rückzugsgefecht der „alten" deskriptiven (Universitäts-)Statistik. Diese erlitt damals infolge der politischen Ereignisse sowie aufgrund der Neuausrichtung wissenschaftlicher und philosophischer Leitideen im Zuge von Idealismus und Romantik einen massiven Bedeutungs- und Akzeptanzverlust.[31] Die angefeindeten „Tabellenknechte" – wie August Friedrich Wilhelm Crome (1750-1833), Joseph Franz Ockhardt (1756-1828) oder der erste Direktor des „Königlich

---

29 Vgl. „Lettre de Perrin-Dulac au ministre de l'Intérieur, 8 juin 1806; Lettre de Perrin-Dulac au ministre de l'Intérieur, 17 juin 1806", Archives Nationales (= AN), Ms. F/20/200, Bl. 145; AN, Ms. F/20/116, Bl. 518; Antwort des Ministers an Perrin-Dulac (19. Juni 1806); AN, Ms. F/20/116, Bl. 519. Vgl. auch Woolf, Stuart J.; Perrot, Jean-Claude: State and Statistics in France: 1789-1815. II. Woolf, Stuart J.: Towards the history of the origins of statistics: France 1789-1815. Chur (u.a.): Harwood Acad. Publ. 1984 (= Social Orders, 2), S. 167.

30 Die jüngsten Darstellungen des Tabellenstreites insgesamt stammen von Sybilla Nikolow; vgl. dazu dies.: „Edle Statistiker" gegen „gemeine Tabellenmacher". Der Streit um die statistische Methode an der Wende zum 19. Jahrhundert in Deutschland. [Berlin]: 1994 (= Multidisciplinary Rathenau-Discussion-Papers, 46); sowie Nikolow 1994, S. 60-74 (wie Anm. 1) und Nikolow 2001, S. 43-51 (wie Anm. 4).

31 Vgl. dazu das Kapitel „Es erkaltete endlich das Publikum." - Das Scheitern der „alten" Statistik in: Hildebrandt 2000, S. 101-109 (wie Anm. 8).

Statistischen Büreaus" in Preußen, Leopold Krug (1770-1843) – die in den Augen der Kritiker die Tradition der Achenwallschen Staatsbeschreibungen verraten hatten, machte man für den Niedergang der Disziplin mit ihrer althergebrachten Methodik verantwortlich. An dieser polemischen Auseinandersetzung soll hier interessieren, wie der Rollenwandel des Gelehrten und damit die Einbettung des Experten als Beamter im bürokratischen Apparat dargestellt wurde.

Eine Rezension von August Wilhelm Rehbergs (1757-1836) „Ueber die Staatsverwaltung Deutscher Länder, und die Dienerschaft der Regenten" in den „Göttingischen Gelehrten Anzeigen" von 1807 ist ein Beispiel dieser Debatte zur Generalabrechnung mit der Statistik als politischer Leitdisziplin seit dem späten 18. Jahrhundert wie auch mit dem ihr zugrunde liegenden mechanistischen Weltbild. Der rezensierende Historiker Arnold Hermann Ludwig von Heeren (1760-1842) verurteilte das empiristisch geprägte Idealbild der Staatsmaschine und forderte „etwas mehr und etwas Höheres" als die Datenakkumulation der Statistiker, um einen Staat tatsächlich kennen zu lernen.[32] Die Anatomen des Staates hätten den politischen Funktionsträgern mitnichten selbstredende Handlungsvorlagen geliefert. Traumatische Ereignisse wie die Niederlage von Jena/Auerstedt verhöhnten den prognostischen Anspruch der Statistik. Eine statistische Datensammlung, sei sie auch faktisch noch so gut, bleibe für den politischen und administrativen Alltag völlig wertlos, solange sie nicht in eine handlungsrelevante politische Philosophie eingebettet sei. Der Hauptirrtum läge darin, die in den Statistiken erfassten materiellen Kräfte, also alles, „das sich zählen und verzeichnen ließ", mit den eigentlichen „Staatskräften" gleichzusetzen, wobei jene nur die äußere Hülle und nicht die innere Stärke eines Staates anzeigen würden. Entgegen der sich sonst ausbreitenden „modern mania for measurement" (Porter) wird hier wiederholt die Macht der „kalten Zahl" in der Statistik beklagt[33] wie auch der zunehmende Gebrauch von standardisierten Tabellenmustern grundsätzlich in Frage gestellt: „Indem Alles an Formen gebunden wird, gilt der Mensch nichts mehr; die Formen dagegen alles."

Auch auf individueller Ebene sei die Statistik ein „Versuch [...] die menschliche Natur umzumodeln", beobachte man doch die „Ertödtung alles Geistes in der

---

32 Vgl. im Folgenden Göttingische Gelehrte Anzeigen (1808), 1300-1304.

33 Vgl. Porter, Theodore M.: Economics and the History of Measurement. In: Klein, Judy L. and Morgan, Mary S.: The Age of Economic Measurement. Durham; London: Duke University Press 2001 (= Annual Supplement to Vol. 33 History of Political Economy), S. 4-22, hier S. 10 sowie u.a. Johannisson, Karin: Society in Numbers: The Debate over Quantification in 18th-Century Political Economy. In: Frängsmyr, Tore (u.a.) (Hrsg.): The Quantifying Spirit in the Eighteenth Century. Berkeley (u.a.): University of California Press 1990, S. 343-361.

Staatsdienerschaft", dort wo jedem „genau sein Wirkungskreis abgezirkelt" wurde. Der Staatsbeamte durchlebe eine Entfremdung gegenüber der äußeren natürlichen Umwelt wie auch gegenüber seiner eigenen inneren Natur. Die den Romantiker aufbringende „geistlose" bürokratisierte Statistik habe klare Konsequenzen: „Es entsteht eine allgemeine Flachheit der Köpfe".

Die Göttinger Wortführer des „Tabellenstreites" bezweifelten grundsätzlich die Wissenschaftlichkeit einer empirischen Statistik, die sich vom beschreibenden Text als Darstellungsform der Informationen verabschiedete. Dass es aber methodischer Neuerungen – sei es in Tabellen- oder sonstiger Form – bedurfte, um statistisches Material einer Leserschaft handhabbar zu übermitteln, war jedoch schon weit im 18. Jahrhundert deutlich geworden.

7. Graphische Expertisen[34]

Auch das vierbändige Manuskript des Grenobler Preisträgers Berriat Saint-Prix veranschaulichte den schwer zu verarbeitenden Datenüberfluss, der die statistische Disziplin immer mehr lähmte. Von der Erfassung des eigentlichen Datenmaterials, die oft schon nicht zu leisten war, bis hin zu einer sinnhaltigen, effizienten und nutzbaren Wiedergabe der Informationen erstreckte sich ein komplizierter Weg. Voluminöse Kompendiensammlungen galten immer weniger als geeignete Lösung. Doch auch die neuen vielfältigen und -farbigen statistischen Übersichtstabellen stießen in ihrer Zeit auf heftige Kritik. Wie versuchte sich die Statistik aus der kumulativen Sackgasse zu befreien, in die sie aufgrund ihres enzyklopädischen Erfassungs- und Darstellungsideals mit beständig wachsenden, heterogenen Datenmengen immer weiter hineingeriet?[35] Die Antworten konnten disziplinärer Art sein und etwa auf eine Öffnung gegenüber den mathematischen Ansätzen der politischen Arithmetik, also etwa gegenüber der Wahrscheinlichkeitsrechnung zielen. Oder sie konnten auf eine Methodensuche gerichtet sein, mit der man neue und bessere Modelle finden wollte, um das gesammelte und aufbereitete Datenmaterial darzustellen. Eine Kom-

---

34 Herzlichen Dank an Sybilla Nikolow, Harro Maas und Rüdiger Ostermann für den anregenden Austausch zu diesem Kapitel des Beitrags.

35 Die Statistik hatte die Frage zu beantworten, „wie aus der Kumulation eine Gesamtansicht hervorgehen soll"; vgl. die Einleitung zu Rassem, Mohammed und Stagl, Justin (Hrsg.): Geschichte der Staatsbeschreibung. Ausgewählte Quellentexte 1456-1813. Berlin: Akademie-Verlag 1994, hier S. 22

bination beider Antwortrichtungen war dabei auch möglich im Streben nach „transparentem Wissen".[36]

Eine methodische Alternative waren die originellen Entwürfe politisch-ökonomischer Kartographie, die gerade auch aus der Sicht unserer heutigen „ver-excelten", reich bebilderten Alltags- und Wissenschaftswelt noch plausibler erscheinen als in ihrer Entstehungszeit. Dabei geht es vor allem um die in der jüngsten Forschung langsam wiederentdeckten Pionierarbeiten des Schotten William Playfair (1759-1823)[37] und seines deutschen Zeitgenossen August Friedrich Wilhelm Crome, der uns für andere seiner Werke schon als gescholtener „Tabellenknecht" begegnete. Beiden Autoren gelang es zuerst und parallel zueinander, demographische, geographische und ökonomische, kurz, statistische Zusammenhänge in bildhafter Weise und unter Anwendung geometrischer Methoden und Formen darzustellen.[38]

Die Arbeiten Playfairs waren oft begleitet von grundlegenden kognitionspsychologischen Überlegungen über die hohe Vermittlungskraft graphischer Elemente.[39] Auf

---

36 Vgl. Schäffner, Wolfgang: Nicht-Wissen um 1800. Buchführung und Statistik. In: Vogl, Joseph (Hrsg.): Poetologien des Wissens um 1800. München: Fink 1999, S. 123-144, hier S. 125.

37 Zu Playfair vgl. u.a. Biderman, Albert D.: The Playfair enigma. The development of the schematic representation of statistics. In: Inform. Design Journal 6 (1990), 3-25; Costigan-Eaves, Patricia: Some observations on the design of William Playfair's line graphics. In: Inform. Design Journal 6 (1990), 27-44; Wainer, Howard: Graphical Visions from William Plyfair to John Tukey. In: Statistical Science 5 (1990), H. 3, 340-346 sowie Costigan-Eaves, Patricia; Macdonald-Ross, Michael: William Playfair (1759-1823). In: Statistical Science 5 (1990), H. 3, 318-326. William Playfair war als Techniker, Geschäftsmann und Publizist in England und Frankreich tätig gewesen; er war mit der französischen und englischen politischen Ökonomie, mit der deskriptiven Statistik und der politischen Arithmetik gleichermaßen vertraut; u.a besorgte er 1805 die 11. Ausg. von Smiths „Wealth of the Nations"; vgl. British Biographical Archive I, Fiche 881, S. 387-410.

38 Vgl. dazu die hervorragenden WEB-Seiten Milestones in the History of Thematic Cartography, Statistical Graphics, and Data Visualization. An illustrated chronology of innovations by Michael Friendly and Daniel J. Denis an der York University Toronto (http://www.math.yorku.ca/SCS/Gallery/milestone/) (Stand: 28.9.2003) sowie die Zeittafel zur Entwicklung graphischer Darstellungsformen in der Statistik bei Beniger, James R. und Robyn, Dorothy L.: Quantitative Graphics in Statistics: A Brief History. In: The American Statistician 32 (1978), H. 1, 1-11, hier 8. Jüngere Vorträge zum Thema auch durch Rüdiger Ostermann (FH Münster).

39 Wenigstens eine der aussagekräftigsten Passagen aus Playfairs „Commercial and political atlas" von 1786 sei hier wiedergegeben: „The giving form and shape, to what otherwise

den engen Zusammenhang zwischen Cromes verschiedenartigen Karten und den reformpädagogischen Prinzipien in Basedows Dessauer Philanthropin, an welchem Crome bis 1787 als Geographielehrer tätig war, hat überzeugend Sybilla Nikolow hingewiesen.[40] Die Expertenleistung beider Autoren lag in der Übersetzung sprachlicher Semantik, numerischer Größen und mathematischer Zusammenhänge in visuelle Darstellungen.

Cromes Arbeiten beginnen mit dem großen Verkaufserfolg der europäischen Produktenkarte von 1782, auf welcher die natürlichen, landwirtschaftlichen und handwerklich-gewerblichen Ressourcen der europäischen Territorien durch Abkürzungen und Symbole wiedergegeben und die verschiedenen Produkte der einzelnen Länder in Randkolonnen aufgelistet werden.[41] Eine gänzlich neuartige Methode zur graphischen Umsetzung statistischer Daten erfindet er mit seiner 1785 erschienenen „Größen-Karte von Europa", in welcher die Staaten nach ihrer Flächengröße ange-

---

would only have been an abstract idea, has, in many cases, been attended with much advantage; it has often rendered easy and accurate a conception that was itself imperfect, and acquired with difficulty. Figures and letters may express with accuracy, but they never can represent either number or space. A map of the river Thames, or a large town, expressed in figures, would give but a very imperfect notion of either, though they might be perfectly exact in every dimension [...]." Im Hinblick auf die Technik und Dauer des Memorierens von Fakten heißt es weiter: „Information, that is imperfectly acquired, is generally as imperfectly retained; and a man who has carefully investigated a printed table, finds, when done, that he has only a very faint and partial idea of what he has read; and that like a figure imprinted on sand, is soon totally erased and defaced." Vgl. Playfair, William: The commercial and political atlas : representing, by means of stained copperplate charts, the exports, imports, and general trade of England ; the national debt, and other public accounts [...] To which are add. Charts of the revenue and debts of Ireland. Done in the same manner by James Corry. London: Debrett 1786. In-4°, hier S. 3.

40 Vgl. Nikolow, Sybilla: „Die Versinnlichung von Staatskräften". Statistische Karten um 1800. In: Traverse. Zeitschrift für Geschichte. Revue d'Historie 6 (1999), H. 3, 63-82, hier speziell 72-78. Crome hatte in Halle studiert und war über Hauslehrerstellen in Berlin und in der Altmark 1778 ans Philanthropin nach Dessau gekommen. Er lehnte eine Stelle als Geograph an der Sankt Petersburger Akademie genauso ab wie eine außerordentliche Professur an der Universität Göttingen. Statt dessen nahm er 1787 für den Rest seines Berufslebens eine Professur der Statistik und Kameralwissenschaften in Gießen an; vgl. u.a. Deutsches Biographisches Archiv I, Fiche 209, S. 349-406.

41 Vgl. Crome, August Friedrich Wilhelm: Neue Karte von Europa, welche die merkwürdigsten Produkte und vornehmsten Handelsplätze, nebst dem Flächeninhalt aller europäischen Länder in teutschen Quadratmeilen enthält. Dessau: Selbstverlag (u.a.) 1782. Die Karte fand 3.000 Subskribenten, gut 20.000 Exemplare wurden verkauft, und es gab Neuauflagen sowie Übersetzungen ins Französische und Italienische.

ordnet, in quadratischer Form dargestellt und proportional in Verhältnis zueinander gesetzt werden.[42] Da aber die Größe eines Landes allein nach Cromes populationistischer Sichtweise wenig über die „Staatskräfte" desselben auszudrücken vermag, setzt er in den Staats-Quadraten selbst die absolute Bevölkerungszahl für jedes Land hinzu. Zudem listet er am Rand der Karte die sich so ergebenden Einwohnerzahlen pro Quadratmeile auf und greift damit dem erst später gebräuchlichen Begriff der Bevölkerungsdichte voraus.[43] Ihre wichtigsten Fortsetzungen erfährt diese Arbeit im 1818 publizierten Werk „Allgemeine Übersicht der Staatskräfte von den sämtlichen europäischen Reichen und Ländern" und in der 1820 erschienenen „Verhaeltniss=Karte von den Deutschen Bundesstaaten" (vgl. Abb. 1).[44] Die Methode der Staatsquadrate wird abermals benutzt, jedoch der Wiedergabe der Flächenverhältnisse vorbehalten. Angaben zur Bevölkerung werden dagegen in ein weiteres graphisches Feld überführt, das mit der Methode proportionaler Kreise arbeitet. Die Legende der Karte erklärt: Diese „illuminierten Kreise, bezeichnen die Dichtigkeit der Bevölkerung, indem sie das Flächenverhältniss des Raums angeben, auf welchem, im Durchschnitt, in jedem einzelnen Staate, 1000 Menschen wohnen. Dieser steht im umgekehrten Verhältnisse mit der Population, d.h. je grösser die Bevölkerung ist, desto kleiner ist der Kreis". Am Kreis selbst steht die entsprechende Zahl der Einwohner pro Quadratmeile noch einmal als numerische Angabe. Die Ermittlung der Bevölkerungszahl eines Landes wird zur Additionsaufgabe: Die in den rechten Kreishälften befindlichen farbigen Tangenten (Millionenschritte) sowie Radien (Hundertausender und Tausender) müssen in ihren Werten zusammengezählt werden. Gleiches gilt für die Finanzübersicht, die sich aus den Tangen-

---

42 Crome, August Friedrich Wilhelm: Ueber die Größe und Bevölkerung der sämtlichen europäischen Staaten. Ein Beytrag zur Kenntniß der Staatenverhältnisse und zur Erklärung der neuen Größen-Karte von Europa. Teil 2: Grössen-Karte von Europa, der Flächen-Inhalt und die Volksmenge der vorzüglichsten europäischen Staaten und Länder enthält. Leipzig: Weygand (Karte Dessau) 1785. In-folio. An den Seiten der proportionalen Quadrate findet sich die Wurzelzahl des Flächeninhaltes der einzelnen Staaten (in dt. Quadratmeilen); vergleicht man die Wurzelzahlen, erhält man die numerische Proportion der Größenverhältnisse verschiedenener Länder.

43 Vgl. hierzu insgesamt: Nikolow 2001 (wie Anm. 4), zum Begriff der Bevölkerungsdichte speziell S. 33.

44 Crome, August Friedrich Wilhelm: Geographisch-statistische Darstellung der Staatskräfte von den sämmtlichen zum deutschen Staatenbunde gehörigen Ländern. T. 1: Verhaeltniss=Karte von den Deutschen Bundesstaaten. Leipzig: Fleischer 1820. In-folio. Diese Arbeit bildete den Auftakt für die vierbändige, bis 1828 erscheinende: Geographisch-statistische Darstellung der Staatskräfte von den sämmtlichen zum deutschen Staatenbunde gehörigen Ländern.

ten und Radien in den linken Kreishälften für jeden Staat ergibt. Der jeweils nach
unten zeigende Radius gibt an, „wie viele Gulden von Staatsabgaben, im Durchschnitt per Kopf in jedem Lande zu rechnen seyen". Die graphischen Darstellungen
werden ergänzt durch tabellarische Auflistungen, in denen sich linker Hand für
jeden Bundesstaat in numerischen Angaben Flächengröße, Volkszahl, Staatsein-
künfte insgesamt (in Rheinischen Gulden) sowie noch einmal die Steuerlast pro
Kopf finden.[45] Auf der rechten Seite stehen dagegen Zahlen zum Militäretat eines
jeden Landes, zur Truppenstärke (in Kriegs- und Friedenszeiten) sowie die Zahl der
jeweiligen Stimmen eines Landes in der (engeren und weiteren) Bundesver-
sammmlung.[46]

Die beiden beschriebenen Karten bilden in ihrer methodischen Ähnlichkeit eine
bemerkenswerte Klammer über 35 Jahre tiefster politischer Veränderungen hinweg.
Entstand jene von 1785 noch in einem Musterland des aufgeklärten Absolutismus
(Anhalt-Dessau unter Fürst Franz) innerhalb des Heiligen Römischen Reiches Deutscher Nation, so schildert Crome als Professor für Statistik in Gießen mit der Karte
von 1820 die Verhältnisse im Deutschen Bund fünf Jahre nach dem Wiener
Kongreß. Zweifelsohne lag das Jahr 1785 in einer für die Statistik günstigen Phase,
in welcher die ausführenden Akteure Einblick in Akten und Zahlenwerke der politischen Obrigkeit reklamierten und sie zunehmend auch bekamen – Schlözers politischer Journalismus in seinen „Staatsanzeigen" ist nur ein Beleg für diese Tendenz.
Überraschender ist dagegen die Datenfülle in Cromes Karte von 1820, die inmitten
der so genannten „Restauration" Zahlen mitteilen kann, welche damals normalerweise als „Staatsgeheimnis" kaum noch einem breiteren Publikum zugänglich
gemacht wurden. In den Augen der Obrigkeit und ihrer Zensurbehörden überwog
aber offenbar der Nutzen, den man darin sah, den status quo des neuen Staatsgebil-
des Deutscher Bund und damit auch seine „Staatskräfte" nach innen und außen hin
darzustellen gegenüber der Furcht, sich sprichwörtlich in die eigenen politisch-stra-
tegischen Karten schauen zu lassen. Die gleichen Prinzipien, die das damalige Leit-
konzept einer „balance of power" widerspiegeln, lagen bereits dem zwei Jahre älteren Kartenwerk über Europa zugrunde.[47] Die Kartenwerke sollten in pädagogischer

---

45 Die Reihenfolge ist dabei aufsteigend vom kleinsten zum größten Territorium, d.h. von
    Liechtenstein bis zu den Österreichischen Ländern.

46 Die Reihenfolge ist dabei absteigend vom größten zum geringsten Militäretat, d.h. von
    den Österreichischen Ländern bis zu Hamburg.

47 Die Idee eines europäischen Mächtegleichgewichts prägte schon die Hoffnung der fran-
    zösischen Revolutionsstatistiker, die offengelegten Kräfte der Staaten mögen als
    Friedensgaranten wirken; vgl. dazu u.a. insgesamt Klueting 1986 (wie Anm. 7), sowie
    speziell S. 14; außerdem Hildebrandt 2000, S. 76f. (wie Anm. 8).

Absicht dazu beitragen, eine interessierte Leserschaft bzw. Schüler, Studenten, Beamte und Handelsleute über die veränderten politischen Verhältnisse in Europa aufzuklären – das Studium der Karten, samt der Lektüre der begleitenden Texte, versetzte den Leser selbst in den Stand eines Polit-Experten. Natürlich waren solche Karten oft nur scheinbar objektiv. Als verkürzte und teils stark interpretierende Datenwiedergaben boten sie auch ein hervorragendes Mittel politischer Propaganda.

Die von Crome gebrauchten proportionalen Kreise waren bereits 1801 mit anderer inhaltlicher Bedeutung durch William Playfair in seinem „(The) Statistical Breviary, on a principle entirely new; the Ressources of every State and Kingdom in Europe illustrated with plates [...]" erstmals verwendet und publiziert worden (vgl. Abb. 2).[48] Die nebeneinander angeordneten Kreise entsprechen bei ihm einer proportionalen Abbildung der Gesamtfläche der jeweiligen Staaten. Die Ziffer in bzw. an den Kreisen gibt die Gesamtfläche in Quadratmeilen an. Die originale Farbgebung und Segmentierung in den Kreisen selbst vermittelt zudem, ob es sich um eine Land- oder Seemacht handelt bzw. wie sich diese Anteile innerhalb eines Staates zueinander verhalten.[49] Der aufsteigende Balken links der Kreise repräsentiert auf einer Millionenskala die Bevölkerungszahl; der rechte Balken gibt auf der gleichen Skala Auskunft über die Steuereinkünfte eines Staates.[50]

Schon 1786 hatte Playfair „The commercial and political atlas; representing by means of stained copper-plate charts, the exports, imports, and general trade of England" mit 40 Kupfern publiziert, womit es dem Autor, laut Harro Maas und Mary S. Morgan, zum ersten Mal und zum Unverständnis seiner Zeitgenossen gelungen war, die historische Entwicklung ökonomischer Zusammenhänge mittels Zeitreihen in Diagrammen abzubilden.[51] 1798 taufte Playfair seine Methode „Lineal

---

48 Vgl. Playfair 1786 (wie Anm. 38). Bereits 1802 erfolgte die französische Übersetzung durch den späteren Schlözer-Übersetzer Denis François Donnant: Playfair, William: Elemens de statistique: où l'on démontre, d'après un principe entièrement neuf, les ressources de chaque royaume, état et république de l'Europe [...]. Trad. par Denis-François Donnant. On y a ajoutée un Tableau comparatif de l'étendue et de la population de tous les départemens de la France [...]. Paris: Batilliot; Genets an XI [1802]. In-8°.

49 In anderen Beispielen zeigen die Farbsegmente die Anteile eines Landes am europäischen bzw. asiatischen Kontinent (Osmanisches Reich, Rußland).

50 Die zwischen beiden Balken gezogene Verbindungslinie stellte eine direkte politisch-ökonomische, doch wenig plausible Interpretation der Daten dar: Sie sollte anzeigen, ob ein Land an Steuern überlastet ist oder nicht.

51 Vgl. Maas, Harro und Morgan, Mary S.: Timing History: The Introduction of Graphical Analysis in 19th century British Economics. In: Revue d'Histoire des Sciences Humaines

Arithmetic"[52], womit auch nominell verdeutlicht wird, was sowohl für die Arbeiten Playfairs als auch Cromes festzuhalten bleibt: In ihren Entwürfen politisch-ökonomischer Kartographie liefen disziplinäre Einflüsse und materielle Grundlagen aus der deskriptiven Statistik, der Geographie, der politischen Ökonomie, der Mathematik und der politischen Arithmetik in völlig neuer Kombination zusammen.[53]

8. Schlussbemerkungen

Eine abschließende Definition dessen, was eine statistische Expertise um 1800 und einen Experten auf diesem Gebiet ausmachte, kann und soll nicht gegeben werden. Expertenwissen war gefragt bei der Vorbestimmung des Materials, das zu einer Statistik gehören sollte sowie bei seiner Sammlung, Anordnung und vermittelnden Darstellung. Die dafür jeweils notwendigen Kompetenzen waren mitnichten gleichartig. Daher müssten mehrere Expertensphären unterschieden werden, die sich mal stärker auf praktisches Alltags- und Erfahrungswissen, mal eher auf theoretisch hergeleitetes Gelehrtenwissen stützten bzw. beide Seiten miteinander zu verbinden hatten. Die Verarbeitung und schließliche Darstellung des gewonnenen Materials als für eine Leserschaft verfüg- und nutzbares Wissen entwickelte sich zunehmend zur entscheidenden Expertensphäre, die jedoch keineswegs nur in der statistischen Disziplin bedeutsam war. Dies wird belegt durch das breite Aufkommen des Tabellenwesens in der zweiten Hälfte des 18. Jahrhunderts, der hier kurz vorgestellte Bereich graphischer Darstellungen von statistischem Material und schließlich auch die zeitgenössischen Diskussionen um den generellen Sinn und Nutzen empirischer Datensammlungen.

Seinen Expertenruf verdankte der Statistiker um 1800 seinem akademischen Rang (in den deutschen Territorien), seinen publizierten statistischen Werken oder seiner Position innerhalb regierungsseitig geführter statistischer Großprojekte (wie

---

7 (2002) (= Sonderheft L'économie, entre sciences humaines et sciences de la nature), S. 97-127, hier speziell S. 99 sowie S. 104-107.

52 Playfair, William: Lineal arithmetic: applied to shew the progress of the commerce and revenue of England during the present century; which is represented and illustrated by thirty-three copper-plate charts. London: 1798. In-8°. Der Neologismus „lineal arithmetic" stammte nicht von Playfair. 1795 erschienen zwei mathematische Arbeiten des Franzosen Louis-Ezéchiel Pouchet mit diesem Begriff; darunter: Arithmétique linéaire, ou Nouvelle méthode abrégée de calculer, que l'on peut pratiquer sans savoir lire ni écrire, par L.-E. Pouchet. Rouen: Guedra IVe année républicaine. In-8°; vgl. auch Beniger; Robyn 1978, S. 10 (wie Anm. 37).

53 Vgl. dazu auch Nikolow 2001, S. 30 (wie Anm. 4).

speziell in Frankreich). Die disziplinäre „Selbstverwaltung" der Statistik in gelehrten Spezialgesellschaften oder -schulen scheiterte noch am Beginn des 19. Jahrhunderts, wie das Beispiel der Pariser „Société de Statistique" zeigte. Der entstehende moderne Verwaltungsstaat hatte unmittelbaren Einfluss auf die inhaltlichen wie methodischen Strukturen der statistischen Disziplin und äußerte sich institutionell besonders in der Gründung und Arbeit zentralisierter Statistischer Büros in mehreren europäischen Staaten seit 1800. Die stattfindende Bürokratisierung bedingte weithin auch einen Rollenwandel des Statistikers vom literarischen, selbständigen Autor zum stärker anonymisierten Beamten im Staatsdienst, dessen eingegrenzter Wirkungskreis ihm durchaus den Rang eines spezialisierten Experten einbringen konnte.

Abb. 1: August F. W. Crome: Verhaeltniss = Karte von den Deutschen Bundes-staaten. Leipzig, Fleischer 1820. (Ausschnitt). Mit freundl. Genehmigung der SUB Göttingen (Signatur: GR 2 / 8 H GERM I, 2736)

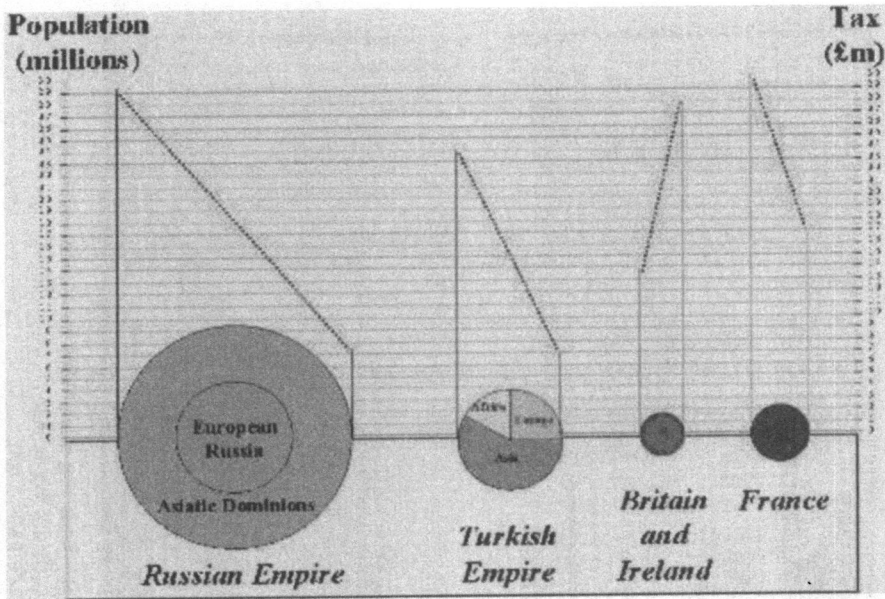

Abb. 2:   nach William Playfair: The Statistical Breviary, on a principle entirely new
[...]. London, Wallis 1801. Schematisierte Darstellung mit freundlicher
Genehmigung von Michael Friendly aus:
http://euclid.psych.yorku.ca/SCS/Gallery/ (Stand: 2. 7. 2004).

ANNA MÄRKER

Mechanistische Konzepte, „virtual witnessing" und die Funktion von Öffentlichkeit in den Reformprojekten Rumfords

Aufbauend auf dem „dramaturgischen" Ansatz Erving Goffmans zur Konstitution sozialer Identität verwenden neuere Arbeiten aus dem Bereich der Science and Technology Studies ein performatives Erklärungsmodell speziell für die Analyse der Schaffung, Stabilisierung und Destabilisierung der sozialen Rolle des Experten im Wechselspiel mit verschiedenen Formen der Öffentlichkeit.[1] Bei diesen Arbeiten handelt es sich meist um Fallstudien zur Rolle wissenschaftlicher Expertise im liberaldemokratischen Staat des 20. Jahrhunderts, die sich im Rahmen der grundlegenden Charakterisierung des zeitgenössischen Verhältnisses von Wissenschaft und Staat des Politikwissenschaftlers Yaron Ezrahi bewegen. Ezrahi sieht die Rolle der Naturwissenschaften für moderne liberale Demokratien darin, ein „autoritatives kulturelles Modell [zu bieten], das den normativen Status bezeugender visueller Codes gesellschaftlich bestätigt"[2]. Dieselben Mechanismen, die in den Naturwissenschaften dazu dienen, einen vermeintlich unproblematischen Zugang zur Natur zu konstruieren, wie z.B. die Selbstdarstellung des Wissenschaftlers als objektiv oder das Postulat einer einheitlichen Natur, werden im modernen Staat zum Modell für die Konstruktion politischer Tatsachen und politischer Akteure. Zentral für ein liberaldemokratisches „Staatswesen ist daher ein Begriff von Politik als „Handlungen oder Ereignisse, die [wie Naturtatsachen] als öffentliche Tatsachen beobachtbar sind und berichtet werden können"[3]. Dieser Blick" ist in beiden Richtungen funktional: Einerseits „sehen" die Regierenden die Bedürfnisse der Gesellschaft, die die Grundlage für legitime politische Handlung darstellen, auf dieselbe Art und Weise, wie Natur vorgeblich in diesem Modell wahrgenommen werden kann. Die Gesellschaft beobachtet andererseits diese politischen Handlungen, und beurteilt ihren Erfolg wie andere „Faktoren" der Natur. In seinem Szenario grenzt Ezrahi diese kritische, „bezeugende" Rolle der

---

1   Goffman, Erving: The Presentation of Self in Everyday Life. New York: Anchor Books Doubleday 1959. Neuere Arbeiten zur Inszenierung von Expertise sind Hilgartner, Steven: Science on Stage. Expert Advice as Public Drama. Stanford: Stanford University Press 2000, und Thorpe, Charles: Disciplining Experts: Scientific Authority and Liberal Democracy in the Oppenheimer Case. Social Studies of Science 32 (2002), 525-562.

2   „(S)cience functions as an authoritative cultural model which socially validates the normative status of attestive visual codes." Ezrahi, Yaron: The Descent of Icarus. Science and the Transformation of Contemporary Democracy. Cambridge, Mass.: Harvard University Press 1990, S. 75.

3   „(A)ctions or events that are observable and reportable as public facts", Ezrahi 1990, S. 67 (wie Anm. 2).

Öffentlichkeit in liberalen Demokratien scharf von der Funktion der Öffentlichkeit in autoritären (totalitären, monarchischen) Systemen ab, die er als rein „zelebrierend" begreift.[4] Wie aber kommt es zu dieser Konstellation von Blicken und Autorität, und wie wird Expertise in einem Kontext verhandelt, in dem Öffentlichkeit, Staat und Expertise erst im Entstehen begriffen ist.

Komplementär zu Untersuchungen über moderne Expertise versucht der vorliegende Beitrag, mit einer Fallstudie zu den Wohlfahrtsreformen des Militärberaters und experimentellen Naturforschers Graf Rumford im spätabsolutistischen Bayern zur Genealogie von Expertise im Dienst des Staates beizutragen. Am Beispiel Rumfords soll der Zusammenhang zwischen dem begrifflichen Rahmen eines mechanistischen Weltbildes und der daraus erwachsenden reformerischen Praxis im Hinblick auf die Selbstdarstellung des Experten und die Artikulation von Expertise untersucht werden. Dabei soll gezeigt werden, dass die Ambivalenz von Expertise bereits im konzeptuellen Rahmen mechanistisch-experimenteller Naturwissenschaft angelegt ist, und dass sich diese Ambivalenz auf die performative Praxis des Experten überträgt. Diese Praxis nutzt frühneuzeitliche Darstellungskonventionen experimenteller Naturwissenschaft („virtual witnessing", s.u.) und konstituiert gleichzeitig den Experten und eine neue Form von Öffentlichkeit. Sie trägt zur Polarisierung der politischen Ordnung der Stadt München bei und schafft, zumindest in Ansätzen, bereits im spätabsolutistischen Kontext die „bezeugende Öffentlichkeit", die Ezrahi allein liberalen Demokratien zuerkennt.

1.   Mechanistisches Weltbild und gesellschaftliche Reform

In den deutschen Staaten des späten 18. Jahrhunderts wurden der desolate Zustand des Militärs und die Bettelei als dringende gesellschaftspolitische Probleme wahrgenommen. Insbesondere in München bemerkten zeitgenössische Beobachter wie der Autor und Rhetorikprofessor Lorenz Westenrieder, dass bis zu zehn Prozent der Stadtbevölkerung vom Betteln lebten.[5] Der amerikanische Militärberater und Naturphilosoph Benjamin Thompson, Graf Rumford, von 1784 bis 1798 im Dienste des Kurfürsten Karl Theodor von Bayern tätig, war ursprünglich mit der Reform des

---

4   Ezrahi spricht hier von „attestive" und „celebratory publics". Ezrahi 1990 (wie Anm. 2), besonders Kapitel 3 („Science and the Visual Culture of Liberal-Democratic Politics").

5   Für einen Überblick über zeitgenössische Berichterstattung siehe Index deutschsprachiger Zeitschriften, 1750-1815. Hildesheim: Olms 1989, Einträge zu „Armut" und „Militär". Westenrieder, Lorenz: In München anno 1782. Verfaßt von dem Münchner Professor Lorenz Westenrieder. Mit kritischen Bemerkungen des Berliners Friedrich Nicolai notiert während seiner Reise 1781. München: Süddeutscher Verlag 1970 [1782].

bayerischen Heeres beauftragt worden; hinzu kamen im Laufe der Jahre andere Tätigkeiten wie die Reform der Armenfürsorge sowie die Durchführung baulicher Maßnahmen wie z.B. die Errichtung des Englischen Gartens.[6]

Rumfords argumentative Strategie zur Ausweitung seiner ursprünglichen Kompetenzen als Militärberater auf den Bereich der Armenfürsorge beruhte vor allem auf der Zielvorgabe der Schaffung einer einigen, harmonischen Gesellschaft zur Maximierung allgemeiner Glückseligkeit nach utilitaristischen Vorstellungen. In diesem Rahmen identifizierte Rumford Soldaten und Bettler als zwei besonders störende Bevölkerungsgruppen, da sie nicht zum Wohl der Gesellschaft beitrugen und von der übrigen Gesellschaft isoliert nach eigenen Prinzipien und Gesetzen handelten.[7] Diese Identifikation ermöglichte es dem Reformer zu argumentieren, dass Militärwesen und Wohlfahrt im Prinzip mit demselben Problem zu kämpfen hätten, und daher beide gleichermaßen in seinen Kompetenzbereich fielen. Die Reformen sollten demzufolge beide gesellschaftlichen Randgruppen re-integrieren – die Armee als Instrument für zivile Zwecke, die Bettler Münchens durch produktive Tätigkeit in einem neuen Arbeitshaus.

Nachdem Rumford so seine ursprünglichen Befugnisse als Militärreformer rhetorisch auf das Gebiet der Armenfürsorge erweitert hatte, argumentierte er des Weiteren für die Überlegenheit seiner Qualifikationen gegenüber traditionellen Militär- und Rechtsberatern, indem er gesellschaftliche Reformtätigkeit und experimentelle Naturphilosophie auf dieselbe begriffliche Ebene stellte. Das Postulat mechanistischer Gesetzmäßigkeiten als Grundlage sowohl für gesellschaftliche als auch

---

6 Rumford wurde 1753 als Benjamin Thompson in einer Kleinstadt in Massachusetts geboren. Der Bauernsohn begann seinen gesellschaftlichen Aufstieg im britischen Militär und war seit den 1780er Jahren als Berater für die Marine tätig. Aufgrund seiner naturwissenschaftlichen Arbeiten wurde Rumford 1779 zum Mitglied der Royal Society in London ernannt. Seine Nobilitierung erfolgte erst 1792; im Einklang mit der Sekundärliteratur wird der Name Rumford hier durchgehend verwendet. Die ausführlichste biographische Darstellung ist Brown, Sanborn: Benjamin Thompson, Count Rumford. Cambridge, Mass.: MIT Press 1979, für Rumfords Münchner Jahre siehe Pöhlmann, Bärbl: Graf Rumford in bayerischen Diensten. Zeitschrift für Bayerische Landesgeschichte 54 (1991), 369-433.

7 Rumford plante die vollständige Vereinigung von Militär und Zivilgesellschaft: „to make soldiers citizens, and citizens soldiers". Rumford, Benjamin Thompson Count: Essays, Political, Economical, and Philosophical. Bd. 1. London: T. Cadell Jun. & W. Davies 1796, Bd. 1, S. 5. Auch Bettler waren in Rumfords Darstellung vor allem durch ihre unabhängige Organisation („political connection") und abweichende gesellschaftliche Regeln („general maxims") schädlich, mit Hilfe derer sie „Krieg gegen die Öffentlichkeit" („warfare [...] against the public") führten. Ebenda, S. 18.

für natürliche Phänomene erlaubte es Rumford, zubehaupten, dass die Befähigung zum erfolgreichen Eingreifen in die Gesellschaft prinzipiell die gleiche sei wie die zum Eingreifen in die Natur. [8] Der Naturforscher entwarf ein mechanistisches Weltbild von Mensch und Gesellschaft, das auf den Kernbegriffen von Ökonomie, Experiment, Maschine und Gewohnheit aufbaute, und erweiterte so den Gültigkeitsbereich seiner Expertise als Manipulator experimenteller Systeme auf alle Lebensbereiche:

> „Das *Einschließen* und die *Steuerung* der Wärme sind Themen von solch großer Wichtigkeit in der *Ökonomie* menschlichen Lebens, daß ich dazu bewegt wurde, meine Forschungen hauptsächlich auf diese Punkte zu beschränken, in dem Verständnis, daß sehr großer *Nutzen für die Menschheit* von der Entdeckung neuer Fakten zu diesen Operationen unzweifelhaft hergeleitet würde. Wenn die *Gesetze* der Mitteilung der Wärme von einem Körper zu einem anderen bekannt wären, so könnten in allen Fällen Maßnahmen mit *Gewißheit* getätigt werden, um sie einzuschließen und ihre *Wirkungen* zu lenken, und dies würde nicht nur große Ökonomie in den Artikeln des Brennmaterials und der Kleidung herbeiführen, sondern gleichermaßen den Komfort und die Annehmlichkeiten des Lebens befördern – Ziele, die der Philosoph niemals aus den Augen verlieren sollte."[9]

Rumfords Eingreifen in gesellschaftliches Naturgeschehen zum „Nutzen der Menschheit" basierte auf der Annahme, dass solche Manipulationen als mechanische Operationen, als "Speichern und Steuern" zu begreifen seien. Utilitaristische Ziele, die Rumford sowohl naturphilosophischen Veröffentlichungen als auch in reformpolitischen Veröffentlichungen immer wieder betonte, mußten auf der Kennt-

---

8   Zu Rumfords Annahme, dass alle Naturvorgänge mechanisch zu begreifen seien, siehe z. B. Brown, Sanborn (Hrsg.): The Collected Works of Count Rumford. Cambridge, Mass.: Harvard University Press 1968-70, Bd. 5, S. 460-61.

9   „The confining and directing of Heat are objects of such vast importance in the economy of human life, that I have been induced to confine my researches chiefly to those points, conceiving that very great advantages to mankind could not fail to be derived from the discovery of any new facts relative to these operations. If the laws of the communication of heat from one body to another were known, measures might be taken with certainty, in all cases, for confining it, and directing its operations, and this would not only be productive of great economy in the articles of fuel and cloathing, but would likewise greatly increase the comforts and conveniences of life, -- objects of which the philosopher should never lose sight." Rumford 1968-70, Bd. 1, S. 85 (wie Anm. 8). [Hervorhebungen A.M.]

nis dieser mechanischen Gesetzmäßigkeiten basieren, da diese Gesetze die einzige Basis für "Gewißheit" der Wirkung seien.

Zentral für Rumfords konzeptuelle Vereinigung von experimenteller Naturphilosophie und gesellschaftlicher Reform war der Begriff der Ökonomie, der in seiner Ambivalenz den zwei Zielen seiner Forschertätigkeit entsprach. Einerseits beschreibt Ökonomie in Rumfords Werken die Gesetzmäßigkeiten, die jedem (natürlichen oder gesellschaftlichen) System zugrunde liegen, sei es „die Ökonomie menschlichen Lebens", ein „Militärsystem", dessen „ökonomische Konstitution" auf finanziellen Transaktionen beruhte (so wie dies laut Rumford in der bayerischen Armee vor seinen Reformen der Fall war),[10] oder die räumliche Verteilung von Wärme in einem physikalischen Körper (wie im oben angeführten Beispiel). In diesem Sinne verweist der Ökonomiebegriff auf den *deskriptiven* Charakter der Naturphilosophie, und impliziert dabei die Existenz und Erfassbarkeit der zu beobachtenden Gesetzmäßigkeiten. Andererseits bezieht sich Ökonomie jedoch auch auf den Vorgang, ein gegebenes System im Hinblick auf seine Effektivität zu optimieren, wie es bei Rumfords ursprünglichem Auftrag, "ein neues System der Ordnung, Disziplin und Ökonomie in den bayerischen Truppen einzuführen",[11] der Fall war. In diesem zweiten Sinn verweist Ökonomie auf den *operativen* Aspekt der Naturphilosophie nach Rumford: Nur die Kenntnis der Gesetzmäßigkeiten, die ein natürliches oder soziales System bestimmen, ermöglicht dem Experten die Auswahl und Anwendung wirksamer Maßnahmen zu dessen Optimierung.

Damit wird der Erwerb dieser Kenntnisse um die fundamentalen Gesetzmäßigkeiten zum ersten Schritt, der für einen erfolgreichen Eingriff in das System notwendig ist. Sowohl im Falle natürlicher als auch sozialer Systeme können diese Gesetze laut Rumford mit Hilfe naturphilosophischer Praktiken, durch Beobachtung und Experiment, gefunden werden. Beobachtung und Experiment unterscheiden sich hier in Rumfords Definition durch die Abwesenheit beziehungsweise das Vorhandensein standardisierter Bedingungen,[12] welche mit Hilfe der Kalibrierung von Instrumenten, dem Einsatz von Tabellen[13], oder der Homogenisierung des experimentellen

---

10 „[T]he economy of human life"; „military system"; „economic constitution", Rumford, Benjamin: Vollständiger Bericht und Abrechnung über den Erfolg der neu eingeführten Einrichtungen bey dem churpfalzbaierischen Militär. München: s.n. 1792, S. 6.

11 „[I]ntroducing a new system of order, discipline, and oeconomy among [Karl Theodor's] troops", Rumford 1796, Bd. 1, S. 5 (wie Anm. 7).

12 Rumford 1968-70, Bd. 1, S. 5 (wie Anm. 8).

13 Ebenda, S. 60ff. (wie Anm. 8).

Raumes erreicht werden können.[14] Experimente dienten zwei Zwecken, dem Testen von Hypothesen und der anschließenden Quantifizierung der entdeckten Gesetzmäßigkeiten.[15]

Maschinen waren dementsprechend die Materialisierung dieser Naturgesetze, die sowohl physikalische Entitäten wie Wärme "speichern und steuern" ("confining and directing"), als auch Menschen "kontrollieren und steuern" ("control[ling] and direct[ing]")[16] – zum Beispiel im von Rumford gegründeten Münchener Armeninstitut, welches er ausdrücklich als Maschine bezeichnete.[17] Wie der Begriff der Ökonomie, so enthält auch der Begriff der Maschine eine fundamentale Ambivalenz, hier zwischen Freiheit und Notwendigkeit. Die Maschine ist in Rumfords Darstellung die Verdinglichung deterministischer mechanischer Grundgesetze, die das Verhalten aller Dinge und Wesen bestimmen, aber zugleich auch das Mittel, um menschliche Unzulänglichkeiten zu überwinden.

Die Begriffe der Ökonomie, des Experiments und der Maschine erlaubten es Rumford schließlich, ein Konzept einzuführen, welches bei ihm die Funktion menschlicher Naturgesetze einnahm: Das Konzept der Gewohnheit („habit"). Einerseits benutzte Rumford diesen Begriff, um universal gültige und unveränderbare Gesetze der menschlichen Natur zu bezeichnen ("the habit of submission", „the habit of begging", „the natural propensity to sloth and indolence")[18]. Andererseits präsentierte er jedoch in seinen Veröffentlichungen zu den Münchener Reformen menschliche Gewohnheiten als Folgen der Gewöhnung, als durch Tradition und lokale Bräuche geformte Haltungen (wie z.B. eine Abneigung gegen Kartoffeln), die durch entsprechende Eingriffe verändert werden können (z.B. durch das Hinzufügen zunehmender Mengen passierter Kartoffeln zu der im Arbeitshaus ausgegebenen Suppe).[19] Auf diese Weise war es erneut eine fundamentale begriffliche Ambiva-

---

14 Exemplarisch Rumfords „Experiments to Determine the Force of Fired Gunpowder". In Rumford 1968-70, Bd. 4 (wie Anm. 8).

15 Rumford 1968-70, Bd. 1, S. 15 (wie Anm. 8).

16 „Rewards and punishments are the only means by which mankind can be controlled and directed". Rumford 1968-70, Bd. 5, S. 147 (wie Anm. 8).

17 Diese Verwendung des Maschinenbegriffs für soziale Einrichtungen ist um 1800 weit verbreitet. Siehe z.B. Dreßen, Wolfgang: Die pädagogische Maschine. Zur Geschichte des industrialisierten Bewußtseins in Preußen/Deutschland. München: Ullstein 1982, und Nutz, Thomas: Straftanstalt als Besserungmaschine. Reformdiskurs und Gefängniswissenschaft 1775-1848. Müchen: Oldenbourg 2001.

18 Rumford 1796, Bd. 1, S. 17 und S. 148 (wie Anm. 7).

19 Pöhlmann 1991, S. 412 (wie Anm. 6).

lenz, die dem Konzept seine Funktionalität gab: Die Ambivalenz zwischen unveränderbaren Gesetzen menschlicher Natur und veränderlichen Gewohnheiten überbrückte den Widerspruch zwischen dem Postulat einer universalen menschlichen Natur und dem empirisch belegten Auftreten lokal unterschiedlicher Praktiken. Wie auch der Begriff der Ökonomie, so reflektiert der Begriff Gewohnheit den operativen Charakter der Rumfordschen Naturphilosophie zum einen darin, dass Gewohnheit lokale Eigenheiten erklären und überwinden helfen konnte, und zum anderen darin, dass unveränderbare Naturgesetze den Menschen selbst zum möglichen Objekt experimenteller Forschung und mechanischen Eingreifens machten.[20]

2. Die Ambivalenz des Experten

Der Anspruch, dass Natur und Gesellschaft mit denselben Methoden erkannt und verändert werden können, schuf für Rumford eingangs eine starke Legitimationsbasis. Seine Erfahrung und seine Reputation als experimenteller Naturphilosoph, belegt durch Veröffentlichungen und Mitgliedschaft in naturwissenschaftlichen Akademien, ermöglichten ihm, konkurrierende Militär- und Rechtsberater am bayerischen Hofe mit dem Hinweis auf deren mangelnde Kenntnis der Natur und experimenteller bzw. mathematischer Techniken zurückzuweisen. So führte Rumford den Misserfolg früherer rechtlicher Maßnahmen zur Bekämpfung der Bettelei darauf zurück, dass diese nicht im Einklang mit den Gesetzen menschlicher Natur gewesen seien.[21] Der Militärberater Belderbusch, der in einem Gegengutachten zu Rumfords militärischen Reformplänen versucht hatte, dessen naturwissenschaftliches Idiom als unverständlich und ungeeignet zu diskreditieren, wurde von Rumford im Gegenzug für eben dieses (vorgebliche?) Unverständnis als inkompetent kritisiert.[22] Schließlich konnte der Naturforscher allen Versuchen seiner Gegner,

---

20 Selbst persönliche Freiheit wird in diesem Rahmen zu einer Eigenschaft menschlicher Natur, die der Kontrolle des Managers unterworfen werden muß: „That impatience of control, and jealousy and obstinate perseverance in maintaining the rights of personal liberty and independence, which so strongly mark the human character in all the stages of life, must be managed with great caution and address, by those who are desirous of doing good; -- or, indeed, of doing anything effectually with mankind." Rumford 1796, S. 145 (wie Anm. 7).

21 Rumford 1796, S. 116/117 (wie Anm. 7).

22 Bayerisches Hauptstaatsarchiv (BayHStA), Abteilung Kriegsarchiv, HS 30: Baron de Belderbusch, Remarques et objections au projet du géneralmajor Thompson aves les résponses du chevalier Thompson. Sans lieu 1788.

seine Position mit Hinweisen auf Rumfords partikuläre Stellung als Ausländer und Protestant zu schwächen, durch Verweis auf die Universalität der Natur begegnen.[23]

Diese Auseinandersetzung zwischen Partikularität und Universalität deutet auf grundsätzliche Probleme der Rumfordschen Position bezüglich seiner Selbstdarstellung hin. Zum einen hat Iwan Morus darauf hingewiesen, dass der Experimentator "seine eigene Glaubwürdigkeit als verläßlicher Sprecher für die Natur etablieren muß, während er gleichzeitig die Natur als für sich selbst sprechend darstellt"[24]. Zum anderen haben Untersuchungen von Jasanoff und anderen gezeigt, dass der Versuch, die Grundlagen von Expertise vollständig zu artikulieren, letztendlich dazu führt, diese Expertise zu unterminieren und ihrer Autorität zu berauben.[25]

Dementsprechend oszillierte Rumfords Rhetorik in seinen Veröffentlichungen zwischen einer Präsentation seiner selbst als Werkzeug, durch welches die Natur selbst handelte, als privilegiertes Individuum, dessen Fähigkeiten einzigartig und letztendlich nicht artikulierbar waren, und als rational und nachvollziehbar Handelndem.

Dies wird im folgenden Beispiel deutlich, wo alle drei Artikulationen nebeneinander stehen:

„Es liegt mir fern, irgend jemanden mithilfe einer eindrucksvollen Anordnung von Tatsachen zu betrügen; doch die Tatsachen in meinen Experimenten waren so bemerkenswert, daß ich gar nicht anders konnte, als Vergleiche und Berechnungen anzustellen, die diese [Experimente] klar [verständlich]

---

23 Diese Universalität wurde nach Rumford durch die Zustimmung unbeteiligter Leser seiner Publikationen bestätigt: siehe z.B. N.N.: Vormaliger und jetziger Zustand der Churpfalzbayerischen Armee in einer Geschichtserzählung vom ersten Junius 1792 von dem Generalleutenant Reichsgrafen von Rumford herausgegeben von einem Patrioten Bayerns. Frankfurt und Leipzig: s.n. 1793.

24 Morus, Iwan Rhys: Frankenstein's Children: Electricity, Exhibition, and Experiment in Early-nineteenth-century London. Princeton: Princeton University Press 1998, S. 44.

25 Jasanoff, Sheila: Science, Politics, and the Renegotiation of Expertise at EPA. Osiris 7 (1992), 195-217. Zur Nichtartikulierbarkeit (wissenschaftlicher und politischer) Autorität siehe auch Dear, Peter: Mysteries of State, Mysteries of Nature: Authority, Knowledge and Expertise in the Seventeenth Century. In: Jasanoff, Sheila (Hrsg.): States of Knowledge: The Co-Production of Science and Social Order. London: Routledge 2003, S. 206-224.

machen würden, besonders denjenigen, die noch nicht ausreichend mit solchen Untersuchungen vertraut sind."[26]

In seiner Einleitung erkennt Rumford also die vorhandene Handlungsfähigkeit des Experten, hier bestehend in der Möglichkeit verschiedener, potentiell betrügerischer Darstellungen, durchaus an; aber schon im nächsten Teil des Satzes wird dies zurückgenommen, und der Experte statt dessen als Sprachrohr der Natur präsentiert, dessen Handlungen durch die Naturtatsachen determiniert sind. Abschließend artikuliert Rumford die Position, das mit Hilfe einer geeigneten Darstellung prinzipiell jeder dazu in der Lage sei, experimentelle Fakten nachzuvollziehen.

Eine Stabilisierung dieser Position bedarf also einer andauernden Performanz zweier entgegengesetzter Prozesse: Einerseits muss die einzigartige und unersetzbare Natur der Fähigkeiten des Experten sichtbar hervorgehoben werden, andererseits müssen diese Fähigkeiten, und der damit verbundene Einfluss der Experten als Individuum, heruntergespielt werden. Dies macht die Ambivalenz in Rumfords Darstellung seiner Reformprojektemöglich.

Diese Ambivalenz rechtfertigte die zentrale Lokalisation von Macht im Experten. Während im Prinzip alle Teile der Maschine denselben deterministischen Gesetzen unterworfen sind, ist der Experte der Einzige, der aufgrund seines Fachwissens Kontrolle über diese Maschine ausüben kann. Im Falle sozialer Systeme ist er sowohl Teil der Maschine wie auch ihr Lenker. In diesem gedanklichen Rahmen wird die Rolle des Experten naturalisiert: Da naturgegebene Gesetze auch in der Gesellschaft ihren Verlauf automatisch nehmen, gilt, dass „wenn eine allgemeine Einrichtung für die Armen auf einem guten Plan aufbaut, [...] die Mitglieder des obersten Kommittees wenig mehr zu tun haben [werden], als nur die Zügel zu halten, und die Bewegungen der Maschine zu steuern".[27] Ähnlich wie bei der Gleichsetzung militärischer und sozialer Reformen diente auch hier Rumfords Appell an die Notwendigkeit von Uniformität und Harmonie des Systems zur Legitimierung der zentralen Rolle des Experten: "Es muß jedoch Sorge getragen werden, die *perfekteste Uniformität* der Bewegungen all seiner Teile zu bewahren, da sonst

---

26 „I am far from desiring to deceive any one by an imposing arrangement of facts; but the facts in my experiments were so very striking that it was altogether impossible for me to help instituting comparisons and making calculations with regard to them which would make them clear, especially to those not yet sufficiently acquainted with such investigations." Rumford 1968-70, Bd. 1, S. 475 (wie Anm. 8).

27 „[W]hen a general Establishment for the Poor is formed upon a good plan, ... the members of the supreme committee will have little more to do than just to hold the reins, and direct the movement of the machine". Rumford 1796, S. 140 (wie Anm. 7).

Verwirrung entsteht; daher die *Notwendigkeit, das Ganze von einem Zentrum zu steuern*".[28]

Darüber hinaus benutzte Rumford Konventionen und Praktiken, die sich in der Naturphilosophie der frühen Neuzeit für die Präsentation experimenteller Ergebnisse durchgesetzt hatten, für eine Darstellung seiner selbst und seiner Reformen, die die aktive Rolle des Experten verschleierte. Experimente wurden in einem ausdrücklich sozialen Raum durchgeführt, um das Bezeugen der Beobachtungen zu erleichtern. Dem grundsätzlichen Problem, dass persönliche Teilnahme oder Replikation nicht immer möglich sind, begegneten Experimentatoren mit Hilfe literarischer Techniken, die Steven Shapin und Simon Schaffer in ihrer Untersuchung zur frühneuzeitlichen Experimentalkultur als „virtuelle Teilnahme" ("virtual witnessing") bezeichnen, und die darauf abzielten, dem Leser ein Bild eines Experiments zu vermitteln, das persönliche Anwesenheit und Replikation überflüssig machte.[29] Zu diesen Techniken gehörten die ausführliche Beschreibung des experimentellen Raumes, vorgebliche Unwissenheit des Autors über philosophische Systeme, die den Anspruch unterstützte, reine Fakten ohne ideologischen Zwang zu berichten, sowie die Selbstdarstellung des Experimentators als bescheiden. Wie Shapin in einer weiteren Arbeit gezeigt hat, war diese Selbstdarstellung an die Figur des Gentleman angelehnt, der durch seine finanzielle Unabhängigkeit und die vorgebliche Abwesenheit eigennütziger Interessen als vertrauenswürdiger Zeuge von Naturtatsachen galt.[30]

3.   Sichtbarkeit, „virtual witnessing" und Reformpraxis

Diese Techniken kamen bei der Umsetzung der Konzepte Rumfords in der Reformpraxis zum Tragen. Die Neuordnung des Blicks als Voraussetzung für rationale Beurteilung und als Anreiz für habituelle Imitation trug zu einem Funktionswandel der Münchener Öffentlichkeit bei.

---

28 „Care must however be taken to preserve the most perfect uniformity in the motions of all its parts, otherwise confusion must ensue; hence the necessity of directing the whole from one center". Rumford 1796, S. 140 (wie Anm. 7).

29 Shapin, Steven and Schaffer, Simon: Leviathan and the Air-Pump. Hobbes, Boyle, and the Experimental Life. Princeton: Princeton University Press 1989.

30 Shapin, Steven: A Social History of Truth. Civility and Science in Seventeenth-century England. Chicago: The University of Chicago Press 1994.

Das 1789 gegründete Armeninstitut[31] war eine Verwaltungseinheit, die traditionelle kirchliche oder zünftige Wohlfahrtseinrichtungen durch eine zentralisierte Organisation ersetzte. Die Aufgabe der neuen Einrichtung war zunächst die Verteilung der Mittel für die Armenfürsorge nach allgemeingültigen Richtlinien. Ergänzend wurde ein Arbeithaus eröffnet, in dem Bettler zu produktiven Mitgliedern der Gesellschaft umerzogen werden sollten. Am ersten Januar 1790 griff das bayerische Heer in seiner neuen Funktion als Instrument für zivile Zwecke die Bettler Münchens auf. Diese wurden registriert, und Beschreibungen ihrer Lebensumstände und Gesundheit in standardisierten Formularen aufgenommen. Wer für arbeitsfähig befunden wurde, wurde im neuen Arbeitshaus eingesetzt, das zunächst von Rumford persönlich geleitet wurde und das u.a. Uniformen für das Militär herstellte. Diejenigen, die sich nicht oder nur teilweise durch eigene Arbeit versorgen konnten, erhielten standardisierte Beträge zur finanziellen Unterstützung, die von den Kommissaren des Armeninstituts verteilt wurden. Das Arbeitshaus, eine ehemalige Manufaktur am Stadtrand, war mit Maschinen zur Textilverarbeitung ausgestattet; eine Renovierung war durchgeführt worden, um dem Gebäude ein respektables Erscheinen zu geben.

Die zentrale Rolle der Beobachtung bzw. Beobachtbarkeit wurde im neuen Wohlfahrtssystem auf mehreren Ebenen deutlich. Bei der internen Führung des Arbeitshauses schloss sich Rumford generell der unter Zeitgenossen weit verbreiteten Meinung an, Belohnung und Strafe seien die effektivsten Mittel zur Steuerung sozialer Systeme.[32] Dementsprechend wurde die Vergabe von Almosen und Mahlzeiten an die Armen an deren Anwesenheit und Arbeitseinsatz bei den vorgeschriebenen Aufgaben gebunden. Beides wurde mit Hilfe standardisierter Überwachungsmechanismen sowie mit Hilfe von Tabellen und Formularen kontrolliert: Die Anwesenheit wurde jeden Morgen registriert und mit einem Schein belohnt, der zur Essenseinnahme berechtigte. Die Qualität der verrichteten Arbeit wurde überwacht, indem jedes einzelne Produkt bis zu seinem Produzenten zurückverfolgt werden konnte, was die Penalisierung schlechter Arbeit ermöglichte.[33]

---

31 Eine ausführliche Schilderung des Münchner Armeninstituts gibt Baumann, Angelika: „Armuth ist hier wahrhaft zu haus...". Vorindustrieller Pauperismus und Einrichtungen der Armenpflege in Bayern um 1800. Diss. phil. München 1984.

32 „Rewards and Punishments are the only means by which mankind can be controlled and directed". Rumford 1968-70, S. 147 (wie Anm. 8). Die rhetorische Parallele zu „direction and confinement" physikalischer Objekte ist nicht vollständig - „confinement" wird durch „control" ersetzt, da ja das Ziel der Reformen die gesellschaftliche Reintegration der Bettler war. Die Armen, die im Arbeitshaus tätig waren, wohnten daher in privaten Unterkünften in der Stadt.

33 Rumford 1796, Bd. 1, S. 186/87 (wie Anm. 7).

Beobachtung diente jedoch nicht ausschließlich der Überwachung. Die wichtigste
Gewohnheit, die Rumford postulierte und seinem System zugrunde legte, war der
Impuls, das Verhalten anderer zu imitieren ("the irresistible power of example").
Diese Eigenschaft war nach Rumfords Annahme stark genug, „in den Gepflogen-
heiten, Veranlagungen und dem Charakter selbst ganzer Nationen die wunder-
samsten Veränderungen zu bewirken"[34]. Dies verlieh der Sichtbarkeit in Rumfords
Institution eine andere Rolle als in den zeitgenössischen Einrichtungen sozialer
Disziplin wie Benthams Panoptikon. Während Benthams Institution auf dem Prinzip
einseitiger Sichtbarkeit beruhte, basierte Rumfords Anlage auf der gegenseitigen
Sichtbarkeit aller Arbeiter, Verwalter, und des Münchener Publikums. Rumfords
Wohlfahrtsmaschine setzte „diesen mächtigen Motor"[35] des Drangs zur Imitation auf
verschiedenen Ebenen ein, so z.B. bei der Kindererziehung im Arbeitshaus:

> „Rund um die Hallen, wo andere Kinder arbeiteten, wurden [Kinder] auf Sitzen
> plaziert. Dies wurde getan, um in ihnen den Wunsch zu wecken, das zu tun,
> was anderen Kindern [...] erlaubt war zu tun, und wobei sie selbst gezwun-
> gen waren, tatenlose Zuschauer zu sein, und dies hatte die gewünschte Wir-
> kung. [...] Diesen Kindern [...] wurde so unwohl in ihrer Lage, und sie
> wurden so eifersüchtig auf jene, denen es gestattet war, geschäftig zu sein,
> daß sie oft mit größtem Beharren darum baten, arbeiten zu dürfen, und
> herzlichst weinten, wenn ihnen diese Bitte nicht sogleich gestattet wurde.
> Wie süß mir diese Tränen waren, kann man sich leicht vorstellen."[36]

Da „Männer nichts als Kinder von großem Wuchs sind",[37] wurden in gleicher Weise
auch erwachsene Arbeiter ermutigt, das Beispiel anderer zu imitieren,[38] deren

---

34 „[T]o produce the most miraculous changes, in the manners, disposition, and character,
    even of whole nations", Rumford 1796, S. 181/182 (wie Anm. 7).

35 „[T]his mighty engine", Rumford 1796, S. 181/182 (wie Anm. 7).

36 „[Children] were placed upon seats built round the halls where other children worked.
    This was done in order to inspire them with the desire to do that which other children [...]
    were permitted to do, and of which they were obliged to be idle spectators; and this had
    the desired effect. [...] these children [...] became so uneasy in their situations [...] that
    they frequently solicited with the greatest importunity to be permitted to work, and often
    cried most heartily if this favour was not instantly granted them. How sweet those tears
    were to me can easily be imagined." Rumford 1796 (wie Anm. 7). Zitiert in Brown 1979,
    S. 126/127 (wie Anm. 6).

37 „Men are but children of larger growth", Rumford 1796, Bd. 1, S. 145 (wie Anm. 7).

38 „Those who are collected together in the public rooms destined for the reception and
    accommodation of the Poor in the day-time, will not need to be forced, nor even urged to
    work; -- if there are in the room several persons who are busily employed in the cheerful

Belohnungen wie z.B. Beförderung in privilegierte Gruppen durch Uniformen sichtbar gemacht wurden.[39]

Der Aspekt der Beobachtbarkeit der Wohlfahrtsmaschine war jedoch insbesondere auch gegenüber der Bevölkerung entscheidend. Die neuen Fürsorgeeinrichtungen waren bei der steuerzahlenden Münchener Stadtbürgerschaft umstritten. Mit der Einrichtung des Armeninstituts wurden traditionelle Wohlfahrtseinrichtungen kirchlicher und zünftiger Träger abgeschafft, bestehende Praktiken christlicher Nächstenliebe wie das individuelle Almosengeben verboten und durch zentralisierte Sammlungen ersetzt. Der Magistrat, die politische Vertretung der Stadtbürger, äußerte die Befürchtung, dass es von der zentralisierten staatlichen Verwaltung freiwilliger Beiträge nur ein kurzer Schritt zur Einführung einer von der Bürgerschaft zu zahlenden Armensteuer sei.[40]

Der bayerische Landesherr begegnete diesem Problem, indem er den Magistrat umging: Er bat die Einwohner Münchens (und nicht ausschließlich die Bürgerschaft) direkt um finanzielle Unterstützung. Da diese Beiträge jedoch freiwillig waren, war es in Rumfords Worten „notwendig, die Zustimmung der Teilnehmer zu dem Plan und ihr Vertrauen in die Ausführenden sicherzustellen"[41]. Dieses Vertrauen wurde auf verschiedenen Wegen versucht herzustellen. Karl Theodor ermahnte seine Untertanen, dass „sich Niemand erkühnen soll die allgemeine Armen- und andere ersprießliche Anstalten durch hämische Zweifel an deren Fortdauer und andere falsche Vorspiegelungen zu schwächen".[42] Rumfords eigene Maßnahmen, „um das Vertrauen der Öffentlichkeit [sowohl für seine eigene Person als auch für die Institution] abzunötigen"[43], waren im Einklang mit den von ihm postulierten Gesetzen

---

occupations of industry, and if implements and materials for working are at hand, all the others present will not fail to be soon drawn into the vortex, and joining with alacrity in the active scene, their dislike to labour will be forgotten, and they will become by habit truly and permanently industrious." Rumford 1796, Bd. 1, S. 181 (wie Anm. 7).

39 Pöhlmann 1991, S. 410 (wie Anm. 6).

40 Zu den Auseinandersetzungen Rumfords mit dem Magistrat siehe Schattenhofer, Michael: Der Kniefall des Münchner Rats vor dem Bild des Kurfürsten Karl Theodor am 21. Mai 1791 in der Maxburg. Ein Beitrag zur Geschichte des Münchner Rats in der 2. Hälfte des 18. Jahrhunderts. Zeitschrift für bayerische Landesgeschichte 27 (1964), 302-339.

41 Es war „necessary to secure [subscribers'] approbation of the plan, and their confidence in those who were chosen to carry it into execution". Rumford 1796, Bd. 1, S. 25/26 (wie Anm. 7).

42 Befehl vom 6. April 1790, BayHStA MInn Nr. 39868.

43 „[T]o command the confidence of the Public", Rumford 1796, Bd. 1, S. 118 (wie Anm. 7).

menschlicher Natur und orientierten sich an den in naturwissenschaftlicher Praxis etablierten Konventionen zur Darstellung experimenteller Ergebnisse. Diese Maßnahmen ermöglichten gleichzeitig die Betonung von Rumfords nicht artikulierbarer Fähigkeit als Experte menschlicher Natur und eine Darstellung seiner Handlungen als allgemein beobachtbar und rational nachvollziehbar.

Rumford stellte das neue Wohlfahrtssystem ausdrücklich als experimentelles System dar: „Was ich zu diesem Thema anzubieten habe, ist nichts als das wahrhaftige Resultat echter Experimente; von Experimenten, die in sehr großem Maßstab durchgeführt wurden".[44]

Da dieses System den eindeutigen und unveränderlichen Gesetzen (menschlicher) Natur unterlag,[45] war die Kenntnis dieser Gesetze, verkörpert im Experten, unabdingbar für den Erfolg der Reformen – „ein nicht geringes Maß an Wissen von der Menschheit, und insbesondere von den verschiedenen Mitteln, um auf sie einzuwirken, wäre unverzichtbar".[46]

Während Rumford so die Notwendigkeit experimenteller Expertise begründete, zielten andere Maßnahmen des Reformers darauf ab, sowohl der Münchener Bevölkerung als auch einer internationalen Leserschaft die Vorgänge im Inneren der Wohlfahrtsmaschine so weit wie möglich sichtbar und so dem rationalen Urteil zugänglich zu machen.[47] Dabei spielten sowohl direktes Beobachten als auch "virtual witnessing" eine Rolle.

Das Arbeitshaus selbst wurde ausdrücklich für Besucher geöffnet; diese sollten dann in der Lage sein, zum Zweck der Replikation des Systems, oder zur Information Dritter, Zeichnungen über das Innere der Anstalt anzufertigen.[48] In ähnlicher Weise

---

44 „What I have to offer upon this subject being [...] but the genuine result of actual experiments; of experiments made upon a very large scale." Rumford 1796, Bd. 1, S.4 (wie Anm. 7).

45 „[T]he great fundamental principles upon which every sensible plan for such an Establishment must be founded, appear to me to be certain and immutable". Rumford 1796, Bd., 1, S. 131 (wie Anm. 7).

46 „[N]o small degree of knowledge of mankind, and particularly of the various means of acting on them, [...] would [...] be indispensably necessary". Rumford 1796, Bd. 1, S. 151 (wie Anm. 7).

47 Rumford selbst veröffentlichte (z.T. anonym) Beschreibungen der Reformen in Journalen in Deutschland und England; französische und italienische Übersetzungen folgten bald.

48 „[Subscribers] should [...] have a right individually to examine all the details of its administration [...] - They ought likewise to be at liberty to take drawings [...] of every

wurden in den lokalen Zeitungen die Maßnahmen der Armeninstitution veröffentlicht, so zum Beispiel „eine alphabetische Liste aller Almosenempfänger; in dieser
Liste soll nicht nur der Name der Person eingetragen sein, sein Alter, Zustand, und
Wohnort, sondern auch der ihm zugestandene Betrag [finanzieller] Unterstützung;
so daß Zweifler die Möglichkeit haben, sie an ihrem Wohnort aufzusuchen und ihre
wahre Situation zu untersuchen".[49] Zum Zweck der einfachen Nachahmung des
Münchner Wohlfahrtssystems fügte Rumford seinen Veröffentlichungen Vorlagen
für standardisierte Formulare hinzu, die im Arbeitshaus und im Armeninstitut verwendet wurden, wie z.B. „gedruckte Formulare für Petitionen, Bilanzen,
Armenlisten, Armenbeschreibungen, Listen der Teilnehmer an den Unterstützungs-
maßnahmen für die Armen".[50] Die veröffentlichten Beschreibungen und die
Offenlegung der finanziellen Situation sollten so die „virtuelle Teilnahme" ("virtual
witnessing") ermöglichen, die nach Rumford die Zustimmung der Öffentlichkeit
auch ohne persönliche Anwesenheit oder erfolgreiche Replikation *zwingend* herbei-
führte.[51]

Das Sichtbarmachen der Handlungen und Vorgänge innerhalb der Wohlfahrtsmaschine diente bei Rumford jedoch nicht ausschließlich dazu, der Münchener Bevölkerung die *rationale* Beurteilung der getroffenen Maßnahmen zu ermöglichen,
sondern sollte diese auch auf der emotionalen Ebene ansprechen. Wie Rumford
schließlich postulierte, waren die Gesetze menschlicher Natur allgemein gültig, für
Angestellte des Armeninstituts und dessen Unterstützer ebenso wie für die Armen

---

part of the machinery belonging to the Establishment." Rumford 1796, Bd. 1, S.165 (wie
Anm. 7).

49 „[A]n alphabetical list of all who receive alms; in which list should be inserted, not only
the name of the person; his age; condition; and place of abode; but also the amount of the
[...] assistance granted to him; in order that those who entertain any doubts [...] may have
an opportunity of visiting them at their habitations, and making enquiry into their real
situations". Rumford 1796, Bd. 1, S. 119 (wie Anm. 7).

50 „[P]rinted forms or blanks are used [...] for petitions; - returns; - lists of the Poor; -
descriptions of the Poor; - lists of the inhabitants; - lists of subscribers to the support of
the Poor". Rumford 1796, Bd. 1, S. 142 (wie Anm. 7).

51 „[P]ublishing, at stated periods, such particular and authentic accounts of all receipts and
expenditures, that no doubt can possibly be entertained by the Public respecting the
proper application of the monies destined for the relief of the Poor". Rumford 1796, Bd.
1, S. 119 (wie Anm. 7).

selbst.[52] Von der „unwiderstehlichen Macht des Beispiels" sollten auch Beobachter und potentielle Förderer zur Imitation vorbildlichen Verhaltens motiviert werden.

Ein weiterer Bestandteil dieser Darstellung der Reformen war auch die an etablierte Strategien experimenteller Naturforscher angelehnte Selbstdarstellung des Experten: Wie in seinen naturwissenschaftlichen Veröffentlichungen präsentierte Rumford auch in der Werbung für das neue Armeninstitut den Administrator, d.h. anfangs sich selbst, als finanziell unabhängigen Gentleman,[53] der „vollständige Uneigennützigkeit"[54], eine unparteiische Behandlung der Anstaltsinsassen, angemessene Verwendung der finanziellen Mittel und damit die Uniformität der Bewegungen der Maschine gewährleistete.

4.   Neuordnung der Öffentlichkeit und Polarisierung der politischen Ordnung

Abschließend sollen kurz die Auswirkungen des von Rumford vorgegebenen begrifflichen Rahmens und der verwendeten Praktiken auf die Position des Experten und auf die politische Ordnung Münchens erörtert werden.

Die der experimentellen Praxis entlehnten Techniken implizierten im Rahmen der Münchener Reformen ein Publikum, das durch Beobachtung zu Zeugen und durch finanzielle Unterstützung (bzw. dessen Verweigerung) zu aktiven Teilnehmern an der Wohlfahrtsmaschine wurde. Obwohl Öffentlichkeit dabei nicht nur ein Raum zur Entfaltung rationaler Urteilskraft war, sondern gleichzeitig ein Rahmen, innerhalb dessen (irrationale) menschliche Gewohnheiten als Gesetzmäßigkeiten menschlicher Natur nutzbar gemacht werden konnten, geht der von Ezrahi analysierte Zusammenhang zwischen der Auffassung von Politik als natur-analogem beobachtbarem Vorgang und die „bezeugende" Funktion der Öffentlichkeit auch im spätabsolutistischen Kontext Hand in Hand. Im Fall der Münchener Reformen lässt sich der von Ezrahi postulierte absolute Gegensatz von Monarchie und Demokratie in Bezug auf die („zelebrierende" bzw. „bezeugende") Funktion der Öffentlichkeit nicht aufrechterhalten.

---

52   „[T]he maxims and measures here recommended are not applicable merely to the Poor, but also [...] to those who may be employed in the details of relieving them". Rumford 1796, Bd. 1, S. 188 (wie Anm. 7).

53   Für die Person des Gentleman in der Verhandlung kognitiver Autorität in der frühneuzeitlichen Naturphilosophie siehe Shapin 1995 (wie Anm. 30), insbesondere Kap. 5: „Epistemological Decorum: The Practical Management of Factual Testimony".

54   „[P]erfect disinterestedness", Rumford 1796, Bd. 1, S. 118 (wie Anm. 7).

Eine Erklärung für die zumindest zeitweilige Stabilität der Position des Experten in München muss mehrere Faktoren berücksichtigen. Zum einen bietet die experimentelle Naturwissenschaft Konzepte und Konventionen für eine Performanz von Expertise, die die Position des Experten im hier vorliegenden sozialen und politischen Kontext zu unterstützen vermag. Der Historiker Harold Mah hat auf die prinzipielle Fiktionalität der Öffentlichkeit hingewiesen, da jeder Beitrag zu einer überparteilichen Öffentlichkeit durch einen Hinweis auf die spezifische Subjektposition des Sprechers disqualifiziert werden kann. Eine „Inszenierung" von Öffentlichkeit, die das Problem prinzipieller Unerreichbarkeit erfolgreich unterdrückt, hängt daher von der Wirksamkeit der Inszenierungspraktiken ab, mit deren Hilfe Gruppen oder Individuen ihre spezifische Positionierung „überspielen" und sich als Träger einer universalen, von ihrer Subjektposition abstrahierten Objektivität darstellen. Im hier vorgestellten Fall verweist der analytische Fokus auf Techniken zur Herstellung von Öffentlichkeit. Rumfords mechanistisches Weltbild und die Praxen zur Etablierung experimenteller Fakten schaffen eine Ambivalenz des Experten, die ihm durch gleichzeitige Elemente des Verbergens und Sichtbarmachens die zeitweilige Stabilisierung seiner Position im lokalen Kontext ermöglicht. Während die Gegner Rumfords, konkurrierende Berater am Hofe und der Magistrat der Stadt, versuchten, seine Expertise mit dem Hinweis auf seine Außenseiterposition als Ausländer und Protestant zu entwerten, ermöglichten es die im Maschinenbegriff enthaltenen Ambivalenzen dem Experten, sich sowohl als Instrument in den Händen des Herrschers („an instrument in your hands of doing good"),[55] als auch als Sprachrohr der Natur darzustellen und so seinen Anteil an den Reformen rhetorisch zu minimieren. Gleichzeitig erlaubte dieser Rahmen den Verweis auf die naturwissenschaftliche Qualifikation Rumfords, mit der seine privilegierte Position als unabdingbar dargestellt wurde.

Für die Akzeptanz der Rumfordschen Reformen war auch entscheidend, dass ein Teil der Stadtbürger Münchens bereit war, auf das Privileg der politischen Vertretung durch den Magistrat zu verzichten. Reformen des Militärs und des Armenwesens wurden als drängende Probleme der Stadt wahrgenommen, die bisher weder vom Magistrat noch von Militär- und Rechtsberatern am Hof zufriedenstellend gelöst werden konnten. Durch die Unterstützung der „Wohlfahrtsmaschine" konnte die Bürgerschaft ihre Unzufriedenheit mit der Vertretung durch den Magistrat ausdrücken.[56]

---

55 Rumford 1796, Bd. 1, „Dedication" (wie Anm. 7).

56 Für die zunehmend ablehnende Haltung der Stadtbürger gegenüber dem Magistrat im weiteren Kontext wirtschaftlicher und sozialer Entwicklung in München siehe Zerback, Ralf: Zwischen Residenz und Rathaus. Bürgertum in München 1780-1820. In: Vom alten

Schließlich war für die Unterstützung Rumfords durch den Fürsten wohl auch maßgeblich, dass die Reformen auf der Ebene der Techniken, mit deren Hilfe Öffentlichkeit hergestellt wurde, zur verstärkten Polarisierung der politischen Ordnung beitrugen. Sowohl die direkte Beobachtung politischer Handlungen, als auch die Praktiken
des „virtual witnessing" schufen eine neue Öffentlichkeit, die alle Einwohner
Münchens, die ein Urteil über die neue Institution fällen und finanziell zu ihr beitragen konnten, umfasste. Namenslisten der Spender zeigen, dass insbesondere die
Bevölkerungsgruppen, die von der Stadtbürgerschaft ausgeschlossen und nicht
durch den Magistrat vertreten waren, wie z.B. Frauen, Nichtkatholiken und Ausländer, von der neuen Möglichkeit zur Anteilnahme an lokaler Politik Gebrauch
machten.[57] Dadurch wurde das Verhältnis zwischen absolutistischem Herrscher und
Untertanen auf Kosten der immediären Gewalt des Münchener Magistrats gestärkt.

Im Zusammenhang mit der Frage, wie Naturwissenschaft zu einem autoritativen
kulturellen Modell für das Verhältnis von Staat und Öffentlichkeit wurde, hat
Thomas Broman naturwissenschaftliche Journale als zentrale Elemente für die
Etablierung der neuen kulturellen Form der Kritik identifiziert.[58] Lokale Fallstudien
können komplementär dazu beitragen, zu erklären, unter welchen örtlich und zeitlich
spezifischen Umständen mechanische Konzepte, experimentelle Praxis und naturwissenschaftliche Expertise auch in einem Kontext als autoritativ akzeptiert werden
konnten, in dem naturwissenschaftlicher Diskurs den meisten beteiligten Akteuren
fremd war.

Aber Öffentlichkeit war nicht nur ein Produkt literarischer Kritik. Sie konnte sich
auch, wie diese Fallstudie zeigt, in jenen experimentellen Praktiken als mechanistisches Deutungskonzepten konstituieren, die der Darstellung und Anerkennung naturwissenschaftlicher Expertise diente.

---

zum neuen Bürgertum. Die mitteleuropäische Stadt im Umbruch 1780-1820. München:
Oldenbourg 1991.

57 Die „Namen der Wohlthäter" wurden im Baierischen Landbothen veröffentlicht. Siehe
BayHStA GR Fasz. 45/27.

58 Broman, Thomas: The Habermasian Public Sphere and „Science in the Enlightenment".
History of Science 36 (1998), 123-150.

JOACHIM WESTERBARKEY

Illusionsexperten
Die gesellschaftlichen Eliten und die Verschleierung von Macht

> *„Täusche dich nicht", sagte der Geistliche.*
> *„Worin sollte ich mich denn täuschen?" fragte K.*
> *„In dem Gericht täuschst du dich", sagte der Geistliche,*
> *„in den einleitenden Schriften zum Gesetz heißt es von dieser Täuschung:*
> *Vor dem Gesetz steht ein Türhüter.*
> *Zu diesem Türhüter kommt ein Mann vom Lande und bittet um Eintritt in*
> *das Gesetz. [...]*
> *Da das Tor zum Gesetz offensteht wie immer und der Türhüter beiseite tritt,*
> *bückt sich der Mann, um durch das Tor ins Innere zu sehen.*
> *Als der Türhüter das merkt, lacht er und sagt:*
> *'Wenn es dich so lockt, versuche es doch, trotz meinem Verbot*
> *hineinzugehen.*
> *Merke aber: Ich bin mächtig. Und ich bin nur der unterste Türhüter.*
> *Von Saal zu Saal stehn aber Türhüter, einer mächtiger als der andere.*
> *Schon den Anblick des dritten kann nicht einmal ich mehr vertragen."*
> (Franz Kafka: Der
> Prozeß, 9. Kapitel: Im
> Dom)

1. Prolog

Masken dienen bekanntlich immer der Beeinflussung anderer, ob im Theater, im Karneval oder im Alltag von Contenance und Kosmetik, und sei es nur, um andere neugierig zu machen oder zu amüsieren, und alle Masken erfüllen potenziell die gleichen Funktionen, nämlich Verbergen durch Zeigen, Ablenken durch hinlenken, imponieren, anziehen oder abschrecken (was man übrigens schon bei Georg Simmel nachlesen kann[1]). Immerhin bezeichnete das Wort „persona" ursprünglich die Gesichtsmaske antiker Schauspieler, durch die deren Stimme „personierte", also hindurchdrang, wobei freilich anzumerken ist, dass man selbstverständlich auch seine Stimme maskieren kann wie weiland Grimms Märchen-Wolf, der Kreide gefressen hatte, oder wie ein Politiker, der zu diesem Zweck vielleicht zum Logopäden geht. Doch die vielfältigen Masken der Mächtigen sind weit weniger durchschaubar als

---

1 Vgl. Simmel, Georg: Exkurs über die Soziologie der Sinne. In: Simmel, Georg: Soziologie. Untersuchungen über die Formen der Vergesellschaftung [1908]. 5. Aufl. Berlin: Duncker & Humblot 1968, S. 490f.

solche simplen Tricks, und deshalb sind sie besonders spannend und Besorgnis erregend. Schließlich riet bereits der berühmte Spin-Doctor Niccolò Machiavelli seinen adeligen Klienten:

> Ein Fürst braucht also nicht alle [...] Tugenden zu besitzen, muß aber im Rufe davon stehen. Ja, ich wage zu sagen, daß es sehr schädlich ist, sie zu besitzen und sie stets zu beachten; aber fromm, treu, menschlich, gottesfürchtig und ehrlich zu scheinen, ist nützlich.

Und weiter:

> „Auch wird es einem Fürsten nie an guten Gründen fehlen, um seinen Wortbruch zu beschönigen. [....] Denn die Menschen sind so einfältig und gehorchen *so sehr dem Eindruck des Augenblicks, daß der, welcher sie hintergeht,* stets solche findet, die sich betrügen lassen."[2]

Dass diese politischen Klugheitsregeln nach wie vor gelten, gestand erst vor einem halben Jahr der saarländische Ministerpräsident Peter Müller in der *FAZ*:

> „Politik steht möglicherweise manchmal vor der Herausforderung, auf die Dokumentation von Wahrheit zu verzichten, um die Mehrheit nicht zu gefährden."[3]

2. Vom Wirklichkeitsglauben

Man muss immer wieder staunen, wie überzeugt viele Leute davon sind zu wissen, was genau vorgeht. Ganz offensichtlich überschätzen sie ihre Möglichkeiten zuverlässiger Beobachtungen, weil sie sich nicht klar machen, dass sich Wahrnehmung und Kommunikation stets im Spannungsfeld zwischen Realität und Fiktion vollziehen, also Gewissheit ebenso schaffen wie verringern können, und dass ihre Ergebnisse immer zugleich Täuschungen über die wirkliche Wirklichkeit sind wie Ent-Täuschungen im Sinne korrektiver Informationen. Schon deshalb sind Vorkehrungen zum Umgang mit Enttäuschungen erforderlich, z.B. ein Vorrat plausibler Erklärungen oder die vorsorgliche Miterwartung von Enttäuschungen.

Da alle Beobachtungen selektiv und perspektivisch sind und Kommunikationen solche Selektionen und Perspektiven nur verknüpfen können, täuschen wir uns un-

---

2 Machiavelli, Niccolò: Der Fürst. Frankfurt/M.: Insel 1990, S. 87f. [Original: Il Principe, 1513].

3 Müller, Peter: Das haben wir dann gemacht. Warum die Politik Theater veranstaltet. Frankfurter Allgemeine Zeitung v. 28.03.2002, S. 11.

vermeidlich über die tatsächliche Komplexität von Zuständen und Vorgängen. Allerdings wird gewöhnlich ein gewisses Maß an Ungewissheit und Täuschung bewusst in Kauf genommen oder gar nicht erst problematisiert. Vermutlich stecken hinter diesem Verhalten die intuitiven Einsichten, dass letzte Gewissheiten eben unerreichbar sind und dass soziale Orientierung und Ordnung genauso auf Irrtümern, Missverständnissen und Lügen wie auf exaktem Wissen beruhen.[4]

Gleichwohl machen uns die verwirrenden Strukturähnlichkeiten zwischen Ernst und Spiel, Original und Kopie, Aufrichtigkeit und Lüge oder Gesicht und Maske immer wieder zu schaffen, so etwa die Möglichkeit, Alltagsereignisse durch Inszenierungen zu simulieren.[5] Dass unsere publizistischen Illusionsmaschinen dieses fortwährend perfektionieren, ist nämlich nur unproblematisch, wenn allen klar ist, dass es sich um Fiktionen handelt. Wenn jedoch behauptet wird, es handele sich bei solchen Darstellungen um die *wahre* Wirklichkeit und wenn deren Rezeption gar unter dem Label „live" als lebendige Erfahrung propagiert wird, haben wir es mit mehr oder weniger bewussten und planmäßigen Täuschungsversuchen zu tun.

3.   Alltagsinszenierungen

Doch Täuschungen sind wie gesagt kein Medienprivileg, sondern ein unvermeidliches Alltagsphänomen. Allein die Erfahrung, dass man in Gegenwart anderer Selbstmitteilungen kaum verhindern kann, führt gewöhnlich zur taktischen Modifikation eigener Handlungen unter Darstellungsaspekten, um die Einschätzungen anderer von sich selbst wunschgemäß zu beeinflussen.[6] Jeder ist beispielsweise daran interessiert, intime Erlebnisse, Gedanken und andere exklusiv beanspruchte „Reservate" vor dem willkürlichen Einblick und Zugriff Fremder zu schützen und so sensible Aspekte seines Selbst zu verbergen.[7] Schon deshalb empfiehlt es sich, sein angestrebtes Image selbst zu definieren, bevor es andere womöglich auf unsere Kosten tun.

---

4   Vgl. McCall, Georges J. und Simmons, J. L.: Identität und Interaktion. Untersuchungen über zwischenmenschliche Beziehungen im Alltagsleben. Düsseldorf: Schwann 1974, S. 207.

5   Vgl. Goffman, Erving: Rahmen-Analyse. Ein Versuch über die Organisation von Alltagserfahrungen. Frankfurt/M.: Suhrkamp1980, S. 14 f.

6   Vgl. Goffman, Erving: Das Individuum im öffentlichen Austausch. Mikrostudien zur öffentlichen Ordnung. Frankfurt/M.: Suhrkamp 1974, S. 365; vgl. auch McCall & Simmons 1974, S. 135 f. (wie Anm. 4).

7   Vgl. Westerbarkey, Joachim: Das Geheimnis. Die Faszination des Verborgenen. Leipzig: Kiepenheuer 2000, S. 102ff.

Durch diese Idealisierung der eigenen Erscheinung betreibt jeder „öffentliche Mei-
nungspflege" über sich selbst, und zwar häufig unter Zuhilfenahme materieller
Mittel, die eigene Ausdruckskomponenten verstärken oder ersetzen, um tatsächliche
oder angebliche Eigenschaften hervorzuheben oder zu verbergen: Mit Kosmetika,
Schmuck oder gar plastischer Chirurgie versuchen wir, uns gegenseitig hinters Licht
zu führen.[8] Luhmann behauptet sogar:

> „Gute Form [...] erscheint durch sich selbst determiniert, als nicht weiter klä-
> rungsbedürftig, als unmittelbar einleuchtend.[9]"

Das könnte erklären, warum uns der „schöne Schein" immer wieder fasziniert,
obwohl doch jeder aufgrund eigener Erfahrungen um das Trügerische ästhetischer
Imagos wissen kann. Unsere genetisch geeichten Eindrucksmechanismen machen
nämlich keinen Unterschied zwischen ehrlichen und irreführenden Ausdrucksweis-
en, wenn diese formal identisch sind, zumal wir auf eine schnelle Verarbeitung
einfacher Merkmale programmiert sind.[10] Und diesen Umstand nutzen nicht nur
routinierte Schauspieler dazu, „Eindruck zu schinden", sondern prinzipiell bedient
sich eben jeder, der sich anderen darstellt und darum weiß, mehr oder weniger aus-
geklügelter Täuschungsmittel.

Außerdem werden den Akteuren aufgrund wahrgenommener Merkmale gern auch
nicht wahrgenommene bzw. gar nicht wahrnehm*bare* attestiert, so dass es die
„Schönen" nachweislich leichter haben: Wir schätzen Menschen, deren Äußeres wir
bewundern, gern auch in anderer Hinsicht als bessere Menschen ein (etwa als netter,
ehrlicher oder intelligenter) und behandeln sie dementsprechend zuvorkommend.
Dabei beruht der ganze Vorgang lediglich auf Attributionen,[11] denn bekanntlich
besteht kein zwingender Zusammenhang zwischen äußeren und inneren Qualitäten.

---

8   Vgl. Westerbarkey, Joachim: Medienmenschen. Communications 20 (1995), 25.

9   Luhmann, Niklas: Die Realität der Massenmedien. 2. Aufl. Opladen: Westdeutscher
    Verlag 1996, S. 87.

10 Vgl. Determeyer, Ralf: Personale Publizitätsdynamik. Massenmediale Modifikationen der
    bewußten und unbewußten Vermittlung des Menschen. Münster: Regensberg 1975, S.
    226ff.

11 Vgl. Heider, Fritz: The Psychology of Interpersonal Relations. New York: John Wiley
    1958; Bierhoff, Hans Werner: Personenwahrnehmung. Vom ersten Eindruck zur sozialen
    Interaktion. Berlin u.a.: Springer 1988.

4. Täuschungsmöglichkeiten

Um attraktiv zu sein und erfolgreich kommunizieren zu können, tragen wir also sozial akkreditierte *Masken*, hinter denen wir unser (vermeintliches) Selbst zumindest partiell verbergen, und je größer der Aufwand und je professioneller ihr Einsatz, desto undurchsichtiger sind sie. Wichtig ist dabei, dass sie „hinter den Kulissen" präpariert werden, um die Illusion des Natürlichen zu ermöglichen.

Erving Goffman, der die Welt per se als Bühne betrachtet, zählt dazu verschiedene Optionen auf:[12]

- *körperliche* Mittel (z.B. Hygiene oder Kosmetika)
- *Requisiten* (z.B. Kleidung oder mitgeführte Prestigeobjekte)
- *Rollen* (Verhaltensweisen und Handlungen einschließlich Mimik, Gestik und Sprechakte)
- *Ensembles* (sichtbare Partner, z.B. Prominente oder Kinder) und
- *Kulissen* (situative Arrangements, z.B. ein anspruchsvolles Ambiente).

Weiß man diese Möglichkeiten optimal zu nutzen, kann man damit andere planmäßig täuschen, ob beim Vorstellungsgespräch oder beim Flirt, in Konferenzen oder Prüfungen, ob in guter oder böser Absicht.[13] Dabei hat man wiederum mehrere Optionen:

- Man kann sich *verstellen*, also nichtsprachlich täuschen (etwa eine falsche Identität annehmen, ein Pokerface aufsetzen, Desinteresse zeigen oder verdeckte Absichten durch Normalverhalten tarnen, um zu vermeiden, dass andere misstrauisch werden).[14]
- Man kann *lügen*, also sprachlich täuschen (was lt. Simmel[15] übrigens sehr sozialverträglich sein kann).

---

12 Vgl. Goffman, Erving: Wir alle spielen Theater. Die Selbstdarstellung im Alltag. 3. Aufl. München: Piper 1976, S. 62ff.

13 Vgl. Goffman 1980, S. 99 (wie Anm. 5).

14 Goffman 1980, S. 134 ff. (wie Anm. 5). Die beste Chance, wenig über sich mitzuteilen, besteht vielleicht darin, sich möglichst streng an situative Regeln zu halten, also stets so zu agieren, wie es von einem erwartet wird.

15 Vgl. Simmel, Georg: Das Geheimnis und die geheime Gesellschaft. In: Simmel, Georg: Soziologie. Untersuchungen über die Formen der Vergesellschaftung [1908]. Berlin: Duncker & Humblot 1968, S. 262: „So oft sie [die Lüge] auch ein Verhältnis zerstören mag - solange es bestand, war sie doch ein integratives Moment seiner Beschaffenheit."

- Man kann *ablenken*, also das Thema wechseln oder viel reden, ohne aus der Schule zu plaudern (denn hinter vielen Worten kann man sich bekanntlich gut verstecken).
- Man kann *verwirren*, nämlich sich gezielt mehrdeutig oder widersprüchlich äußern (etwa durch vielsagende Anspielungen).[16]

Wird Irreführung in diesem alltäglichen Sinne laufend als Selbstverständlichkeit praktiziert und akzeptiert, so wird sie in bestimmten Situationen und von bestimmten Berufsgruppen sogar ausdrücklich als Recht oder Pflicht betrachtet (etwa in Notlagen, bei der Vorbereitung freudiger Überraschungen oder von Ärzten); bezeichnenderweise spricht man dann wohlwollend von Notlügen, barmherzigen Lügen oder *white lies*.

Permanente planmäßige Täuschung ist allerdings auch riskant, denn sie provoziert irgendwann Argwohn und Kontrollversuche. Listiger und subtiler sind daher Beihilfen zur Selbsttäuschung, wie wir sie täglich in der Werbung finden. So behauptet schon Adorno":

„Nicht nur fallen die Menschen [...] auf Schwindel herein, wenn er ihnen sei's noch so flüchtige Gratifikationen gewährt; sie wollen bereits einen Betrug, den sie selbst durchschauen [...]."[17]

5. Prominenz

Wo im Wettstreit um soziale Anerkennung, Prestige und Einfluss die Darstellungsebene dominiert, ist das Bemühen um optimale Repräsentation nicht nur selbstverständlich, sondern auch legitim. Häufig hat ein gesteigertes Interesse an idealisierender Selbstveröffentlichung nämlich ökonomische oder politische Gründe, und oft wird dabei nach Kräften imponiert; denn Dominanz bindet ebenso Aufmerksamkeit wie Attraktivität. Massenmedien können derartige Attribute inzwischen nahezu beliebig akzentuieren, dramaturgisch und technisch verstärken oder symbolisch „überhöhen": Kameraeinstellungen und Lautsprecher können *Größe* und *Kraft* suggerieren, schnelle Schnittfolgen und „heiße" Rhythmen *Dynamik* simulieren, individuelle Ansprachen und Lächeln *Güte* signalisieren und periodische Auftritte oder rituelle Anpassung soziale *Nähe*.

---

16 Vgl. Sievers, Burkhard: Geheimnis und Geheimhaltung in sozialen Systemen. Opladen: Westdeutscher Verlag 1974, S. 13.

17 Adorno, Theodor W.: Résumé über Kulturindustrie [1967]. In: Prokop, Dieter (Hrsg.): Massenkommunikationsforschung. 1: Produktion. Frankfurt/M.: Fischer 1972, S. 351.

Wer dem Publikum auf diese Weise wiederholt präsentiert wird, ist irgendwann prominent oder gar ein „Star" und gehört dann zum erlesenen Kreis sozialer Eliten. Um diesen dingfest zu machen, empfehle ich folgende Dimensionen, Kategorien und Indikatoren:

Abb. 1: Prominenz: exemplarische Dimensionen, Kategorien und Indikatoren

Dimensionen	Kategorien	Indikatoren
Akteure	Merkmale Einstellungen Kompetenzen	*Kraft, Dynamik, Schönheit* *Moral, Correctness, Güte* *Professionalität, Überlegenheit*
Inszenierung	Rollen Ensemble Funktionen	*Väter, Helden, Vorbilder* *Vasallen, Fans, Bedürftige* *Identifikation, Bewunderung, Einfluss*
Schauplätze	Situationen Kulissen Requisiten	*aktuelle oder rituelle Events* *exquisites Ambiente* *Prestigeobjekte*

Und dass dieses theatralische Untersuchungsdesign durchaus angemessen ist, bestätigt ebenfalls Ministerpräsident Müller mit seinem freimütigen Bekenntnis: „Natürlich sind Politiker Schauspieler. [...] Politik ist Theater."[18]

6. Eliten und Macht

Generell über Eliten zu reden, ist ziemlich heikel, denn ein elitärer Status kann sehr unterschiedliche Ursachen haben, zum Beispiel besondere Kompetenzen oder Leistungen auf irgendeinem Gebiet, aber auch Geld, Privilegien und Macht. Der Soziologe Heinz Hartmann hat deshalb funktionale Autorität von Herrschaft unterschieden, weil erstere immer wieder bewiesen und attestiert werden muss, während Herrschaft auf Ressourcen beruht, die nicht so ohne weiteres ignoriert oder gar entzogen werden können. Oder strukturell betrachtet: Funktionale Autorität resultiert aus den Anforderungen fortschreitender *funktionaler* Differenzierung einer Gesellschaft, während Herrschaft eine *vertikale* Segmentierung anzeigt, also eine stabile Hierarchie im klassischen Sinne. Dass beide Formen der Elitenbildung in der Praxis oft konvergieren, weil Eliten *Statuskongruenz* anstreben, ist sattsam bekannt – sei es dadurch, dass sie ihre Kompetenz oder Attraktivität in Kapital und Privilegien um-

---

18 Müller, Peter: Das haben wir dann gemacht. Warum die Politik Theater veranstaltet. Frankfurter Allgemeine Zeitung v. 28.03.2002, S. 11.

setzen, dass sie sich umgekehrt Ansehen oder Titel *kaufen* (etwa durch Sponsoring oder Spenden), oder sei es durch schlichte Tauschgeschäfte.[19] Dennoch (oder gerade deshalb) sollte man theoretisch weiterhin einen Unterschied machen, um nicht jenen Eliten Unrecht zu tun, deren besondere Qualifikation sozialer Kontrolle unterliegt und die ihre Masken gelegentlich lüften müssen, um im Rennen zu bleiben.

Reden wir im Folgenden also besser von den *Mächtigen* als von Eliten allgemein, also von den Spitzenvertretern ökonomischer und politischer Organisationen, deren Systemcodes laut Luhmann Geld und Macht heißen. Doch was genau ist nun Macht und worauf beruht sie?

- *Strukturell* ist Macht zunächst ein Beziehungstyp, der auf einer ungleichen Verteilung von Ressourcen und Handlungsoptionen beruht, also auf asymmetrischen Chancen.[20]
- Auf der *Handlungsebene* ist außerdem derjenige mächtiger, für den der andere berechenbarer ist, d.h. auch Intransparenz und Information sind konstitutiv für Macht, die insofern tatsächlich auf Wissen beruht.
- In den unterschiedlichen Möglichkeiten, sich der Kontrolle anderer zu entziehen, *verbinden* sich schließlich diese beiden Komponenten, denn wer über genug Ressourcen verfügt, hohe Informationsbarrieren aufzubauen, wer sich also kostspielige und schwer durchschaubare Masken leisten kann, um wertvolle Geheimnisse zu schützen, ist klar im Vorteil, zumal er in der Regel auch über größere Gewalt- und Sanktionspotentiale verfügt. Letztere sollen im Folgenden jedoch nicht weiter erörtert werden, denn sie können zwar helfen, andere zu beeinflussen, aber nur, wenn sie *unmaskiert* gezeigt und eingesetzt werden.

7. Tarnkappen

Spätestens seit Max Weber gilt, dass die meisten Organisationen versuchen, durch Geheimhaltung von Kenntnissen und Absichten Macht zu gewinnen, zu erhalten und zu steigern.[21] Ihr struktureller Vorteil vergrößert sich nämlich zumeist durch diskrete Praktiken, sei es, um Ressourcen zu sichern, Handlungsspielräume zu erweitern oder

---

19 So wurde der Wirtschaftsprofessor und „Marketing-Papst" Heribert Meffert vom Medien-Mogul *Reinhard Mohn* ins Präsidium der Bertelmann-Stiftung berufen, nachdem er diesem an der Universität Münster den Titel eines Ehrendoktors verschafft hatte.

20 Nach Johan Galtung sind ungleiche Chancen übrigens das entscheidende Merkmal *struktureller Gewalt*.

21 Vgl. Weber, Max: Wirtschaft und Gesellschaft. Grundriß der verstehenden Soziologie [1922]. 5. Aufl. Tübingen: Mohr 1985, S. 548 u. 572f.

Profitchancen zu mehren. Und da Ressourcen normalerweise knapp sind, also fast immer Konkurrenz besteht, ist wohl jede auf dauerhaften Bestand eingerichtete Herrschaft ein Stück weit *Geheimherrschaft*, selbst in demokratischen Gesellschaften, wo politische und administrative Arkana eigentlich im Widerspruch zu allgemeinen Ansprüchen auf Transparenz und Partizipation stehen.

Phasen verschärfter Konfrontation staatlicher oder privater Interessen sind außerdem durch Strategien gekennzeichnet, Geheimnisse organisatorisch *reflexiv* zu behandeln, etwa durch die Einrichtung von Geheimdiensten, denenWatzlawick & Beavin die drei Aufgaben der Spionage, Gegenspionage und planmäßige Desinformation attestieren: Sie sollen Nachrichten über Gegner sammeln, Gegner am Nachrichtensammeln hindern und sie durch Zuspielen falscher Angaben täuschen.[22] Aktuelle Beispiele dafür finden sich reichlich. So schreibt Walter Hömberg:

„Gräuelpropaganda ist seit dem Mittelalter ein probates Mittel psychologischer Kriegsführung. So lancierte die britische Agentur Hill and Knowlton während des Golfkrieges von 1991 die Horrormeldung, 'dass irakische Soldaten 312 Babys aus ihren Brutkästen genommen und auf dem kühlen Krankenhaus-Fußboden von Kuwait-Stadt hatten sterben lassen'. Diese Story, als deren Quelle später die minderjährige Tochter des kuwaitischen Botschafters in den USA präsentiert wurde, war der besonders wirksame Teil einer millionenschweren Kampagne, mit der die Agentur das Feindbild Irak aufbauen und verstärken sollte."[23]

Oder Friedrich Krotz doziert:

„Selbst die NATO als Bündnis der Demokratien setzte im Kosovokrieg bekanntlich gefälschte Videos ein, verschwieg und informierte falsch und bediente sich vieler Strategien der Public Relations, um die Legitimation für ihre Operationen zu erhalten."[24]

---

22 Vgl. Watzlawick, Paul und Beavin, Janet: Einige formale Aspekte der Kommunikation. In: Badura, Bernhard und Gloy, Klaus (Hrsg.): Soziologie der Kommunikation. Eine Textauswahl zur Einführung. Stuttgart-Bad Cannstatt: Frommann-Holzboog 1972, S. 123.

23 Hömberg, Walter: Kompetenz auf Abwegen. Journalist 52 (2002), Nr. 10, 27f.

24 Krotz, Friedrich: Krieg der Lügen. COVER.Medienmagazin 3 (2002), 44.

Und Eckart Spoo erinnerte daran,

> „dass jene Bilder von jubelnden Palästinensern, die mit den einstürzenden
> Türmen konterkariert wurden, durch das Verteilen von Süßigkeiten und
> Kuchen hervorgerufen worden seien."[25]

Geheimdienstliche Arbeit wird gewöhnlich von einem auf perfekte Tarnung
trainierten Personal verrichtet, und spioniert und getäuscht wird mit Hilfe aller
denkbaren Techniken: In Mielkes Ministerium für Staatssicherheit waren beispielsweise rund 1.300 Experten damit beschäftigt, DDR-Spione mit raffinierten Hilfs-
mitteln auszustatten, etwa mit gefälschten Dokumenten aller Art.[26] Und parallel
dazu wurden zur planmäßigen Desinformation publizistische Kanäle eingesetzt,
beispielsweise Geheimsender, die als getarnte Instrumente der Rundfunkpropaganda
dienen. Auf den Gehaltslisten der CIA sollen sogar mehrere hundert Auslandskor-
respondenten und ausländische Journalisten für *covert media projects* stehen; doch
charakteristisch für Geheimdienste ist nun einmal, dass möglichst wenig über ihre
Mitglieder bekannt gegeben wird, die deshalb normalerweise nur unter Decknamen
(*under-cover-names*) agieren. So wurde von der „New York Times" erst vor einem
Jahr im Pentagon das „Office For Strategic Influence" entdeckt. Allein diese
Behörde verfügt angeblich über einen millionenschweren Etat und geht mit einer
nicht bekannten Mitarbeiterzahl an unbekannten Orten ebenso wenig bekannten
Tätigkeiten nach. Dazu Matthias Gebauer:

> „Über unverdächtig und neutral wirkende Quellen [...] sollte sie falsche oder
> unvollständige Informationen streuen, um die Medienberichterstattung zu be-
> einflussen. So polierte das staatlich finanzierte Pentagon das Image des
> Afghanistan-Feldzuges und das der internationalen Terroristenjagd in Fern-
> sehen und Presse auf."[27]

Mithin ist die Geschichte des 11. Septembers nicht zuletzt auch eine Geschichte
gezielter Desinformationsversuche durch Geheimdienste.

---

25 Vgl. Düperthal, Gitta: Kulturverfall in der Zeitungen stoppen. M - Menschen Machen
Medien 51 (2002), Nr. 10-11, 28.

26 Vgl. Stäcker, Dieter: Auf Leben und Tod bespitzeln und zersetzen. Neue Westfälische v.
26.03.1998 (Zeitgeschehen).

27 Gebauer, Matthias (2002): Die Verhüller. COVER.Medienmagazin 3 (2002), 30.

8. Das Lied vom Gemeinwohl

Das beste Argument, eigenen Geheimbereichen gesellschaftliche Legitimität zu verschaffen, ist zweifellos die Behauptung, gemeinnützige Interessen oder gar den „öffentlichen Willen" zu vertreten.[28] Wer Macht hat und behalten möchte, muss daher zwar egoistisch *handeln*, aber Altruismus *bekunden*, um gesellschaftlich akzeptiert zu werden, denn sonst gedeihen Missgunst, Neid und Angst. Daher ist denen, die ihre Interessen hinter bewährten Gemeinwohlphrasen verstecken, grundsätzlich eine bewusste Täuschung ihrer Adressaten zu unterstellen und nicht etwa bloß eine mehr oder weniger raffinierte Selbstdarstellung. Habermas nennt dieses „Manipulation", weil es gewöhnlich verdeckt geschieht und nicht offen als Maskerade deklariert wird wie im Theater. Systemtheoretisch handelt es sich hier wieder um *reflexive* Geheimhaltung, denn auch die Tatsache, dass man sich maskiert, wird maskiert, oder mit anderen Worten: Die Maske wird als authentisches Selbst präsentiert, als ungeschminkte Wahrheit.

Auch dieses Manöver kann in verschiedenen Varianten inszeniert werden:

- Mächtige können ihre Macht *insgesamt* maskieren, also die Tatsache überhaupt, dass sie über überlegene Ressourcen verfügen, über geheimes Wissen, über Privilegien der Wissensbeschaffung (Berater), über hilfreiche Verbindungen (Frühstückskartelle), Organisationen (Geheimdienste), Techniken (Überwachungskameras) und Archive (Datenbanken), und zwar um arglos, harmlos oder gar ahnungslos zu erscheinen.
- Mächtige können *selektiv* nur bestimmte Aspekte ihrer Ressourcen und Machtstrukturen, Ziele und Programme, Methoden und Operationen maskieren, sei es sachlich durch Informationspolitik (*issue management*), normativ durch Schönfärberei oder sozial durch Personalisierung. So etwa werden nicht selten Geschäftsberichte und Bilanzen frisiert, Misserfolge in Erfolge umgedeutet und Sündenböcke für Fehlspekulationen und Akzeptanzprobleme gesucht und gefeuert, und laufend werden irreführende Neologismen in Umlauf gebracht, etwa *Kollateralschaden, Qualitätspakt* oder *Sparpaket*.
- Mächtige können eigene *Medien-Events* inszenieren (lassen), um die allgemeine Aufmerksamkeit von problematischen Aspekten abzulenken. Das Spektrum reicht hier von symbolischer Politik (im Sinne pseudopolitischer Aktivitäten, „runden Tischen" oder Scheinkontroversen wie dem Kanzlerduell) über die üblichen Manöver in Krisenzeiten bis hin zum Arrangement medialer Fakes.

---

28 Vgl. Hölscher, Lucian: Öffentlichkeit und Geheimnis. Eine begriffsgeschichtliche Untersuchung zur Entstehung der Öffentlichkeit in der frühen Neuzeit. Stuttgart: Klett-Cotta 1979, S. 11ff.

- Mächtige können mit eigenen Geschichten *Geschichte* machen: So werden Erfolgsmythen konstruiert (*the american dream*), angebliche Ahnen gefeiert oder Flecken auf der historischen Weste retuschiert (z.B. Zwangsarbeit von Kriegsgefangenen). Dabei wird Sprache zum Vehikel von Definitionsmacht (Beispiel: das *Dritte Reich*), von Verschleierung (z.B. durch Worthülsen, Phrasen oder Euphemismen) oder gar von Propagandalügen (wie der *Dolchstoßlegende* oder der *Machtergreifung*).

Dass dazu auch und immer noch der Spielfilm instrumentalisiert wird, dokumentiert Gerhard Spörl:

„Mit gerechten Kriegen und fiktiven Nationalhelden tragen Hollywoods Filmemacher zur patriotischen Stimmung im Land bei. Das Pentagon stellt als Gegenleistung echte Soldaten und teures Kriegsgerät zur Verfügung – unter einer Bedingung: es darf die Filme zensieren."[29]

9. Maskenbildner

Im Selbstverständnis liberaler Konkurrenzsysteme beruht Legitimität zwar auf dem Nachweis nützlicher Fähigkeiten oder zumindest auf dem Glauben an sie, doch dieser Glaube kann eben nicht mehr generell vorausgesetzt werden, sondern muss heute immer wieder werbend eingeholt werden. Deshalb ist Öffentlichkeitsarbeit inzwischen von ebenso großer Bedeutung für den Gewinn oder Erhalt von Anerkennung, Vertrauen, Einfluss und Macht wie technische, wirtschaftliche, politische, administrative oder kulturelle Leistungen. Viele Funktionsträger suchen folglich die entscheidenden Gründe für Akzeptanzkrisen weniger in problematischen Programmen und Aktivitäten als in einer unzulänglichen Selbstdarstellung. Deshalb geschieht die taktische Nutzung der Medien gewöhnlich auch mehr erfolgs- als relevanz- oder gar wahrheitsorientiert. Wenn dadurch Themen, die für alle Bürger von Bedeutung sind, ihrem Einblick und Eingriff entzogen und durch wohlfeile Selbstdarstellungen ersetzt werden, wird der Gesellschaft

---

29 Spörl, Gerhard: Helden aus Celluloid. COVER.Medienmagazin 3 (2002), 62. Ein harmloses, aber dennoch lehrreiches Beispiel dazu lieferte übrigens die Verlegergattin *Liz Mohn* mit ihrem spektakulär annoncierten Buch „Liebe öffnet Herzen", denn es zeigt, dass sich die Konstruktion virtueller Wirklichkeiten keineswegs nur auf Kriegsbilder beschränkt, sondern immer dann reiche Blüten treibt, wenn Quellen gut abgeschirmt werden und Medien im eigenen Interesse instrumentalisiert werden können.

freilich nur noch „Spielmaterial" zur Verfügung gestellt und eine politische *Pseudo-öffentlichkeit* hergestellt.[30]

Schon das Wort *Öffentlichkeitsarbeit* verrät, dass letztlich alle Strategien der Außendarstellung auf dem Prinzip organisierter Nicht-Öffentlichkeit beruhen, ob es sich nun um Unternehmen, Behörden, Parteien oder Verbände handelt. Sie alle pflegen mit Hilfe der Medien ihr Image, um hinter seiner Fassade ihre konkurrenztüchtigen Arkana schützen zu können, und beeinflussen so die Themen und Meinungen in modernen Gesellschaften. Öffentlichkeitsarbeit ist also stets und unvermeidlich interessengesteuert und muss immer als Ergebnis besonderen Bemühens verstanden werden, idealisierende Entwürfe der eigenen Wirklichkeit zu verbreiten. Um diese Ziele zu erreichen, müssen möglichst viele Kommunikationen innerhalb einer Organisation sowie zwischen Organisationsmitgliedern und -umwelt aufeinander abgestimmt werden, um Irritationen und Widersprüche zu vermeiden (man redet nicht zufällig von *integrierter Unternehmenskommunikation*).

Eine logische Konsequenz ist die Trennung von Sprache und Kommunikationsstil im Innen- und Außenverkehr, denn was intern offen gesagt werden kann, darf gewöhnlich nicht ungefiltert nach außen dringen.[31] Um beispielsweise zu vermeiden, dass schwerwiegende Fehler bekannt werden, werden sie gern durch leichter darstellbare und akzeptablere Ersatzprobleme verschlüsselt, etwa durch Geld- oder Zeitmangel, oder es werden wohlklingende Formeln von minimalem Informationswert verwendet. Zählen innen diskutable und entscheidungsdienliche Argumente, so dominieren außen oft Schlagwörter und Slogans,[32] denn publizistisch geht es primär um den „Verkaufswert" von Behauptungen und weniger um ihren Wahrheitswert. Dazu noch einmal Hömberg:

> „Die Fälschungsmethoden der Faschisten, Stalinisten und Maoisten haben bis in unsere Tage hinein gelehrige Schüler gefunden. Neu ist, dass zur Produktion von Feindbildern inzwischen immer häufiger PR-Agenturen eingesetzt werden."[33]

---

30 Vgl. Bahrdt, Hans Paul: Die moderne Großstadt. Soziologische Überlegungen zum Städtebau. Hamburg: Wegner 1969, S. 17.

31 Vgl. Luhmann, Niklas: Kommunikation, soziale. In: Grochla, Erwin (Hrsg.): Handwörterbuch der Organisation. Stuttgart: Poeschel 1969, S. 837.

32 Vgl. Badura, Bernhard: Sprachbarrieren. Zur Soziologie der Kommunikation. Stuttgart-Bad Cannstatt: Frommann-Holzboog 1971, S. 94ff.

33 Hömberg 2002, S. 27 (wie Anm. 23).

10. Ablenkung durch Hinlenkung[34]

Für solche planmäßigen Versuche, Publika durch Verbreitung bestimmter Nachrichten und Zurückhaltung anderer zu beeinflussen, sind in großen Organisationen eigens damit beauftragte und darauf spezialisierte Mitarbeiter zuständig, die in Pressestellen, Pressereferaten, Public Relations-Abteilungen oder eben Abteilungen für Öffentlichkeitsarbeit sitzen. Sie lenken durch ein möglichst attraktives Angebot betriebsfreundlicher Botschaften von problematischen Aspekten ihrer Organisation ab, betreiben also genau das, was der amerikanische Präsidentenberater Walter Lippmann einst Propaganda genannt hat.[35] Dabei sind sie nachweislich umso erfolgreicher, je professioneller ihr Material zur Veröffentlichung präpariert ist, sie also die operativen Programme der Medien beherrschen und verwenden.[36]

Ablenkung durch Hinlenkung umfasst also alle imagefördernden Maßnahmen, mit denen Vertrauen in soziale Organisationen gebildet und erhalten werden soll. Dabei kommt es darauf an, durch wohldosierte Botschaften diejenigen Organisationsaspekte zu veröffentlichen, die am besten geeignet sind, den Legitimationsbedarf der Entscheidungsträger zu stillen, oder es gilt, Personen statt Programme zu präsentieren, also durch Appelle an Beziehungsbedürfnisse den Blick auf Strukturen zu verstellen, da Sach- und Fachfragen offenbar weniger geeignet sind, Vertrauen in Institutionen zu stiften. So meinte ein rheinischer CDU-Kreisvorsitzender nach der Bundestagswahl 2002 ganz richtig, seine Partei habe *das Lebensgefühl der Leute* wohl nicht getroffen.

11. Mimikry

Der *Clou* aber liegt in der unbemerkten Transformation von betrieblichen Selbstdarstellungen in journalistische Fremddarstellungen. Diese Metamorphose kann man auch

---

34 Vgl. Westerbarkey, Joachim: „Publizistische Maskenbildner". Zur Theorie und Praxis der Öffentlichkeitsarbeit. In: Bellers, Jürgen (Hrsg.): Sozialwissenschaften in Münster. Münster: Lit 1989, S. 253-261; Westerbarkey, Joachim: Geheimnis-Management. Zur Theorie der Öffentlichkeitsarbeit. gdi-impuls 9 (1991), Nr. 1, 47-55; Westerbarkey, Joachim: Öffentlichkeit als Funktion und Vorstellung. In: Wunden, Wolfgang (Hrsg.): Öffentlichkeit und Kommunikationskultur. Hamburg & Stuttgart: Steinkopf 1994, S. 53-64; Westerbarkey 2000, Kap. 16 (wie Anm. 7).

35 Vgl. Lippmann, Walter: Die öffentliche Meinung [1922]. München: Rütten + Loening 1964, S. 35.

36 Vgl. Baerns, Barbara: Öffentlichkeitsarbeit oder Journalismus? Zum Einfluß im Mediensystem. Köln: Wissenschaft und Politik 1985; Fröhlich, Romy: Qualitativer Einfluß von Pressearbeit auf die Berichterstattung: Die »geheime Verführung« der Presse? Publizistik 37 (1992), 37-49.

Mimikry nennen, da sie wohlkalkuliert geschieht.[37] Hier wird Selbstdarstellung im Modus journalistischer Fremddarstellung vollzogen, d.h. durch reflexive Selbstbeobachtung gelingt der Schein publizistischer Fremdbeobachtung. Folglich pflegen PR-Agenten gute Medienkontakte und vertrauliche Beziehungen zu Medienvertretern, um deren Selektionen berechenbarer zu machen. Ihr einziges Risiko liegt darin, vom Publikum ertappt zu werden, denn dieses würde die Glaubwürdigkeit des Journalismus ruinieren, woran auch die PR kein Interesse haben dürfte.

Allerdings können Nichteingeweihte das Spiel kaum durchschauen, zumal die Medien dem Publikum oft die Möglichkeit nehmen, PR-Produkte als solche zu erkennen, weil sie deren Quellen nicht nennen (wozu sie freilich auch nicht verpflichtet sind). Diese Praxis ist vergleichbar mit dem *Product Placement* der Wirtschaftswerbung und kommt den PR-Praktikern sehr gelegen, denn Apostel sind allemal glaubwürdiger als Propheten. Daraus sollte man zumindest den Schluss ziehen, den Realitätskonstruktionen der Mächtigen prinzipiell zu misstrauen, denn sie sind oft nicht nur schwer überprüfbar, sondern es geht dabei eben auch selten um Wahrheit, Wahrhaftigkeit und Regeltreue, sondern primär um Geld oder Macht und um eine Maskierung dieser Interessen zwecks Akzeptabilität und Legitimation.

12. Fazit

Aus kommunikationstheoretischer Sicht hat derjenige Macht, dem es gelingt, das Publikum daran zu hindern, hinter seine Kulissen zu schauen, der schwer kontrollierbar ist. Das erfordert wohlkalkulierte Handlungsstrategien, also eine hohe Selbstdarstellungskompetenz oder aber die kostspielige Beschäftigung von Medienexperten, also von *PR-Beratern, Spin-Doctors, Ghostwriters* und wie sie alle heißen. Solche Spezialisten konstruieren und arrangieren heute professionell die Masken der Mächtigen, pflegen damit deren gewünschte Images oder beglücken gar die Welt mit fiktiven „Unternehmenspersönlichkeiten", hinter denen sich zumeist einflussreiche Organisationen verbergen. Und je größer ihr Einfluss auf die Massenmedien, um so besser sind sie im Geschäft, denn die Medien sind die Mega-Bühnen unserer Zeit, die es planmäßig zu nutzen und zu instrumentalisieren gilt, wie die Erfolge von Goebbels oder Berlusconi eindrucksvoll belegen. Wer bestimmt, was dort gespielt wird, hat gewonnen, und wer zahlt, bestimmt bekanntlich die Musik.

---

37 Vgl. Westerbarkey, Joachim: Journalismus und Öffentlichkeit. Aspekte publizistischer Interdependenz und Interpenetration. Publizistik 40 (1995), 160.

Personenregister

Berliner Beiträge zur Wissenschaftsgeschichte

Herausgegeben von Wolfgang Höppner

Band 1   Gesine Bey (Hrsg.): Berliner Universität und deutsche Literaturgeschichte. Studien im Drei-
         ländereck von Wissenschaft, Literatur und Publizistik. 1998.

Band 2   Sabine Heinz (Hrsg.) unter Mitarbeit von Karsten Braun: Die Deutsche Keltologie und ihre
         Berliner Gelehrten bis 1945. Beiträge zur internationalen Fachtagung *Keltologie an
         der Friedrich-Wilhelms-Universität vor und während des Nationalsozialismus* vom 27.-
         28.03.1998 an der Humboldt-Universität zu Berlin. 1999.

Band 3   Jörg Judersleben: Philologie als Nationalpädagogik. Gustav Roethe zwischen Wissen-
         schaft und Politik. 2000.

Band 4   Jürgen Storost: 300 Jahre romanische Sprachen und Literaturen an der Berliner Akademie
         der Wissenschaften. Teil 1 und 2. 2001.

Band 5   Jost Hermand / Michael Niedermeier: Revolutio germanica. Die Sehnsucht nach der ▪alten
         Freiheit" der Germanen. 1750-1820. 2002.

Band 6   Levke Harders: Studiert, promoviert: Arriviert? Promovendinnen des Berliner Germani-
         schen Seminars (1919–1945). 2004.

Band 7   Eric J. Engstrom / Volker Hess / Ulrike Thoms (Hrsg.): Figurationen des Experten. Ambiva-
         lenzen der wissenschaftlichen Expertise im ausgehenden 18. und frühen 19. Jahrhundert.
         2005.

www.peterlang.de

Peter Lang · Europäischer Verlag der Wissenschaften

Daniela Angetter / Johannes Seidl (Hrsg.)

Glücklich, wer den Grund der Dinge zu erkennen vermag

Österreichische Mediziner, Naturwissenschafter und Techniker im 19. und 20. Jahrhundert

Frankfurt am Main, Berlin, Bern, Bruxelles, New York, Oxford, Wien, 2003.
252 S., 15 Abb.
ISBN 3-631-38867-5 · br. € 45.50*

Strom aus der Steckdose, genaue Wetterprognosen, präzise Landesvermessung und Kartierung, genetische Entdeckungen, komplizierte Operationen, die Aufrechterhaltung der Lebensfähigkeit von Menschen durch Organtransplantationen, aber auch moderne Verteidigungsmittel sind für uns alle zur Selbstverständlichkeit geworden. Doch daß wir heute auf modernste technische Errungenschaften zurückgreifen können, verdanken wir hauptsächlich den Wissenschaftlern des 19. und beginnenden 20. Jahrhunderts, die mit ihren Forschungen vielfach den Grundstein zur Entwicklung unserer heutigen Technologie gelegt haben. Der Weg zum Erfolg war allerdings nicht immer einfach. Entwicklungen, Entdeckungen, Erfindungen, die für uns heute alltäglich sind, wurden in den letzten zwei Jahrhunderten mitunter verpönt, massiv kritisiert und kategorisch abgelehnt. Viele Wissenschaftler wurden aber nicht nur verkannt, sondern aus politischen Gründen in ihren Forschungen behindert, im 20. Jahrhundert des Landes verwiesen oder gar umgebracht. Natürlich hemmten auch finanzielle Schwierigkeiten immer wieder die Durchsetzung neuer Ideen und Erkenntnisse. Erst im Laufe der Zeit erkannte man den Wert der Forschungen. Daher erscheint es umso wichtiger, die Leistungen österreichischer Forscher in den Vordergrund zu stellen und einem möglichst breiten Publikum zu präsentieren. Die Herausgeber wählten als Titel die deutsche Übersetzung des Vergil-Zitats „Felix qui potuit rerum cognoscere causas". Die lateinische Sprache als die Sprache der Wissenschaft drückt hier in einem kurzen, prägnanten Zitat aus, wo der Weg zur wissenschaftlichen Erkenntnis liegt.

Aus dem Inhalt: Marianne Klemun: *Franz Unger (1800–1870)* · Norbert Vávra: *August Emanuel Ritter von Reuss (1811–1873)* · Luitfried Salvini-Plawen: *Gregor Johann Mendel (1822–1884)* · Daniela Angetter: *Gunther Burstyn (1879–1945)*

Frankfurt am Main · Berlin · Bern · Bruxelles · New York · Oxford · Wien
Auslieferung: Verlag Peter Lang AG
Moosstr. 1, CH-2542 Pieterlen
Telefax 00 41 (0) 32 / 376 17 27

*inklusive der in Deutschland gültigen Mehrwertsteuer
Preisänderungen vorbehalten
Homepage http://www.peterlang.de